Schadstoffabbau durch optimierte Mikroorganismen

Springer
Berlin
Heidelberg
New York
Barcelona
Budapest
Hong Kong
London
Mailand
Paris
Santa Clara
Singapur
Tokio

P. Bartholmes   M. Kaufmann   T. Schwarz

Schadstoffabbau durch optimierte Mikroorganismen

Gerichtete Evolution – Eine Strategie im Umweltschutz

Mit 117 Abbildungen
und 11 Tabellen

Springer

PETER BARTHOLMES
MICHAEL KAUFMANN
THOMAS SCHWARZ

bitop – Gesellschaft für
biotechnische Optimierung mbH
Stockumer Straße 10
58453 Witten

ISBN-13:978-3-642-64702-4 Springer-Verlag Berlin Heidelberg New York

Die Deutsche Bibliothek – CIP-Einheitsaufnahme
Bartholmes, Peter:
Schadstoffabbau durch optimierte Mikroorganismen: gerichtete Evolution – eine Strategie im Umwelt-
schutz / Peter Bartholmes ; Michael Kaufmann ; Thomas Schwarz. – Berlin ; Heidelberg ; New York ;
Barcelona ; Budapest ; Hong Kong ; London ; Milan ; Paris ; Santa Clara ; Singapur ; Tokyo : Springer,
1996
ISBN-13:978-3-642-64702-4   e-ISBN-13:978-3-642-61119-3
DOI: 10.1007/978-3-642-61119-3

NE: Kaufmann, Michael:; Schwarz, Thomas:

Die Wiedergabe von Gebrauchsnamen, Handelsnamen, Warenbezeichnungen usw. in diesem Werk
berechtigt auch ohne besondere Kennzeichnung nicht zu der Annahme, daß solche Namen im Sinne der
Warenzeichen- und Markenschutz-Gesetzgebung als frei zu betrachten wären und daher von jedermann
benutzt werden dürften.

Produkthaftung: Für Angaben über Dosierungsanweisungen und Applikationsformen kann vom Verlag
keine Gewähr übernommen werden. Derartige Angaben müssen vom jeweiligen Anwender im Einzelfall
anhand anderer Literaturstellen auf ihre Richtigkeit überprüft werden.

Einbandgestaltung: Struve & Partner, Heidelberg
Satz: Camera ready durch Autoren
SPIN 10127448 30/3136 5 4 3 2 1 0 – Gedruckt auf säurefreiem Papier

Geleitwort

Seit altersher nutzen die Menschen in vielfältiger Weise die Arbeit von Mikroorganismen bei Stoffwechselprozessen, zum Beispiel bei der Kultivierung von Nahrungsmitteln ebenso wie bei der Kompostierung. In neuerer Zeit ist der Einsatz von Mikroorganismen in biotechnischen Verfahren immer mehr verfeinert und ausgeweitet worden. Auch beim Abbau von Schadstoffen, die die Umwelt belasten, werden in den letzten Jahren verstärkt mikrobiologische Sanierungstechniken entwickelt und erprobt.

Angesichts der weiträumigen Verseuchung unserer Umwelt durch toxische Substanzen, die nach den Feststellungen der vom Deutschen Bundestag eingesetzten Enquête-Kommission „Schutz des Menschen und der Umwelt - Bewertungskriterien und Perspektiven für umweltverträgliche Stoffkreisläufe in der Industriegesellschaft" bereits ein existenzbedrohendes Ausmaß angenommen hat, ist die Bedeutung biotechnischer Verfahren zur Altlastensanierung erheblich gewachsen. Aber auch im vorsorgenden Umweltschutz kann die Nutzung von Mikroorganismen dazu verhelfen, Stoffkreisläufe so zu gestalten, daß eine Umweltschädigung unterbleibt.

Eine moderne Stoffpolitik orientiert sich an dem Leitbild der nachhaltigen Entwicklung („sustainable development"). Daraus läßt sich als eine der Grundregeln für den Umgang mit Stoffen ableiten, daß das Zeitmaß anthropogener Einträge bzw. Eingriffe in die Umwelt im ausgewogenen Verhältnis zum Zeitmaß der für das Reaktionsvermögen der Umwelt relevanten natürlichen Prozesse stehen muß. Die Enquête-Kommission hat dazu in dem von ihr im Jahr 1994 vorgelegten Bericht festgestellt, daß die in der belebten und unbelebten Natur ablaufenden Prozesse typischen und diskreten Zeitskalen folgen, die vom Sekundenbereich bis hinein in Zeiträume von Jahrhunderten oder Jahrtausenden reichen. Die Umwelt dürfe nicht als statisches System in einem permanenten, stationären Gleichgewicht gesehen werden. Sowohl abiotische als auch biotische Prozesse befänden sich überwiegend in einem quasi reversiblen Fließgleichgewichtszustand, der von einer zeitlich gerichteten Evolution als einem irreversiblen Prozeß überlagert werde.

Das ist ein überaus komplexer und diffiziler Wirkungszusammenhang, zu dessen Verständnis ein mechanistisches Weltbild allenfalls einen beschränkten Zugang finden kann. Die von Peter Bartholmes, Michael Kaufmann und Thomas Schwarz vorgelegte wissenschaftliche Arbeit, die zugleich ein Bericht über eine sehr erfolgreiche Forschungstätigkeit ist, wählt einen umfassenden, interdisziplinären Ansatz, der in einem neuen Paradigma - in Anlehnung an eine Formulierung von Prigogine - des *experimentellen Dialogs mit der Natur* seinen Ausgangspunkt nimmt und damit die Beschränktheit monokausaler Erklärungsmuster überwindet. Daraus ergibt sich aber nicht nur ein wichtiger Erkenntnisfortschritt, sondern es eröffnen sich ganz neue Perspektiven für den künftigen

Umgang mit Stoffkreisläufen und damit zugleich für die Umweltpolitik. Vor allen könnte das von den Autoren entwickelte ArtEv-Verfahren die den Mikroorganismen innewohnenden Potentiale so optimieren, daß sich daraus sehr vielversprechende Anwendungsbereiche beim Schadstoffabbau anbieten. Sehr interessant erscheinen mir auch die Untersuchungen über die evolutionäre Optimierung von Substanzproduktion.

Dem Buch ist eine weite Verbreitung zu wünschen, nicht nur bei Wissenschaftlern, Technikern und Unternehmern, sondern auch bei allen anderen, die auf die eine oder andere Weise für ökologische-ökonomische Fragen verantwortlich sind. Nicht zuletzt den Mitgliedern der Enquête-Komission „Schutz des Menschen und der Umwelt", die den Auftrag hat, Perspektiven für eine dauerhafte Industriegesellschaft aus einer ganzheitlichen und systematischen Betrachtung ihrer gefährdeten Grundlagen zu entwickeln, ist die Lektüre nachdrücklich zu empfehlen.

Bonn, im Dezember 1995   Otto Schily

Vorwort der Autoren

Viele der heute relevanten Umweltprobleme sind mit Hilfe der Umweltbiotechnik zu lösen. Dieses Arbeitsgebiet, welches in hohem Maße nach Interdisziplinarität verlangt, ist indes noch immer stark ingenieurwissenschaftlich geprägt. Die den Anwendungen zugrunde liegende Biologie kommt dabei oft zu kurz. Unser Buch will diese Lücke füllen. Es rückt deshalb vor allem das Potential biologischer Systeme im Umweltschutz in den Vordergrund. Erstmals wird hier das zentrale Thema der evolutionären Optimierung von Mikroorganismen für den Schadstoffabbau im Zusammenhang behandelt. Für die von uns gewählte Form der leicht verständlichen Darstellung gibt es verschiedene Gründe. Wir möchten den Manager im Unternehmen ebenso wie den hochspezialisierten Techniker erreichen und auf die unterschiedlichen Sichtweisen aufmerksam machen. Ein detaillierter Einstieg in die einzelnen Themen würde den Rahmen dieses Buchs bei weitem sprengen. Für die jeweilige Vertiefung gibt es mittlerweile eine Vielzahl sehr guter Fachbücher, von denen wir einige am Ende des Buchs nennen.

Wir danken Steffen Bersch, Holger Fersterra, Kerstin Heesche-Wagner, Yvonne Jahn, Gerd Lingnau, Britta Reubke-Gothe und Werner Rosenthal für ihre Unterstützung bei der Verwirklichung des ArtEv-Systems sowie Marianne Kaufmann für die Durchsicht des Manuskripts.

Witten, im Oktober 1995

Peter Bartholmes
Michael Kaufmann
Thomas Schwarz

Inhaltsverzeichnis

1 Paradigma

Aufklärung ist der Ausgang des Menschen
aus seiner selbstverschuldeten Unmündigkeit.
Unmündigkeit ist das Unvermögen,
sich seines Verstandes ohne Leitung
eines anderen zu bedienen.
Selbstverschuldet ist diese Unmündigkeit,
wenn die Ursache derselben
nicht am Mangel des Verstandes,
sondern der Entschließung und des Mutes liegt,
sich seiner ohne Leitung eines anderen zu bedienen.
Also: Habe Mut, dich deines
eigenen Verstandes zu bedienen!

Königsberg, 30. 09.1784, Immanuel Kant

Dieses Buch richtet sich nicht nur an Umweltingenieure, Evolutionsbiologen, Verfahrenstechniker und Ökologen; an Unternehmen, die Altlasten mikrobiologisch entsorgen und an Betreiber von Klärwerken, sondern ebenso an Leser, die sich ganz allgemein über den neuesten Stand der Möglichkeiten in der biologischen Schadstoffbehandlung informieren wollen.

Wir haben uns das Ziel gesetzt, zu beweisen, daß es möglich ist, in vertretbar kurzer Zeit die Leistung von einzelnen Mikroorganismen beziehungsweise von ganzen Stammfamilien für den Abbau von Schadstoffen beträchtlich zu erhöhen. Das klingt zunächst trivial, und wir sind sicher nicht die ersten, die sich mit diesem Problem beschäftigen. Wir wollen den Leser jedoch gleich zu Beginn warnen: Die Vorstellungen, auf denen wir unsere Beweisführung aufbauen wollen, stimmen wahrscheinlich nicht mit denen überein, an die er gewöhnt ist. Wir werden hier eine Sichtweise in den Vordergrund rücken, die das gelungene naturwissenschaftlich-biologische Experiment nicht als die kausalanalytisch begründbare Erzeugung sogenannter „richtiger" Antworten sieht, sondern als eine Möglichkeit, die evolutionären Leistungen eines in sich bereits schlüssig existierenden, komplexen Lebenssystems zu erfahren. Wie ist das zu verstehen?

Die moderne Wissenschaft wird wesentlich bestimmt durch die permanente Durchdringung von Theorie und Praxis, durch die Vereinigung der beiden Wünsche, die Welt zu verstehen und sie zugleich zu gestalten. Ehrenforth (1993) ist in diesem Zusammenhang der wichtige Hinweis zu verdanken, daß die Randbedingungen, die diesen Durchdringungsraum begrenzen, durch einen zunächst unverdächtigen, aber vermutlich gerade deshalb um so bedeutsameren methodischen Fehlansatz bedroht sind. Es ist jene verbreitete wie unkritisch gehandhabte Vorstellung, daß ohne Kenntnis und Beherrschung grundlegender „Fakten" beziehungsweise „Fachtermini" an ein halbwegs angemessenes Wahrnehmen oder Begreifen eines Sachverhaltes nicht gedacht werden könne. Dieser Maxime zufolge steht die Beherrschung der „Grammatik" immer an erster Stelle, bevor man sich der eigentlichen Sache nähert. Dieser grammatische Fundamentalismus gerät jedoch vor dem Hintergrund der Notwendigkeit, einen ganzheitlichen Wahrnehmungsraum in gebotenem Umfang zu erfassen, in eine unglückliche Schieflage. Diese wird verursacht von der Fehleinschätzung, daß grammatisches Wissen und ganzheitliches Verstehen im Umgang mit der Natur in konsekutiv-logischer Linearität einander so zugeordnet seien wie beispielsweise bei einem rein mathematischen Sachverhalt.

Um überhaupt eine Verbindung zwischen Verstehen und Gestalten zu realisieren, muß ein *experimenteller Dialog mit der Natur* (so hat es Prigogine im Jahr 1981 formuliert) geführt werden, der weniger auf rein passiver Beobachtung als vielmehr auf praktischer Tätigkeit beruht. Damit die erwarteten Antworten in diesem Dialog „richtig" sind, muß die physische Wirklichkeit so lange manipuliert werden, bis sie so ideal wie möglich einer theoretischen Beschreibung entspricht. Der experimentelle Dialog in dieser Form stellt allerdings eine eigenartige Methode dar. Durch das Experiment wird die Natur sozusagen vor Gericht gestellt und im Sinne postulierter Prinzipien einem scharfen Kreuzverhör unterzogen. Erfolgreiches Experimentieren beruht somit auf der Kunst, die möglichen Antworten, die die Natur unter bestimmten Bedingungen geben kann, scharf einzugrenzen und kritisch zu prüfen. Obwohl dieses experimentelle Vorgehen schon recht früh kritisiert wurde, weil es mit einem Prokrustes-Bett vergleichbar sei, auf das man die Natur spanne, hat es alle Angriffe überlebt und bestimmt heute weitgehend die von der modernen Wissenschaft eingeführte Untersuchungsmethode.

Die Wissenschaft wird vermutlich nie völlig darauf verzichten können, die Natur zu manipulieren, jedoch versucht sie auch immer, die Natur zu verstehen und weiter in ihre Geheimnisse einzudringen, um den uralten Fragen auf den Grund zu kommen. Die Tiefe des Verständnisses von Wirklichkeit wird vor allem bestimmt durch die Bereitschaft des Wissenschaftlers, von einer inadäquaten Manipulation - mag sie auch in bester Absicht geplant sein - abzurücken. Und das nicht einmal aus ethischen, sondern aus rein rationalen Gründen. Die Fähigkeit selbst des geübten Wissenschaftlers, die Auswirkungen und Folgen von (kausalanalytisch durchaus sauber herleitbaren) Handlungen am hochkomplexen Wirkzusammenhang lebender Systeme auch nur einigermaßen kompetent zu überblicken, ist naturgemäß beschränkt.

Besonders sinnfällig wird dies am Beispiel der gentechnischen Manipulation von Organismen. Hier wird auf der zunächst durchaus naheliegenden Überlegung aufgebaut, daß sich die im Genom etwa von Mikroorganismen enthaltene Information mit Hilfe der etablierten molekularbiologischen Methoden zusätzlich um solche Anteile vermehren läßt, die den Organismus dazu zwingen, Substanzen zu erzeugen oder Stoffwechselleistungen zu entwickeln, die primär nicht zu seiner natürlichen Homöostase beitragen. Selbst im Fall der Manipulation am relativ überschaubaren bakteriellen Chromosom führt dies jedoch in der Regel zur Auslösung von Abwehrstrategien, die auf die Reversion hin zum Wildtyp zielen. Um trotzdem zum Erfolg zu gelangen, muß zu entsprechenden Gegenstrategien, zum Beispiel auf der Basis von Resistenzerzeugung gegen Zellgifte, gegriffen werden. Bei der fermentativen Erzeugung von rekombinanten, ursprünglich zellfremden Substanzen empfiehlt es sich zudem, vor jeder Wiederholung des Produktionsprozesses zunächst aufnahmebereite Zellen herzustellen und erneut mit der entsprechenden Information zu beladen. Dennoch werden sehr häufig in diesem Zusammenhang völlig unerwartete Reaktionen der verwendeten Organismen beobachtet, die zu verändertem Induktionsverhalten oder zu anderen Expressionsprodukten führen als ursprünglich erwartet. Nicht immer lassen sich die Zusammenhänge aufspüren, die solchen Reaktionen zugrunde liegen und nur allzuoft werden lediglich die im Sinne der Manipulation erfolgreichen Experimente publiziert. Die unerklärlichen Mißerfolge, die durchaus nichts mit inkompetent angewandten experimentellen Methoden oder gar mit vordergründigen Meßfehlern zu tun haben müssen, bleiben unerwähnt.

Hier begegnet man einer durchaus gängigen Denkweise, die einen lebenden Organismus weitgehend auf eine „Produktionsmaschine" reduziert, deren zeitweiliges Versagen allenfalls bedauerlich und notgedrungen in Kauf zu nehmen ist. Betrachtet man die Situation im Hinblick auf die Überlebensfähigkeit des Mikroorganismus, so handelt es sich hier mitnichten um ein Versagen, sondern vielmehr um die Auswirkung eines effizienten Abwehrsystems gegen Infektion mit fremdem Erbmaterial.

Eine andere, weitverbreitete Fehleinschätzung infolge inadäquater Sichtweise ist die auf der Charakterisierung von isolierten Enzymen beruhende Voraussage über entsprechende katalytische Vorgänge in der lebenden Zelle. Nur allzuoft werden bei der Enzymreinigung lose asssoziierte Multienzymkomplexe zerlegt, unbeabsichtigt regulatorische Untereinheiten abdissoziiert oder auch unbekannte niedermolekulare Effektoren entfernt. Man verfügt dann über ein weitgehend homogenes Enzympräparat (ein sog. „sauberes System"), das sich zweifellos nach den herrschenden wissenschaftlichen Kriterien *in vitro* exakt beschreiben läßt, die erhaltenen Ergebnisse sind jedoch für eine *In-vivo*-Betrachtung nur eingeschränkt aussagekräftig. Daß beispielsweise die Lösungsmittelumgebung für einen in ihr ablaufenden Stoffwechselvorgang von kritischer Bedeutung sein kann, ist einerseits trivial, wird jedoch andererseits nicht immer hinreichend beachtet. So liegt im wäßrigen *In-vitro*-System das Gleichgewicht zwischen isolierten Aminosäuren und einem entsprechenden Peptid ganz auf der Seite der freien Bausteine. Die enzymkatalysierte Proteolyse der Peptidbindung läuft also spontan ab. Verändert man jedoch die Eigenschaften des Lösungsmittels, beispielsweise durch Zugabe von Glyzerin, so verschiebt sich das Gleichgewicht hin zur Peptidbiosynthese. Die Protease wird dadurch zur Ligase! Andererseits ist die

Gleichgewichtslage intrazellulär offenbar dramatisch verschoben, denn es kostet dort ein erhebliches Maß an biochemischer Energie in Form von Adenosintriphosphat, um gezielt Proteine abzubauen.

Die geschilderten Fälle zeigen, daß es selbst in bezug auf Subsysteme außerordentlich schwierig ist, ihre strukturelle und funktionelle Einbindung in das Hauptsystem umfassend wahrzunehmen und daraus die notwendige Kompetenz für eine „ergiebige" Fragestellung zu gewinnen. Es reicht nicht aus, grundsätzlich auf eine wachsende Zahl von Einzelbefunden zugreifen zu können, vielmehr gilt es, Fähigkeiten zu entwickeln, diesen andauernden Wissenszuwachs in eine sich zunehmend festigende Gesamtschau eines Systems zu integrieren. Dies fällt infolge der physiologischen Strukturierung des menschlichen Gehirns und seiner spezifischen Raum- und Zeitwahrnehmung noch immer nicht leicht. Bis ein Wissenschaftler innerhalb „seines" Systems die intuitive Sicherheit zum souveränen Blick über alle relevanten Hierarchieebenen gewinnt, können Jahre vergehen. Dann ist er endlich Spezialist auf seinem, allerdings noch immer Laie auf den angrenzenden Gebieten.

Um in dieser Hinsicht voranzukommen, haben wir einen experimentellen Zugriff gewählt, bei dem wir mikrobiologische Systeme in bezug auf den Abbau von Schadstoffen zunächst über die Definition verschiedener Leistungen charakterisieren. Hierzu zählen im Sinne einer Toxintoleranz die „Ökotoxizitätsgrenze", also diejenige Toxinkonzentration, bei der der Gesamtstoffwechsel des untersuchten biologischen Materials zusammenbricht, weiterhin die Geschwindigkeit, mit der entsprechende Schadstoffe metabolisiert werden, um daraus Stoffwechselenergie zu konvertieren, drittens schließlich der Grad der möglicherweise zu erreichenden Abhängigkeit vom Toxin als ausschließlich verwertbarer Kohlenstoffquelle. Zur Betrachtung dieser systemischen Größen bedarf es lediglich einer leistungsfähigen Analytik für die toxischen Stoffe und die jeweils ausgewählten „Lebensäußerungen" des biologischen Materials, nicht jedoch einer eingehenderen systematischen Kenntnis des agierenden Stammes oder der Biozönose. Erst recht nicht vonnöten ist die exakte molekulare beziehungsweise kinetische Charakterisierung der am Abbau beteiligten Enzyme, da die nachfolgend ins Auge gefaßte Optimierung nicht über die vorausplanende Veränderung von Struktur- und Funktionsparametern der entsprechenden Biokatalysatoren angestrebt wird. Vielmehr beschränkt sich das experimentelle Vorgehen darauf, eine größere Zahl von evolutionären Freiheitsgraden durch die Erhöhung der natürlichen Mutationsrate bereitzustellen. Es werden damit Möglichkeiten eröffnet und keine monokausalen Schienen festgelegt. Der dem System angebotene Schadstoff bestimmt wesentlich die Natur des durch evolutionäre Anpassung zu erobernden Lebensraumes. Die dabei von den jeweiligen Organismen eingeschlagenen Wege sind mit Sicherheit außerordentlich komplex, führen jedoch in bezug auf die neu zu erreichende Homöostase zu einer Stabilität, die durch keine, noch so wohlverstanden geplante, „Kausaltherapie" erreicht werden kann.

Natürlich braucht die forschende Neugierde hier nicht haltzumachen! Es sollte durchaus retrospektiv aufgeklärt werden, auf welchen zellulären Ebenen letztlich jene Veränderungen stattgefunden haben, die den neuerreichten Leistungszustand ausschlaggebend mitbestimmen.

Darüber hinaus bedeutet der Verzicht etwa auf genetische Manipulation von definierten Enzymsystemen natürlich nicht, daß die Aktivität einzelner Komponenten sich durch genauere Kenntnis der von ihnen benötigten Medienbedingungen eventuell wesentlich stützen oder gar erhöhen ließe. Insofern bleibt die retrospektive Charakterisierung von Einzelsystemen durchaus nicht im Raum der grundlagenwissenschaftlichen „l'art pour l'art", sondern gewinnt soliden anwendungsrelevanten Bezug. Die durch diese „Systempolitur" erreichte Leistungssteigerung fällt allerdings nicht mehr im engeren Sinne unter den Begriff der beschleunigten Evolution, der die Hauptrolle in den nachfolgenden Kapiteln spielen soll.

2 Evolution

Alles ist, was es ist,
weil es so geworden ist.

D'Arcy Thompson (1917)

2.1 Prinzip

Wenn wir über Lebewesen sprechen, gehen wir bereits davon aus, daß es zwischen ihnen eine entscheidende Gemeinsamkeit gibt, sonst würden wir sie nicht zu der Kategorie zählen, die wir „das Lebendige" nennen. Über die Organisation, die diese Kategorie beschreibt, ist damit allerdings noch nichts gesagt. Wir schlagen deshalb vor, Lebewesen dadurch zu charakterisieren, daß sie sich im wahrsten Sinne des Wortes fortwährend selbst erzeugen und nennen eine solche Organisationsform in Übereinstimmung mit Maturana *autopoietische Organisation* (das leitet sich her vom griechischen *autos* = selbst, *poiein* = machen). Auf der zellulären Ebene ist dieses Konzept relativ einfach zu verstehen. Die molekularen Bestandteile einer zellulären autopoietischen Einheit sind in einem kontinuierlichen Netzwerk von Wechselwirkungen dynamisch miteinander verbunden. Dieses Netzwerk nennen die Biochemiker den zellulären Stoffwechsel, er erzeugt laufend Bestandteile, welche allesamt in das Netz von chemischen Umwandlungen, durch das sie entstanden, integriert sind. Das Netz ist darüber hinaus in unterschiedlichem Ausmaß regenerativ, das heißt verlorengegangene Teile können durch die Tätigkeit des Restes ersetzt werden. Wenn alle diese Bestandteile eine räumliche Organisation einnehmen sollen, müssen manche von ihnen einen *Rand* bilden, um das notwendige Netz von Transformationen zu begrenzen. Die Biologen haben dieser Begrenzungsstruktur den Namen *Membran* gegeben. Ohne sie könnte das diffizile Netzwerk des zellulären Stoffwechsels nicht existieren, die vielfältig vorhandenen Substanzen und die damit verknüpften Umsetzungen würden sich unkontrolliert durcheinanderbewegen, ohne daß eine räumliche Ordnung entstünde. Wir sehen deutlich eine gegenseitige Bedingtheit: Der hochgeordnete Stoffwechsel erzeugt seine eigenen Bestandteile, die die Bedingung für das Entstehen einer Begrenzung sind, und diese wiederum schafft die Bedingung für den geordneten Ablauf aller Stoffwechselreaktionen. Das sind in der Tat keine aufeinanderfolgenden Vorgänge, sondern zwei Ansichten eines einheitlichen Phänomens (Abb. 2.1.).

Autopoietische Systeme zeichnen sich somit dadurch aus, daß sie sich fortlaufend mittels ihrer eigenen Dynamik als unterschiedlich von der Umgebung schaffen und im Operieren ihre gesamte Phänomenologie hervorbringen. Lebewesen als autonomen Einheiten ist es eigen, daß das einzige Produkt ihrer Organisation sie selbst sind. Erzeuger und Erzeugnis lassen sich nicht voneinander trennen!

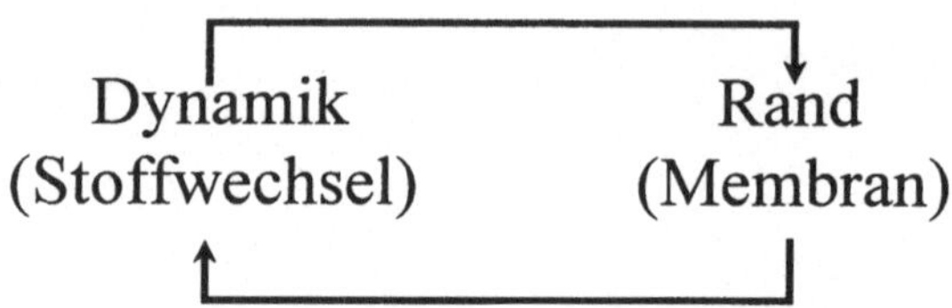

Abb. 2.1. Struktur-Funktions-Vernetzung als Einheit

Unsere Erde ist etwa 4,5 Mrd. Jahre alt. 1,5 Mrd. Jahre dauerte es allein, bis sie sich aus dem glutflüssigen Zustand so weit abgekühlt hatte, daß diejenigen organischen Moleküle, die die Grundlage der lebenden Materie bilden und die immer wieder spontan in den Urmeeren entstanden, lange genug stabil blieben, um zu komplexeren Gebilden zusammenzutreten. Irgendwann in dieser wahrscheinlich mehrere Millionen Jahre andauernden Periode entstand das „Leben" in Form vermutlich vieler autopoietischer Einheiten mit vielen strukturellen Varianten an vielen Orten der Erde. Es ist wichtig, zu bemerken, daß die Phänomene, die autopoietische Einheiten in ihrem Operieren erzeugen, von der physikalischen Phänomenologie verschieden sind. Sie hängen von der Art ab, wie die Organisation einer Einheit verwirklicht ist und nicht von den physikalischen Eigenschaften ihrer Bestandteile. Wenn also eine Zelle eine bestimmte Substanz aufnimmt und sie in ihre Prozesse einbezieht, dann ist die Folge dieser Wechselwirkung nicht ausschließlich durch die Eigenschaften des Stoffes bestimmt, sondern auch durch die Art, wie dieser Stoff von der Zelle als Einheit „wahrgenommen" und umgesetzt wird. Auch vom rein physikochemischen Standpunkt aus gesehen, haben wir es im Milieu außerhalb lebender Systeme mit Gleichgewichtsthermodynamik zu tun, während intrazellulär eine Fließgleichgewichtsthermodynamik vorherrscht, die durch den andauernden Energiefluß in lebendigen Einheiten bestimmt wird.

Wie wir aus der Erfahrung wissen, erzeugen sich die hier von uns betrachteten zellulären Einheiten nicht nur dauernd selbst, sondern sie pflanzen sich darüber hinaus auch fort. Damit sind alle Lebewesen, einzellige wie vielzellige, nicht nur Nachkommen ihrer direkten Vorfahren, sondern auch sicherlich ganz anderer Vorfahren, die bis in die Zeit der Entstehung der ersten autopoietischen Einheiten zurückreichen. Lebewesen müssen also als historische Wesen verstanden werden, die ebenso wie die Zellen, die sie konstituieren, alle der gleichen Vorzeit entstammen. Um diese Behauptung etwas genauer zu beleuchten, wollen wir uns einmal diejenigen Vorgänge anschauen, die mit dem Phänomen *Fortpflanzung* beziehungsweise dem Begriff *Reproduktion* zu tun haben.

Schon seit langem wissen die Biologen, daß sich Zellen durch Teilung vermehren. Diese Zellteilung ist kein zufälliger Vorgang, sondern jede Zelle enthält einen exakt definierten Plan, nach dem in einem komplexen Prozeß die Neuordnung zellulärer Bestandteile abläuft. Es entstehen dabei aus einer autopoietischen Einheit zwei andere autopoietische Einheiten derselben Klasse. Ein Beobachter dieses Vorganges kann die neu entstandenen Einheiten aufgrund vergleichbarer Organisationsmerkmale als „gleich" erkennen (Abb. 2.2.).

Ursprungseinheit → Prozeß → 2 neue, gleiche Einheiten

Abb. 2.2. Entstehung zweier autopoietischer Einheiten aus einer Ursprungseinheit

So gesehen ist der Prozeß der Reproduktion *nicht* konstitutiv für Lebewesen und somit auch nicht Bestandteil ihrer Organisation. Wen dies schockiert, weil er bisher daran gewöhnt war, Leben durch eine Zusammenstellung von Eigenschaften, wie zum Beispiel Fortpflanzung, zu beschreiben, der möge folgendes bedenken: Um sich zu reproduzieren, muß *Etwas* zuvor erst einmal als Einheit konstituiert und durch eine Organisation charakterisiert sein. Das führt uns zwingend zu dem Schluß, daß Lebewesen auch existieren können, ohne sich fortzupflanzen. Man denke nur an unfruchtbare Hybride in der Pflanzenzüchtung und so weiter.

Wir wollen jedoch hier betrachten, auf welche Weise sich die strukturelle Dynamik einer lebenden Zelle bei ihrer Reproduktion erweitert, und überlegen, welche Folgen dies allgemein betrachtet für die Geschichte aller Lebewesen hat.

Zunächst einmal wird ein Vorgang nötig sein, den man als Replikation bezeichnen kann und der durch seine Arbeitsweise wiederholt Einheiten derselben Klasse erzeugen kann. Das erinnert uns zwar an eine Fabrik, in der Autos am Fließband hergestellt werden, wir können diese Vorstellung jedoch zwanglos auch auf die Biosynthese von Proteinen am Ribosom übertragen, von der später eingehender die Rede sein wird. Die wichtigste Eigentümlichkeit des Reproduktionsphänomens ist die Tatsache, daß der Produktionsmechanismus und die jeweils dabei herauskommenden Replikate operational unterschiedliche Systeme sind. Der Vorgang der Proteinbiosynthese ist eine Angelegenheit, die rückwirkend nicht vom Schicksal des Produkts, in diesem Fall einem korrekt gefalteten Eiweißmolekül, abhängt. Also bilden die durch Wiederholung produzierten Einheiten untereinander kein historisches System.

Von einer Kopie spricht man, wenn die Vorlage, nach der produziert wird, mit dem Produkt identisch ist. Dies ist zum Beispiel beim Vervielfältigen von Schriftstücken der Fall. Grundsätzlich lassen sich bei dieser Technik 2 Möglichkeiten unterscheiden. Wenn dieselbe Vorlage benutzt wird, um nacheinander eine gewisse Zahl von Kopien zu erzeugen, dann erhält man eine Menge von historisch voneinander unabhängigen Produkten. Benutzt man jedoch eine Kopie als Vorlage für die nächste Kopie, dann sind die Produkte historisch miteinander verbunden. Im zweiten Fall bestimmt das, was mit der Kopie geschieht, bevor sie wieder als Vorlage dient, sehr wohl die Merkmale der nächsten Kopie. Bei hinreichend großer Kopienzahl kann das zu beträchtlichen Veränderungen führen. Man spricht dann vom „historischen Driften".

Reproduktion durch Teilung gelingt nur dann, wenn die „Organisation" in den Folgeprodukten hinreichend gleich verteilt ist. Sie gelingt dann nicht, wenn dabei die Organisation merklich kompartimentiert wird. Wenn wir zum Beispiel eine Bananenstaude in halber Höhe durchtrennen, dann sind die entstehenden Teile weder mit der Ursprungsstaude noch mit sich selbst identisch, dennoch gehören sie in bezug auf ihre Organisation eindeutig derselben Klasse an. Durchschneiden wir hingegen den Stengel einer Blütenpflanze in halber Höhe, dann erzeugt dies 2 Teile merklich unterschiedlicher Organisation aus einer ursprünglich ganz anderen Einheit (Abb. 2.3.).

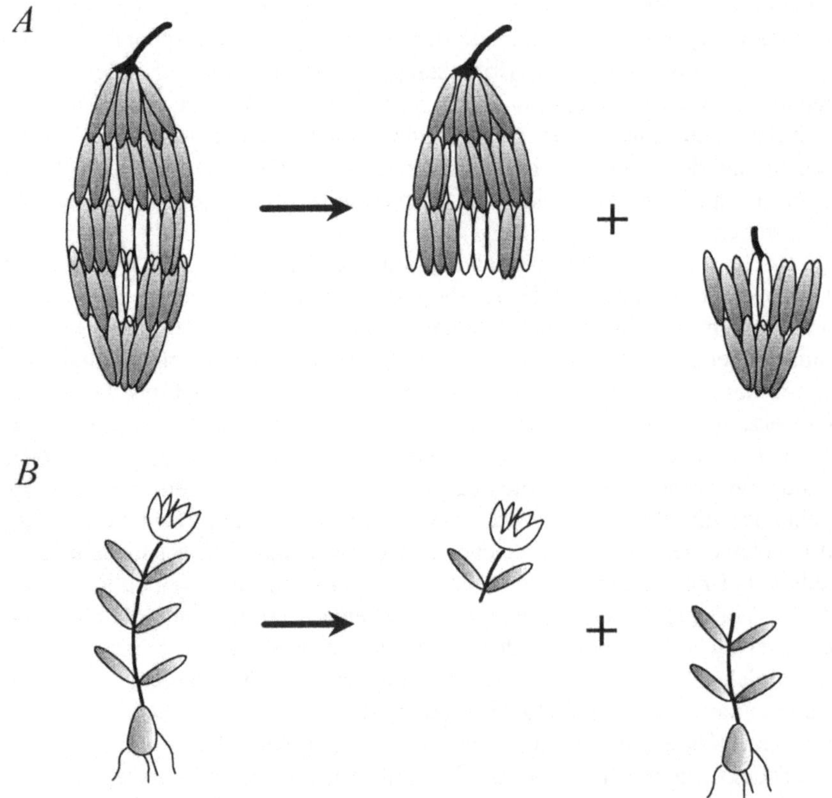

Abb. 2.3. *A* Reproduktion durch Teilung, *B* Reproduktion durch Teilung ist nicht möglich

Wesentlich am erfolgreichen Reproduktionsprozeß ist, daß in der Einheit alles als Teil der Reproduktion geschieht. Zwischen dem reproduzierenden und dem reproduzierten System gibt es keine Trennung. Es liegt auf der Hand, daß die bei der Reproduktion neugebildeten Einheiten weder vorher existiert, noch sich schon während des Teilungsprozesses organisiert haben. Es gibt sie einfach nicht, bevor der Reproduktionsprozeß vollständig abgeschlossen ist. Wie am Modell der Bananenstaude klar zu erkennen ist, haben die durch Teilung aus der Vorläuferzelle entstandenen neuen Zellen sicher dieselbe Organisation wie die ursprüngliche Einheit, zugleich haben sie jedoch auch von ihr wie auch untereinander abweichende strukturelle Aspekte. Das geht schon daraus hervor, daß die neuen Zellen unterschiedliche Bestandteile der alten Zelle enthalten.

Ziehen wir bis hierher Bilanz: Der Vorgang der Reproduktion führt wegen der geschilderten Zusammenhänge *zwingend* zu neuen Einheiten, die historisch miteinander verbunden sind und die darüber hinaus mit ihren eigenen Vorläufern und mit ihren Nachkommen ein übergeordnetes historisches Netzwerk bilden.

Was läuft nun konkret in einer Zelle ab, wenn sie sich teilt? Der aufmerksame Leser wird als wichtigste Voraussetzung sogleich fordern, daß eine möglichst gründliche Gleichverteilung von eventuell nur kompartimentiert in der Zelle vorliegendem Material zu erfolgen habe. In der Tat beobachtet man dies sehr deutlich am Zellkern, der in den Ruhephasen zwischen den Teilungsvorgängen nur in der Einzahl existiert und zudem noch durch eine Membran vom übrigen Zellinhalt getrennt ist. Während der Zellteilung, die von einer Kernteilung, welche die Biologen Mitose nennen, begleitet ist, kann man unter dem Mikroskop die schrittweise De- und Rekompartimentierung der Zelle deutlich verfolgen (Abb. 2.4.). Die Kernmembran löst sich auf, die Struktur des vorher duplizierten Erbmaterials (Desoxyribonukleinsäure, DNA) verändert sich, man kann plötzlich einzelne Chromosomen ausmachen, die aus je 2 Chromatiden bestehen. Die Chromatiden wandern mit Hilfe einer sich bildenden Kernspindel an die Pole der Zelle, diese schnürt sich ab und die Chromatiden, die jetzt als Tochterchromosomen aufzufassen sind, entspiralisieren sich wieder zum Chromatin und es werden neue Kernmembranen gebildet. Damit sind 2 neue Einheiten derselben Klasse entstanden, deren Fortpflanzungsprozeß eine echte Reproduktion darstellt und mitnichten eine Replikation beziehungsweise Kopie ist.

Auch hier sehen wir darüber hinaus wieder ganz klar, daß sich eine eigene autopoietische Dynamik ausbildet, die für den Beginn und den Verlauf des Teilungsvorganges nach Maßgabe eines komplexen intrazellulären Programms sorgt. Kein Anreiz von außen, keine äußere Krafteinwirkung und keine äußere „Programmierhilfe" sind hierbei vonnöten. Dies trifft übrigens nicht für *Viren* zu, weshalb wir sie auch nicht zu den lebenden autopoietischen Einheiten zählen!

Wer uns bis hierher gefolgt ist, wird den nächsten logischen Schritt leicht mitvollziehen können: Da wir es bei der Reproduktion mit einem historischen Vorgang zu tun haben, müssen in jeder neuen Einheit strukturelle Aspekte zu finden sein, die einem früheren Mitglied der Kette zugehörig waren. Dies gilt sowohl für Eigenheiten der Gesamtorganisation als auch für individuelle Merkmale. Die Biologie bezeichnet diese Erscheinung als *Vererbung.* Der Augustinermönch Mendel hat im Jahre 1865 - lange vor der Entdeckung der Gene - als erster die diesem Phänomen zugrundeliegenden Gesetzmäßigkeiten empirisch aufgedeckt, indem er die Ausbildung von Blütenfarben in aufeinanderfolgenden Generationen von Erbsenpflanzen untersuchte. Auch hier können wir feststellen, daß Reproduktion, Teilung und Vererbung keine separaten Prozesse sind, vielmehr ist die Vererbung ein konstitutiver Bestandteil der Reproduktion. Infolgedessen sprechen wir von *reproduktiver Vererbung*.

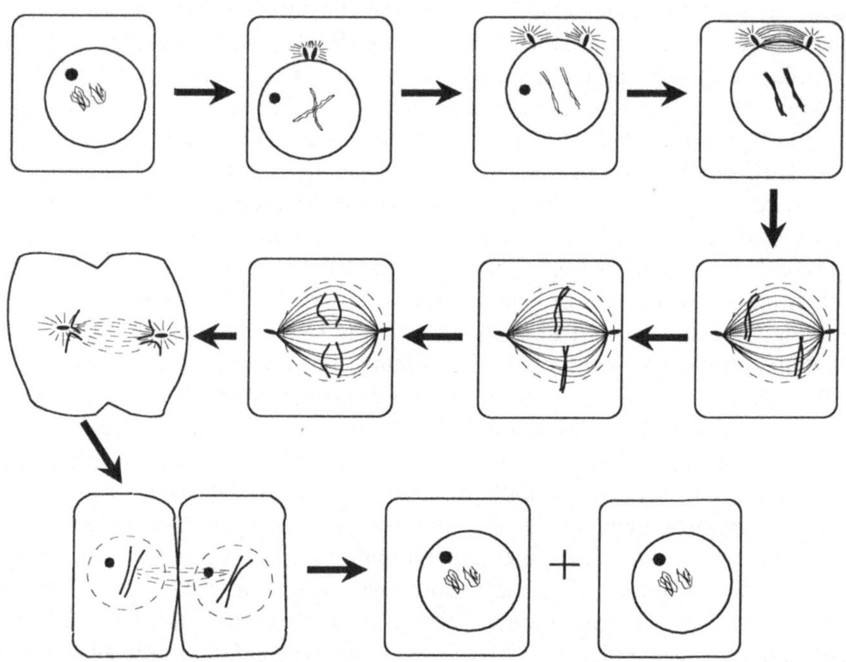

Abb. 2.4. Mitose

Der reproduktive Teilungsprozeß kann ohne die Ergänzung von Komponenten naheliegenderweise nicht erfolgreich sein, es kommt neben der Übernahme „alter" Teilstrukturen in jedem Fall auch die Synthese „neuer" Bausteine hinzu, die wiederum dem Prozeß des bereits erwähnten historischen Driftens unterliegen kann. Zu dem oben geschilderten konservierenden Moment gesellt sich somit die *reproduktive Variation*.

Da beide, die Identitätsaspekte der Vererbung wie auch die Unterschiedlichkeitsaspekte der Variation, typisch für die Reproduktion sind, wird verständlich, wie auf diese Weise die grundlegende Organisation autopoietischer Systeme einerseits konstant gehalten werden kann und andererseits strukturelle Weiterentwicklung ermöglicht wird. So ist etwa das Grundprinzip der DNA-abhängigen Proteinbiosynthese am Ribosom absolut invariant, der Typ der jeweils synthetisierten Proteine ist jedoch variant in Abhängigkeit vom „Driften" der DNA. Was versteht man heute unter diesem Begriff? Die beeindruckenden

Erfolge der Mendel-Genetik haben während der ersten Hälfte unseres Jahrhunderts zu einer vorläufigen Erkenntnisphase geführt, in der es auf der Hand zu liegen schien, die Eigenschaften von Organismen jeweils auf die Funktionsweise einer großen Zahl von definierten Genen zurückzuführen. Mit zunehmendem Wissen traten jedoch deutlich sowohl die eigenständige Dynamik der molekularen Organisation des Erbmaterials als auch daraus folgend der hohe Grad an Vernetztheit hervor. So stehen heute nicht mehr die autonomen Leistungen isolierter Gene im Brennpunkt des Interesses, sondern vielmehr der dynamische Vernetzungszustand des gesamten Genoms. Damit wird das, was wir als Driften der DNA bezeichnet haben, wohl nicht mehr ausschließlich als tatsächliche Innovation in Form von Genmutationen, sondern eher als *intragenomischer Austausch* zu sehen sein. Hierbei wird vorhandenes und bereits von der Selektion geprüftes genetisches Material neu kombiniert.

Nur am Rande wollen wir auf eine eigenartige, vielleicht sogar typische Entwicklung in der modernen Biologie aufmerksam machen: Die genetische Forschung hat sich fast ausschließlich auf die Genetik der Nukleinsäuren hin orientiert. Diese stellen jedoch beileibe nicht das einzige genetische System in der Zelle dar. Man halte sich nur die bislang kaum verstandenen genetischen Systeme von Membranen oder Mitochondrien vor Augen. Die Beschäftigung mit der Genetik dieser Struktureinheiten ist jedoch fast völlig hinter die Denkgewohnheit im Rahmen der Nukleinsäurengenetik zurückgetreten.

Bisher haben wir uns lediglich mit Vorgängen auseinandergesetzt, die innerhalb von Zellen ablaufen. Nun erweitern wir unsere Betrachtung auf die Wechselwirkung von autopoietischen Einheiten mit ihrer Umgebung. Eingangs hatten wir festgestellt, daß diese sich mit Hilfe von Membranen als von der Umgebung verschieden konstituieren. Das bedeutet jedoch nicht, daß sie sich sozusagen „blind" gegen das umgebende Milieu verschließen. Diese Vorstellung kann schon deshalb nicht zutreffen, weil wir beim Vorgang der reproduktiven Teilung die Neusynthese beträchtlicher Substanzmengen als wesentlich herausgestellt haben. Die Bausteine für diesen Zuwachs müssen natürlich der Umgebung der Zellen entnommen werden. Es ist jedoch nicht nur die Substanzbildung, die auf die Notwendigkeit der Wechselwirkung mit dem Milieu hinweist, sondern vor allem die viel weniger auffällige, permanente Aufnahme von Nahrungsstoffen, deren Umsetzung die für die Zelle brauchbare, chemische Energieform bereitstellt. Nicht zuletzt müssen die bei diesen Transformationen anfallenden Abfallprodukte (dazu zählt zum Beispiel auch Abfallwärme) wieder an die Umgebung abgegeben werden. Ein hochinteressanter besonderer Fall sind Organismen, die die Energie des Sonnenlichts mit Hilfe des grünen Farbstoffs Chlorophyll einfangen und damit direkt chemische Energieträger und zelluläre Substanz erzeugen.

Alle lebenden Organismen sind nach der programmatischen Vorstellung von Bertalanffy sozusagen aktiv in ihre Umgebung eingebettete, offene Fließgleichgewichtssysteme, die anhaltend die unterschiedlichsten Energie- und Materieformen mit der Umgebung austauschen. Für den Lebenserfolg jeder Zelle muß diese Wechselwirkung von Anfang an stabil sein. Die Systemtheorie nennt dies eine strukturelle Koppelung, woraus schon hervorgeht, daß eine solche Betrachtungsweise die gegenseitige Beeinflussung von autopoietischer Einheit und umgebendem Milieu anspricht (Abb. 2.5.).

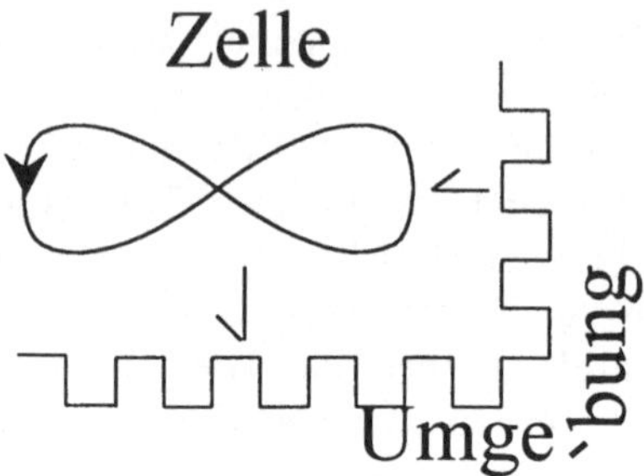

Abb. 2.5. Gegenseitige Beeinflussung von autopoietischer Einheit und umgebendem Milieu

Diese Korrespondenz mit der Umgebung begleitet nicht nur die zelluläre Ontogenese (hergeleitet vom griechischen *on = das Wesen.* und *genesis = der Ursprung*), also die Lebensgeschichte des Strukturwandels eines einzelnen Lebewesens vom ersten Moment an, sondern natürlich ebenso die als Phylogenese bezeichnete Stammesgeschichte. Die Art der gegenwärtigen strukturellen Koppelung jeder Zelle mit ihrem Milieu ist also der augenblickliche Zustand in der Geschichte des durch natürliches Driften bewirkten, individuellen Strukturwandels einer jeden Abstammungslinie. Damit meinen wir beispielsweise, daß ein ausgewählter Membrantyp „derzeit" ein ganz bestimmtes Ensemble von Molekülen passieren läßt, ein anderes jedoch nicht. Wie es dazu kommt und wie die nur scheinbar widersprüchlichen Begriffe „stabil" beziehungsweise „natürliches Driften" zusammengebracht werden können, müssen wir nun beleuchten. Unser Versuch, die organische Evolution zu begreifen, wird mit Sicherheit nur dann erfolgreich sein, wenn wir die geschichtlichen Vorgänge, die den strukturellen Wandel bedingen, richtig verstanden haben.

Jedes Lebewesen wird als autopoietische Einheit in ein ganz bestimmtes Milieu hineingeboren, mit dem es zukünftig in Wechselbeziehung steht. Dieser Lebensraum hat naheliegenderweise seine eigene strukturelle Dynamik und ist damit von derjenigen des betrachteten Lebewesens operational unterschieden. Dennoch müssen beide zusammenpassen, es muß eine Form der strukturellen Übereinstimmung herrschen, sonst ist kein Leben möglich. Das liegt auf der Hand! Wie wir schon zuvor festgestellt haben, bestimmen Änderungen im Milieu nicht, was mit dem Lebewesen geschieht. Vielmehr ist es die strukturelle Organisation des Lebewesens, die entscheidend dafür verantwortlich ist, welche Antwort auf die Veränderung erfolgt. Diese ganz besondere Art von Wechselwirkung ist also nicht im Sinne einer *Instruktion* zu verstehen (lateinisch *instructio* = der Befehl). Der Wandel in einer autopoietischen Einheit, den ein Betrachter von außen wahrnimmt, wird zwar durch die Veränderung im Milieu ausgelöst, aber in seinem Ergebnis ausschließlich durch das Lebewesen bestimmt. Umgekehrt gilt natürlich das gleiche. Die Umgebung wird nicht vom Lebewesen instruiert, sondern lediglich über Änderungen informiert.

Der Leser mag sich fragen, weshalb wir an dieser Stelle einen besonders nachdrücklichen Wert auf Verständnis legen. Das hat mit der Tatsache zu tun, daß wir es mit einer einerseits grundlegenden, aber andererseits ganz alltäglichen, allgemeingültigen Erscheinung zu tun haben. Sie tritt bei allen Wechselwirkungen zwischen Einheiten und Milieu auf. Man versteht das vielleicht einfacher, wenn man im Auge behält, daß wir in unserem alltäglichen Leben tatsächlich so handeln, als seien alle Dinge, denen wir begegnen, strukturell determinierte, also eindeutig bestimmte Einheiten. Wenn wir in einem Aufzug auf den Knopf drücken und er bewegt sich nicht, kämen wir nicht auf den Gedanken, daß es am Finger des Fahrgastes liegen könnte, der den Knopf berührt hat. Vielmehr rufen wir den Monteur, weil wir sicher sind, daß sich entweder die Bremse verkeilt hat oder der Antriebsmotor defekt ist und so weiter. Wir suchen die Ursache also in der Struktur des Aufzugssystems. Auch herkömmliche Naturwissenschaft ist nur an strukturell determinierten Einheiten denkbar. Damit ist gemeint, daß wir Wissenschaftler Systeme unter der Voraussetzung erforschen, daß deren zu beobachtenden Änderungen aus ihrer eigenen Organisation herzuleiten sind und durch die Wechselwirkung mit ihrer Umgebung ausgelöst werden. Diese Einstellung gilt - in der Wissenschaft wie im Alltag - übrigens nicht nur für künstliche Systeme, sondern auch zum Beispiel für das soziale Miteinander von Lebewesen.

Es ist einleuchtend, daß eine strukturelle Koppelung nur so lange erfolgreich besteht, wie sichergestellt ist, daß Zustandsänderungen im System seine grundsätzliche Organisationsform nicht zerstören. Wenn ein ehedem blasser Zierfisch neuerdings mit besonders karotinreichen Flohkrebsen gefüttert wird und infolgedessen ein prächtiges Farbenkleid anlegt, dann ist eine verträgliche Wechselwirkung geschehen, die eine organisationserhaltende Änderung ausgelöst hat. Der Versuch hingegen, den Zierfisch aus dem Aquarium zu nehmen und an das Leben in einem Vogelkäfig zu gewöhnen, weil dort die Papageien bekanntermaßen ebenfalls ein farbenprächtiges Federkleid tragen, muß fehlschlagen. Man spricht dann von *destruktiven* Veränderungen, die durch zerstörerische Wechselwirkungen ausgelöst wurden. Die strukturelle Koppelung ist in diesem Fall zusammengebrochen.

Das bis hierher Zusammengetragene gilt in gleicher Weise für alle Systeme, seien sie technisch oder lebendig. Was den Lebewesen jedoch eine besondere Eigentümlichkeit verleiht, ist die Tatsache, daß bei ihnen sowohl Determiniertheit als auch Strukturkoppelung im Zuge der andauernden Aufrechterhaltung von Autopoiese erzeugt werden und daß alle anderen Teilvorgänge diesem Prozeß absolut untergeordnet sind. Deshalb ist jede strukturelle Änderung in einer Einheit durch die Forderung nach Erhalt ihrer Autopoiese eingegrenzt.

Als Beobachter von Systemen sind wir in der vorteilhaften Lage, gleichzeitig die Struktur des umgebenden Milieus und die Organisation eines damit wechselwirkenden Organismus wahrnehmen zu können. Zudem wäre es ein leichtes, sich auszumalen, welche vielfältigen Veränderungsmöglichkeiten im System auftreten könnten, bei jeweils etwas anderen Wechselwirkungen als den tatsächlich beobachteten. Wir können uns zum Beispiel vorstellen, was aus dem amerikanischen Mittleren Westen geworden wäre, wenn man die vernichtende Bodenerosion durch vernünftiges Konturenpflügen zurückgedrängt hätte, statt den Boden bequemerweise geradlinig hügelauf und hügelab aufzubrechen.

Ein deutliches Wort zu dem Begriff der natürlichen Auslese oder Selektion scheint uns an dieser Stelle angebracht zu sein. Der von uns zuvor bemühte Beobachter, der sich die vielen „anderen", nicht realisierten Möglichkeiten struktureller Koppelung ausgedacht hat, darf uns natürlich nicht zu dem falschen Schluß kommen lassen, für die tatsächlich aufgetretenen, beobachtbaren Wechselwirkungen habe es eine Auswahl gegeben. Auch Darwin wies in seinem Buch „On the origin of species" (Über die Entstehung der Arten) darauf hin, daß die durch Strukturkoppelung hervorgerufenen Änderungen so aussähen, als ob eine natürliche Selektion stattfände, so wie etwa ein Pferdehalter künstliche Zuchtwahl anwendet. Für ihn war der Begriff möglicherweise nie mehr als nur eine sinnvolle Metapher im Zusammenhang mit seiner Formulierung der drei Prinzipien der biologischen Evolution:

- Das Prinzip der *phänotypischen Variabilität* weist auf die Merkmalsunterschiede bei Mitgliedern einer Population hin.

- Gemäß dem Prinzip der *differentiellen Tauglichkeit* (Anpassung) vermehren sich Individuen in Abhängigkeit von (in Wechselwirkung mit) den Bedingungen des sie umgebenden Milieus unterschiedlich schnell.

- Tauglichkeit ist *erblich*.

Schon bald nach Darwin ging man jedoch unkritisch dazu über, in der „natürlichen Auslese" ausschließlich eine Quelle instruierender Wechselwirkungen aus dem Milieu heraus zu sehen. Vorreiter war hier Spencer mit seiner Formulierung „survival of the fittest", zu welcher die logische Struktur der obengenannten Prinzipien mitnichten einen Ansatz enthält. Heute kann man den Begriff der „natürlichen Auslese" nicht mehr einfach zurechtrücken, man sollte ihn jedoch nur in dem hier vorgeschlagenen, richtigeren Verständnis verwenden. Auch Wissenschaften durchlaufen eine Evolution.

Die tatsächlich beobachteten Änderungen in einer autopoietischen Einheit im Verlauf ständig stattfindender Wechselwirkungen werden nicht vom Milieu selektiert! Wir dürfen hierbei nicht vergessen, daß der Umgebung währenddessen Vergleichbares geschieht. Die mit ihr wechselwirkenden Organismen wirken als „Selektierer" für ihre Strukturveränderungen. So haben etwa die ersten photosynthetisierenden Organismen der Erdfrühzeit aus dem Wasser der damals noch sauerstoffreien Atmosphäre durch Nutzung von Sonnenenergie enorme Mengen elementaren Sauerstoffs freigesetzt, der seinerseits wiederum metallisches

Silizium zu Siliziumdioxid umwandelte, welches in der Folge die Schalenbildung bei Kieselalgen ermöglichte. Als der neu aufgetretene Sauerstoff schließlich alle Metalle weitgehend oxidiert hatte, reicherte er sich in der Atmosphäre an und führte zum Auftreten von Organismen, die dieses Gas zur Atmung verwenden konnten, im Gegensatz zu ihren Ahnen, die bis dahin andere Stoffe veratmet hatten und für die Sauerstoff hochtoxisch war.

Bis hierhin ist sicherlich allen Lesern klar geworden, was der kleine Doppelpfeil in Abb. 2.6. bedeutet; strukturelle Koppelung ist *immer* gegenseitig! Wenn wir also nach dem Grund für das historische Fortbestehen von Organismen suchen, stoßen wir immer wieder auf die strukturelle Verträglichkeit einer Einheit mit der Umgebung. Die Biologen nennen das *Anpassung* oder auch *Adaptation*. Wenn andererseits eine destruktive Wechselwirkung stattfindet, löst sich die darin verwickelte autopoietische Einheit auf. Sie hat ihre Anpassung verloren. Lebewesen existieren dann erfolgreich, wenn Autopoiese und damit Anpassung verwirklicht werden können. Die ontogenetische Strukturveränderung jedes Organismus in seinem Milieu wird immer ein natürliches, strukturelles Driften sein, welches mit der strukturellen Dynamik seiner Umgebung im Einklang steht. Dies trifft um so mehr für die weiträumigeren Zeitspannen jeder Phylogenese zu.

Strukturelle Koppelung beschränkt sich natürlich nicht auf die Wechselwirkung zwischen Zellen und der Umgebung, sondern tritt ebenso zwischen gleichen oder ungleichen Zellen auf. Auf der einen Seite kann dies zum Austausch von genetischem Material und zur Ausbildung eines sogenannten Kometabolismus führen - bei dem ein Mikroorganismenstamm die Stoffwechselendprodukte eines anderen Stammes verwertet - andererseits können aber aus dem Einzellerstadium auch mehrzellige Organismen mit allen bekannten Folgen eventueller Zelldifferenzierung entstehen (über diesen zweiten Halbsatz wäre jedoch ein eigenes Buch zu schreiben).

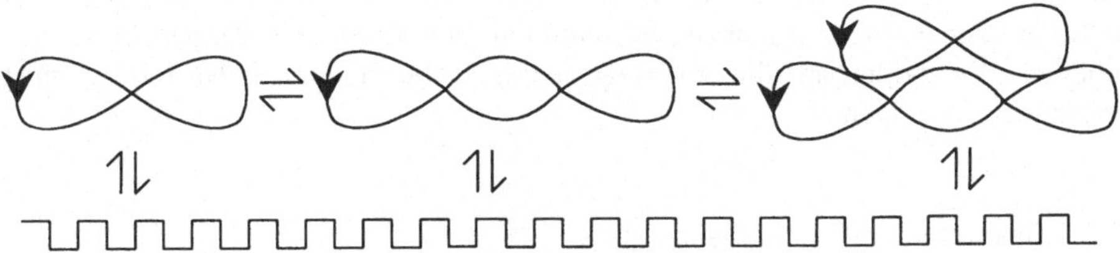

Abb. 2.6. Strukturelle Kopplung zwischen Zellen und ihrer Umgebung

Wir haben in diesem Abschnitt alle grundlegenden Voraussetzungen zusammengetragen, um anschließend ganze Ökosysteme und die Frage ihrer Stabilität betrachten zu können.

2.2 Genetischer Informationsfluß

Die Strukturaufklärung des Erbmoleküls DNA sowie die Dechiffrierung der verschlüsselten Erbinformationen, die in der DNA gespeichert sind, kann ohne Zweifel als eine der größten wissenschaftlichen Leistungen dieses Jahrhunderts gewertet werden. Durch diese Pionierarbeiten können wir heute verstehen, welche molekularbiologischen Prozesse der Vererbung zugrunde liegen. Die Entschlüsselung des „genetischen Kodes" und die Methoden der modernen Gentechnik ermöglichen uns darüber hinaus, die im Erbmolekül vorhandenen genetischen Informationen wie Sätze in einem Buch zu lesen und deren biologischen Sinn in vielen Fällen folgerichtig zu interpretieren. Das „human genome project" ist in diesem Zusammenhang momentan eines der größten und aufwendigsten medizinischen Forschungsvorhaben. Hierbei handelt es sich um ein weltweites Wissenschaftsprogramm mit dem angestrebten Ziel, sämtliche Erbinformationen des Menschen vollständig zu entschlüsseln und zu katalogisieren. Viele neue Erkenntnisse, insbesondere über Erbkrankheiten und deren eventuelle Behandlungsmöglichkeiten werden von den geplanten Experimenten erwartet. Mit dem erfolgreichen Abschluß der vollständigen Katalogisierung der menschlichen Erbinformation wird in Wissenschaftlerkreisen um die Jahrtausendwende gerechnet.

Wie wir bereits erfahren haben, ist das Prinzip von Vererbung als konservativ wirksame Kraft neben Variation und Selektion eine der fundamentalen Voraussetzungen für den Prozeß der biologischen Evolution. Wir werden daher an dieser Stelle etwas näher auf ihre biochemischen Grundlagen eingehen. Ferner sollen in diesem Zusammenhang auch die Mechanismen der Umsetzung von genetischen Erbinformationen in biologische Strukturen und Funktionen erläutert werden. Dabei werden wir versuchen, die molekularen Vorgänge so zu beschreiben, daß sie auch ohne biologisch-chemisches Vorwissen verständlich sind. Das hat natürlich zur Folge, daß manche Sachverhalte nur vereinfacht dargestellt werden können. Wir wollen auf diesem Wege lediglich die fundamentalen biologischen Prinzipien aufzeigen.

2.2.1 Bausteine des Lebendigen

Die strukturell-funktionellen Grundlagen von Vererbung sind für alle uns bekannten Lebensformen nahezu universal. Das gleiche gilt für das Baumaterial, welches diesen Prozessen zugrunde liegt sowie für die Substanz, aus der alles Lebendige besteht. Dieser Sachverhalt ist auf den ersten Blick sehr erstaunlich. Ist doch die Natur in der Lage, die vielfältigsten Formen und Funktionen zu realisieren. Wie kann also eine derart mannigfaltige Vielfalt, wie wir sie von den unterschiedlichsten Lebensformen aus dem Pflanzen- und Tierreich her kennen, aus ein und demselben Baumaterial entstehen? Die Antwort auf diese Frage kann man am einfachsten durch einen Vergleich geben. Ähnlich wie beim Aufbau von Sprache und Schrift bedient sich die Natur kleinster molekularer Baueinheiten, analog den Lauten der Sprache oder den Buchstaben der Schrift. Vergleichbar mit den Buchstaben der Schrift, wenn man von Schriften wie der chinesischen einmal absieht, gibt es von den Lebensgrundbausteinen nur eine kleine, recht überschaubare Anzahl von unterschiedlichen Exemplaren. Sie stellen für sich betrachtet kaum etwas Sinnvolles dar. Ihr Potential liegt allein in der astronomisch großen Anzahl unterschiedlicher Kombinations- und damit Darstellungsmöglichkeiten. So werden aus Buchstaben Wörter, aus Wörtern Sätze und aus Sätzen Bücher, wie dasjenige, welches Sie gerade in der Hand halten. Ähnlich wie bei der Schrift, handelt es sich beim Aufbau von biologischer Information zunächst nur um eine eindimensionale Struktur. Die molekularen Bausteine werden also linear wie die Perlen einer Kette oder die Buchstaben der Schrift nacheinander angeordnet und miteinander verknüpft. Die daraus resultierende Information oder Struktur hängt allein von der Reihenfolge der jeweiligen molekularen Bausteine ab. Erst nach der linearen Synthese biologischer Polymere werden weitere physikalisch-chemische Kräfte wirksam, die eine dreidimensionale Faltung der Ketten bewirken, ähnlich der Entstehung eines räumlichen Wollknäuels aus einem eindimensionalen Faden.

Es gibt 2 wichtige Arten solch linearer biologischer Makromoleküle, die den Hauptbestandteil aller Lebewesen bilden: erstens die Desoxyribonukleinsäure (DNA) und das eng mit ihr verwandte Molekül Ribonukleinsäure (RNA) und zweitens die Eiweiße, die auch Proteine genannt werden. Während DNA und RNA fast ausschließlich der Speicherung, Vermehrung und Übersetzung von Erbinformationen dienen, bilden die Proteine das Rohmaterial für biologische Strukturen, die ihrerseits wiederum bestimmte biochemische Reaktionen katalysieren können und dann als Enzyme bezeichnet werden (ausführliche Information zu Enzymen finden Sie in den Kap. 2.4 und 3.5). Ferner gibt es noch Kohlenhydrate (Zucker) und Lipide (Fette) als Bausubstanzen. Sie werden uns jedoch im Zusammenhang mit dem genetischen Informationsfluß in diesem Abschnitt nur untergeordnet beschäftigen.

2.2.2 Erbmolekül DNA

In der DNA sind sämtliche genetischen Informationen gespeichert, die zur Entstehung eines Lebewesens erforderlich sind. Bei Mehrzellern, wie uns Menschen, enthält jede einzelne Körperzelle in ihrem Kern die gleiche DNA mit allen Erbinformationen. Die Erbinformationen werden bei der Zellteilung dupliziert und je eine Kopie an die Tochterzellen weitergegeben.

Die molekularen Bausteine aus denen sich DNA zusammensetzt, sind die Nukleotide. Sie selbst wiederum sind aus einem Zuckermolekül (Desoxyribose bei

DNA und Ribose bei RNA), einer Stickstoffbase sowie einer Phosphatgruppe aufgebaut (Abb. 2.7.).

Von den Stickstoffbasen gibt es für den Aufbau von DNA insgesamt nur 4 verschiedene Spezies und somit gibt es in der DNA auch insgesamt nur 4 verschiedene Nukleotide. Die vier Basen sind Adenin (A), Guanin (G), Thymin (T) und Cytosin (C). Die Phosphatgruppe eines aktivierten Nukleotids kann unter Eingehung einer chemischen Bindung mit dem Zucker eines anderen Nukleotids reagieren, dessen Zucker wiederum mit der Phosphatgruppe eines weiteren aktivierten Nukleotids in Verbindung tritt. Als Resultat dieser Polymerisationsreaktionen entstehen lange Polynukleotidketten mit alternierenden Zucker- und Phosphatgruppen, aus denen pro Nukleotid seitlich eine der 4 Basen herausragt (Abb. 2.8.).

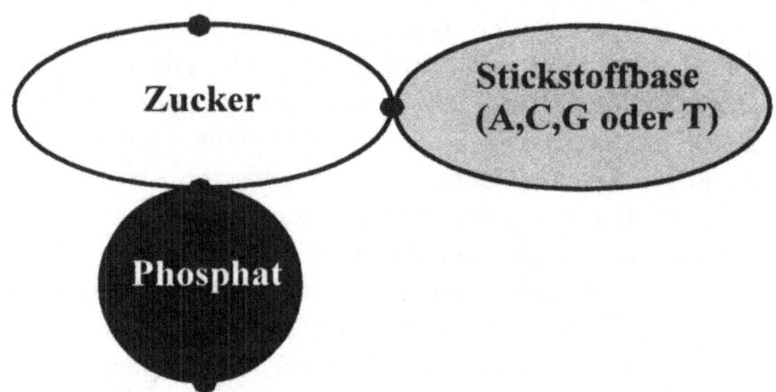

Abb. 2.7. Schematischer Aufbau eines Nukleotids

Die aus solchen Einzelsträngen herausragenden Stickstoffbasen können ihrerseits über Wasserstoffbrücken assoziativ an Basen eines anderen Stranges binden und damit einen Doppelstrang ausbilden (Abb. 2.9.). Das daraus resultierende Makromolekül besteht jeweils außen aus einem Strang sich wiederholender Zucker- und Phosphatmoleküle. Diese beiden Teile werden auch als Rückgrat des Moleküls bezeichnet. Zwischen ihnen, also im Inneren des Moleküls, befinden sich die Basenpaare. Die gesamte Struktur kann man gut mit einer Strickleiter vergleichen. Aus räumlichen Gründen ist diese Strickleiter entlang ihrer Längsachse in sich verdreht und wird als DNA-Doppelhelix bezeichnet. Sie ist, extrem dicht gepackt, die Hauptsubstanz der Chromosomen, die wir in höher entwickelten Zellen im Zellkern finden.

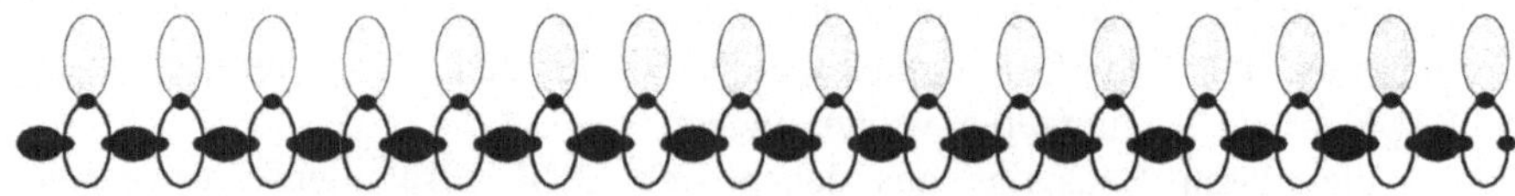

Abb. 2.8. Anordnung von Nukleotiden in einem DNA-Einzelstrang

Bei der Bildung einer DNA-Doppelhelix kann jedoch nicht jede der 4 Basen an jede andere Base binden. Die Bindungskraft ist nämlich nicht bei allen Kombinationen von Basenpaaren gleich. Die Unterschiede in den Bindungskräften sind sogar so groß, daß man davon sprechen kann, daß insgesamt nur zwei aller möglichen Paarkombinationen passen: Adenin bindet an Thymin (A-T oder T-A) und Cytosin paart sich mit Guanin (C-G oder G-C). Alle anderen Bindungskräfte zwischen 2 Stickstoffbasen sind so schwach ausgeprägt, daß sie in der Natur quasi nicht vorkommen. Die logische Konsequenz ist die, daß sich in einer Doppelhelix ausschließlich C und G sowie A und T gleichsam unter Ausbildung einer Sprosse im Strickleitermolekül gegenüberstehen (Abb. 2.10.).

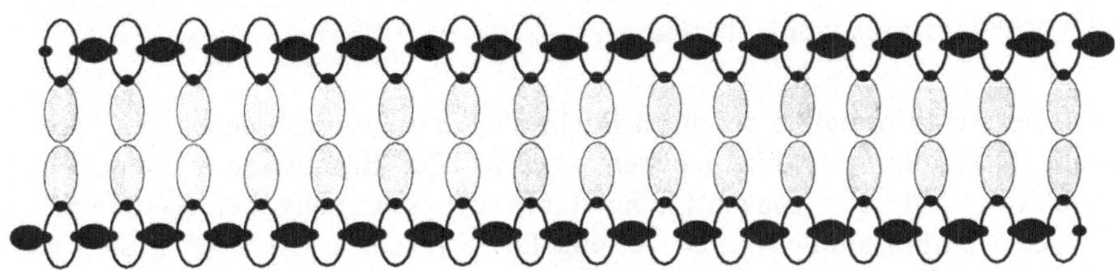

Abb. 2.9. Schematische Struktur eines linearen DNA-Doppelstrangs

In der Abfolge der Basen eines einzelnen Stranges ist das Geheimnis der genetischen Information verschlüsselt. Die *Sprache des Lebens* besteht also aus nur 4 Buchstaben. Die unvorstellbar große Anzahl von Basenpaaren der DNA im gesamten Erbgut, dem *Genom*, eines Lebewesens enthält also in verschlüsselter Form die kompletten Informationen für das spätere Erscheinungsbild des Individuums. Das oben erwähnte „human genome project" hat sich nun zum Ziel gesetzt, die komplette Abfolge, also die Sequenz der Nukleotide in der menschlichen DNA zu bestimmen. Es handelt sich dabei um die ungeheure Anzahl von ca. 3 Mrd. Basenpaaren: Würden die Buchstaben dieses Buchs ausschließlich Nukleotide von menschlicher DNA repräsentieren, so wären zur vollständigen Darstellung aller Erbinformationen etwa 4000 Folgebände erforderlich.

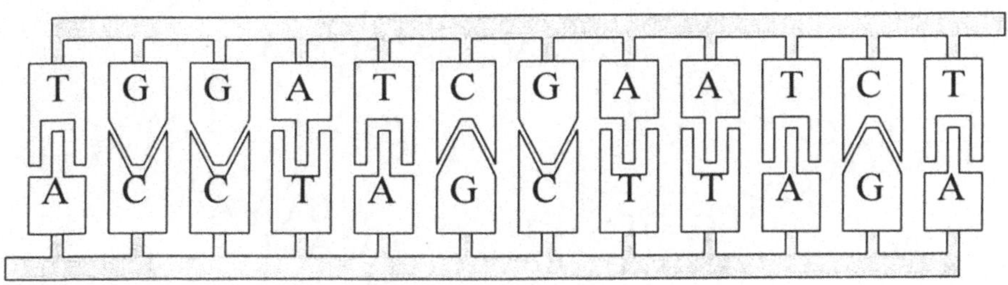

Abb. 2.10. Schematische Darstellung der „zulässigen" Basenpaarungen in einer DNA-Doppelhelix

Neben der DNA gibt es noch das eng mit ihr verwandte Molekül Ribonukleinsäure (RNA). Es unterscheidet sich von der DNA nur in wenigen Punkten. Wie der Name schon sagt, wird von der Natur zum Aufbau von RNA der Zucker Ribose anstelle von Desoxyribose in den Nukleotiden verwendet. Ein zweiter Unterschied besteht im Gebrauch der Base Uracil (U) statt Thymin. Die Funktion von Uracil in der RNA ist die gleiche, wie die des Thymins in der DNA. Uracil bindet also ausschließlich an Adenin. RNA kann mit sich selbst oder mit DNA Doppelstränge ausbilden. Auf die Funktion der RNA werden wir im Kap. 2.2.5 näher eingehen.

2.2.3 Mechanismus von Vererbung

Wie kann die Information der aus 4 Buchstaben bestehenden genetischen Sprache an die Nachkommen weitergegeben werden? Zur Beantwortung dieser Frage beschäftigen wir uns zunächst einmal mit der Vererbung bei Bakterien. Sie pflanzen sich bekanntlich durch Teilung fort. Um die in der DNA gespeicherte genetische Information an beide Tochterzellen weiterzuleiten, muß das Erbmolekül verdoppelt werden, ohne die richtige Reihenfolge der Nukleotide zu verändern. Dazu wird der DNA-Doppelstrang zunächst wie ein Reißverschluß geöffnet. Nun gibt es in der Zelle genügend freie aktivierte Einzelnukleotide (Nukleosidtriphosphate), deren Basen spezifisch, also unter Ausbildung der „erlaubten" Paarungen A-T oder G-C, an die Basen der Einzelstrangabschnitte binden können. Dabei werden die fehlenden komplementären Nukleotide an beiden Einzelsträngen unter Bildung neuer Basenpaare ersetzt (Abb. 2.11.). Zusätzlich werden die noch fehlenden chemischen Bindungen zwischen den Phosphatgruppen und Zuckern der neuen Nukleotide geknüpft, so daß jeweils ein neues Rückgrat entsteht. Als Endprodukte dieser DNA-Polymerisationsreaktion entstehen 2 identische DNA-Doppelstränge, die von dem ursprünglichen „Elternmolekül" nicht zu unterscheiden sind. Sie enthalten in Form ihrer Basenabfolge jeweils identische genetische Informationen.

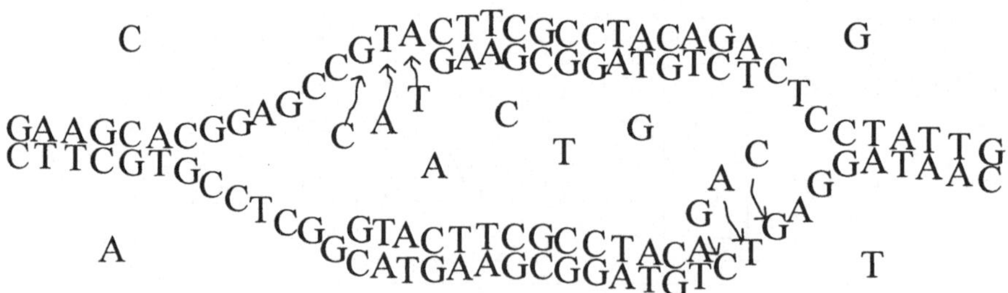

Abb. 2.11. Mechanismus der DNA-Duplikation bei der Vererbung

Bei Lebewesen, die sich geschlechtlich fortpflanzen, ist die Situation etwas komplizierter. Die Duplikation eines DNA-Moleküls reicht hier nicht mehr aus. Es wird vielmehr ein Mechanismus benötigt, der die genetischen Informationen des Vaters mit denen der Mutter in irgendeiner Art und Weise vermischt und dann an die Nachkommen weitergibt.

Bis auf die Keimzellen (Spermien und Eizellen) weisen die Körperzellen eines sich geschlechtlich vermehrenden Organismus sowohl die genetische Information des Vaters als auch die der Mutter auf. Diese auch als *diploid* bezeichneten Zellen enthalten also jedes Chromosom und damit die kompletten Erbinformationen doppelt: eine Kopie vom Vater und eine von der Mutter. Bei der „normalen" als *Mitose* bezeichneten Kernteilung werden wie bei den Bakterien sämtliche genetischen Informationen dupliziert und an die Tochterzellen weitergegeben (Abb. 2.4.). Daraus folgt, daß die Tochterzellen ebenfalls beide Chromosomensätze tragen müssen, also auch diploid sind.

Neben der Mitose gibt es noch eine weitere Art der Zellteilung. Es ist die als *Meiose* bezeichnete Reifeteilung. Als Resultat dieser Reifeteilung entstehen *haploide* Spermien und Eizellen. Sie besitzen nur noch einen Chromosomensatz mit gemischten DNA-Informationen sowohl vom Vater als auch von der Mutter. Während der Meiose werden also erstens die genetischen Informationen des Vaters mit denen der Mutter neu kombiniert und zweitens die Anzahl der Chromosomen halbiert. Bei der Befruchtung addieren sich die jeweils einzelnen Chromosomensätze wieder zu einer diploiden Zelle.

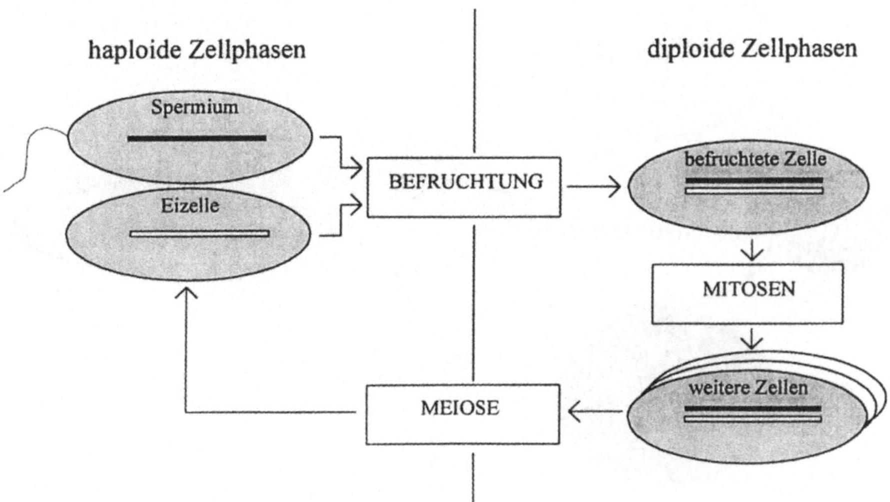

Abb. 2.12. Sexueller Reproduktionszyklus mit diploiden und haploiden Zellphasen

2.2.4 Proteine

Während die DNA der Speicher der genetischen Informationen ist, handelt es sich bei den als Proteine bezeichneten Biopolymeren um die Substanz (gelöst in viel Wasser), aus der alle Lebewesen hauptsächlich bestehen. Die molekularen Grundbausteine der Proteine sind die Aminosäuren. Sie sind alle ähnlich aufgebaut und bestehen aus einem zentralen Kohlenstoffatom, substituiert mit einem Wasserstoffatom, einer Karboxylgruppe, einer Aminogruppe und einem bestimmten „Seitenrest" (Abb. 2.13.). Die Aminosäuren, aus denen sich die Proteine zusammensetzen, können je einen von zwanzig verschiedenen Seitenresten enthalten. Folglich gibt es nur zwanzig unterschiedliche Aminosäuren in Proteinen, die daher als proteinogene Aminosäuren bezeichnet werden. Die molekulare Sprache auf Proteinebene besteht also aus zwanzig unterschiedlichen Buchstaben.

Ähnlich der Verschmelzung zweier Nukleotide bei der Ausbildung der DNA-Struktur kann die Aminogruppe einer Aminosäure mit der Karboxylgruppe einer anderen Aminosäure unter Entstehung einer Peptidbindung (K-A) reagieren. Dabei entstehen lange Ketten aus einem Rückgrat mit der repetetiven Abfolge Aminogruppe-Kohlenstoff-Karboxylgruppe, aus der seitlich die jeweiligen Seitenreste der einzelnen Aminosäuren herausragen (Abb. 2.14.). Diese Struktur wird als Polypeptidkette oder Polypeptidfaden bezeichnet. Kurze Polypeptidfäden, wie zum Beispiel einige Hormone, werden auch einfach Peptide genannt.

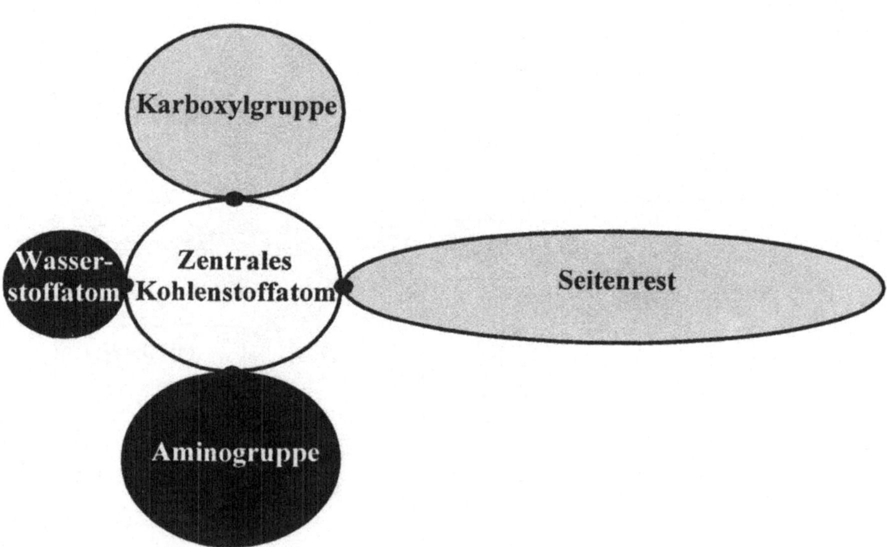

Abb. 2.13. Schematischer Aufbau einer Aminosäure

Da sich Polypeptidketten in der Reihenfolge ihrer Seitenreste unterscheiden, liegt in eben dieser Abfolge die biophysikalische Information für die Proteinstruktur. Die Seitenreste haben unterschiedliche physikochemische Eigenschaften, welche die Art und Weise bestimmen, in der sich eine Polypeptidkette räumlich zur dreidimensionalen, reifen Proteinstruktur faltet. So gibt es negativ oder positiv geladenene sowie wasserliebende oder wasserabweisende Seitenreste. Sie unterscheiden sich darüber hinaus in ihrer Länge oder anderen Eigenschaften, wie dem Vorkommen von Schwefelatomen. Wichtig für die Proteinstruktur und damit auch deren Funktion ist allein die Abfolge dieser Seitenreste entlang des Polypeptidfadens. Diese Abfolge wird als Primärstruktur eines Proteins bezeichnet. Unter der Sekundärstruktur der Proteinfaltung versteht man lokale, immer wieder auftretende Faltungsmotive, wie die α-Helix, eine Spiralstruktur der Polypeptidkette, das β-Faltblatt, eine planare Struktur oder sogenannte „randomcoils", lokal begrenzte, zufällige Schleifenstrukturen. Die komplette Faltung eines Polypeptidfadens wird Tertiärstruktur des Proteins genannt. Treten unter mehreren gefalteten Polypeptidfäden weitere Kräfte auf, die diese gegenseitig zusammenhalten, so spricht man von einer Quartärstruktur. Die notwendigen Informationen, selbst für komplexe Quartärstrukturen, sind bereits sämtlich in der Primärstruktur, also wie bereits erwähnt, in der jeweiligen Aminosäurereihenfolge enthalten.

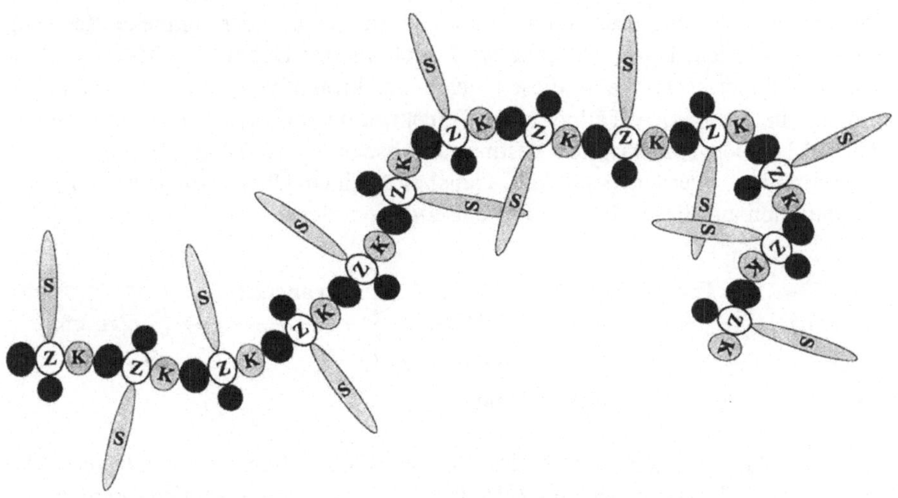

Abb. 2.14. Schematischer Aufbau eines Polypeptidfadens. *K-A* Peptidbindung, *Z* zentrales Kohlenstoffatom, *H* Wasserstoffatom, *S* einer von 20 möglichen Seitenresten

Sind die gefalteten Proteine an der Strukturbildung eines Organismus beteiligt, spricht man bei ihnen von strukturellen Proteinen. Bekannte Beispiele dafür sind Kollagen, Elastin oder Tubulin. Die meisten Proteine haben jedoch keine strukturelle, sondern funktionelle Aufgaben. Sie beschleunigen im richtig gefalteten Zustand wichtige biochemische Reaktionen und werden dann als Enzyme bezeichnet. Enzyme werden bei den Reaktionen, die sie katalysieren, selbst in keiner

Weise verändert. Sie können daher sehr viele Reaktionen gleicher Art nacheinander katalysieren (Kap. 2.4 und 3.5). So werden die bereits bei der Vererbung besprochenen biochemischen Reaktionen, wie das Duplizieren von DNA durch Einzelstrangausbildung, die Nukleotidsupplementierung und die anschließende chemische Verknüpfung der Einzelnukleotide, durch Enzyme katalysiert. Die Hauptaufgabe kommt dabei dem Enzym DNA-Polymerase zu. Enzyme spielen sogar bei der Proteinfaltung eine wichtige Rolle. Man kann die Gruppe der Enzyme gut mit kleinsten Maschinen vergleichen. Fast alle biochemischen Vorgänge und Reaktionen werden durch Enzyme gesteuert.

2.2.5 Dogma der Molekularbiologie

In diesem vorletzten Abschnitt über den genetischen Informationsfluß betrachten wir diejenigen Mechanismen, welche an der Umsetzung der genetischen Informationen in Proteinstrukturen beteiligt sind. Der Informationsfluß von DNA-Nukleotidsequenzen in die Aminosäuresequenzen der Proteine geht über das Zwischenprodukt RNA und hat eine unumkehrbare Richtung (Abb. 2.15.). Das heißt, die DNA-Sequenzinformation wird in Proteinsequenzinformation übersetzt. Nirgends in der uns bekannten Biologie ist jemals der umgekehrte Weg beobachtet worden. Diese Tatsache wird auch als das Dogma der Molekularbiologie bezeichnet. Man kann diesen, auch als Proteinbiosynthese bezeichneten Vorgang, in die beiden Teilprozesse Transkription und Translation unterteilen. Während bei der Transkription bestimmte Abschnitte der DNA (Gene) in RNA „abgeschrieben" werden, stellt die Translation einen Übersetzungsvorgang von Informationen auf dieser RNA in Proteinsequenzen dar.

Abb. 2.15. Das Dogma der Molekularbiologie

Die Transkription wird durch das Enzym RNA-Polymerase katalysiert. Das Produkt dieser Reaktion ist ein RNA-Einzelstrang, dessen Sequenz dem kodogenen DNA-Strang der DNA-Doppelhelix komplementär ist. Es handelt sich also um eine Kopie eines Teils der Erbinformationen der DNA. Auf der DNA-Doppelhelix gibt es Bereiche, an denen RNA-Polymerase spezifisch zum Start der Transkription bindet. Sie werden auch als Promotorsequenzen bezeichnet. Das Enzym synthetisiert, ähnlich wie die DNA-Polymerase bei der Duplikation der DNA, einen RNA-Strang durch Polymerisation freier Ribonukleotidtriphosphate (Abb. 2.16.). Die Sequenz wird durch die DNA-Sequenz vorgegeben. Ähnlich wie der Start der RNA-Synthese durch Startsequenzen auf der DNA bestimmt wird, gibt es auf der DNA auch entsprechende Signale, die das Beenden der RNA-

Synthese bewirken. Die entstehenden einzelsträngigen RNA-Moleküle werden als messenger-, Boten- oder kurz mRNA bezeichnet. Sie sind gleichsam ein Vehikel für Teile der genetischen Information.

Die Translation ist, wie der Name schon sagt, der Prozeß der Übersetzung von genetischer Information der mRNA in Proteinstrukturen, also Aminosäure-sequenzen. Wie aber ist nun die genetische Information auf der DNA und damit in inverser Form auch auf der mRNA enthalten? Ähnlich wie beim Morsealphabet, wo mehrere Morsesignale einen Buchstaben des Alphabets verschlüsseln, beinhalten beim genetischen Kode mehrere Nukleotide die notwendige Information für die Art einer Aminosäure. Dabei wird für eine Aminosäure die Teilsequenz von genau 3 Nukleotiden benötigt. Ein solcher Teilbereich der Sequenz wird auch als Kodon oder Basentriplett bezeichnet. Nun gibt es bei vier verschiedenen Nukleotiden (A,G,C und U) 64 unterschiedliche Möglichkeiten von solchen Dreierkombinationen. In der Natur gibt es jedoch kein Basentriplett ohne genetischen Sinn. Das hat zur Folge, daß oft mehrere Kodons ein und dieselbe Aminosäure verschlüsseln, was als Degeneration des genetischen Kodes bezeichnet wird (Tabelle 2.1.). Zusätzlich gibt es noch 3 Basentripletts, die das Ende eines Gens und damit auch das Ende der korrespondierenden Aminosäurenkette signalisieren. Wir können also bei Kenntnis des richtigen Startpunktes (Leseraster) eindeutig aus einer DNA-Sequenz die korrespondie-rende Aminosäuresequenz ableiten. Sie ist in Form von kodierenden Basentripletts auf der DNA in der gleichen Reihenfolge enthalten. Der umgekehrte Weg ist jedoch durch die verschiedenen Möglichkeiten der Kodierung mancher Aminosäuren nicht möglich. Der genetische Kode ist, bis auf wenige Ausnahmen, universal. Das heißt, alle Lebewesen sprechen die gleiche genetische Sprache, wenngleich es aufgrund der unterschiedlichen Häufigkeit der Kodonverwendung viele Dialekte davon gibt.

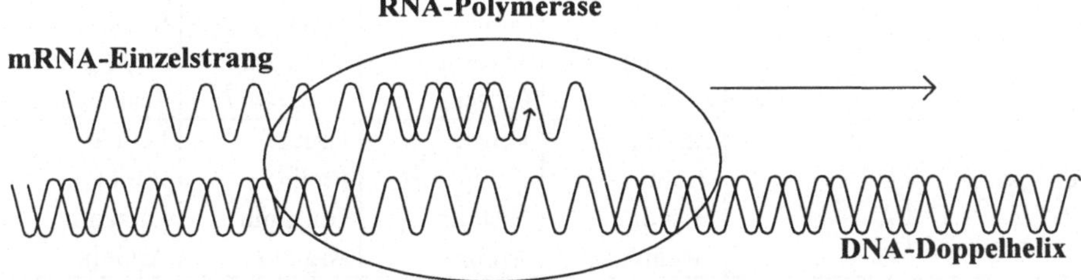

Abb. 2.16. Schematische Darstellung der Transkription

Wie wird nun die Information der mRNA in eine entsprechende Aminosäure-kette und damit in ein Protein übersetzt? Für jede der 20 Aminosäuren gibt es ein weiteres RNA-Molekül, welches als Transfer-RNA, oder kurz tRNA bezeichnet wird. Jede Aminosäure hat also ihre eigene Familie von spezifischen tRNA-Molekülen. Die tRNA nimmt durch interne Basenpaarungen eine räumliche Struktur ein, deren Projektion in die Ebene einem Kleeblatt gleicht. Spezielle

Enzymsysteme der Zelle katalysieren die spezifische Bindung einer Aminosäure an ihr tRNA-Molekül. Dieser Prozeß wird als Aminosäureaktivierung bezeichnet. An der gegenüberliegenden Seite der Aminosäurebindungsstelle weist das tRNA-Molekül eine spezielle Region auf, die als Antikodon bezeichnet wird. Hier befindet sich ein Basentriplett, worin die Information enthalten ist, um welche der 20 Aminosäuren und damit um was für eine tRNA es sich handelt. Dieses Antikodon ist zum entsprechenden Basentriplett auf der mRNA komplementär, also bis auf die Verwendung der Base Uracil statt Thymin mit dem Triplett der DNA identisch (Abb. 2.17.). Das Antikodon „paßt" demnach exakt auf ein Basentriplett der mRNA.

Die eigentliche Translation findet an Ribosomen statt. Es handelt sich hierbei um - sogar lichtmikroskopisch erkennbare - Riesenstrukturen, die sich aus vielen Proteinuntereinheiten sowie aus RNA (rRNA) zusammensetzen. Ein Ribosom kann man gut mit einem riesigen Enzymkomplex vergleichen. Es katalysiert den gesamten Reaktionszyklus der Translation (Abb. 2.18.). Dabei werden die Basentripletts in der Sequenz auf der mRNA als Schablone für die Bindung der Antikodons der aminosäurebeladenen tRNA-Moleküle verwendet. Die Abfolge der Basentripletts bestimmt also die spätere Reihenfolge der Aminosäuren des Proteins.

Tabelle 2.1. Der genetische Kode. Das Triplett AUG ist sowohl ein Startsignal als auch das einzige Kodon für Methionin

1. Position	2. Position	3. Position			
		U	C	A	G
	U	Phenylalanin	Phenylalanin	Leucin	Leucin
U	C	Serin	Serin	Serin	Serin
	A	Tyrosin	Tyrosin	*Stopsignal*	*Stopsignal*
	G	Cystein	Cystein	*Stopsignal*	Tryptophan
	U	Leucin	Leucin	Leucin	Leucin
C	C	Prolin	Prolin	Prolin	Prolin
	A	Histidin	Histidin	Glutamin	Glutamin
	G	Arginin	Arginin	Arginin	Arginin
	U	Isoleucin	Isoleucin	Isoleucin	*Startsignal*
A	C	Threonin	Threonin	Threonin	Threonin
	A	Asparagin	Asparagin	Lysin	Lysin
	G	Serin	Serin	Arginin	Arginin
	U	Valin	Valin	Valin	Valin
G	C	Alanin	Alanin	Alanin	Alanin
	A	Aspartat	Aspartat	Glutamat	Glutamat
	G	Glycin	Glycin	Glycin	Glycin

Die Proteinbiosynthese beginnt mit der Initiation. Dabei bindet die mRNA, die eine Abschrift des Kodes für den herzustellenden Polypeptidfaden enthält, an die kleine der 2 Hauptuntereinheiten des Ribosoms. Im Anschluß daran binden die erste, mit der Aminosäure N-Formyl-Methionin beladene tRNA sowie die große Untereinheit des Ribosoms an den Komplex. Als Startsignal für die Synthese dient eine Sequenz, die auch als Shine-Dalgarno-Sequenz bezeichnet wird, und über die Ausbildung komplementärer Basenpaare die mRNA ans Ribosom fixiert, so daß das Triplett AUG=Methionin=Startkodon räumlich korrekt positioniert ist. Die Initiation der Proteinbiosynthese ist von zahlreichen weiteren Initiationsfaktoren abhängig.

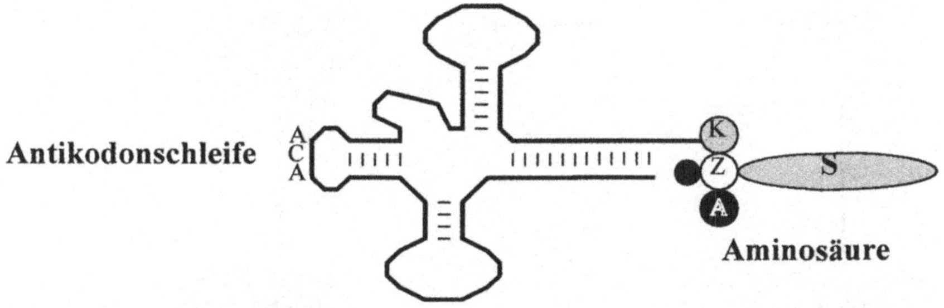

Abb. 2.17. Struktur eines tRNA-Moleküls mit Antikodon und gebundener Aminosäure

Die nächste Phase der Synthese wird als Elongation bezeichnet. Hierbei wird die mRNA unter schrittweiser Verlängerung des Polypeptidfadens der Länge nach durch das Ribosom transportiert. Dabei wird in jedem Zyklus zunächst eine passende, beladene tRNA über das Antikodon komplementär an das Kodon der mRNA fixiert. Im nächsten Schritt wird die Peptidbindung zwischen den zwei im Ribosom befindlichen Aminosäuren geknüpft, wobei eine der beiden tRNA von ihrer Aminosäure befreit wird. Im Anschluß daran wird die mRNA mitsamt den beiden tRNA-Molekülen im Ribosom um die Länge von drei Nukleotiden, also eines Basentripletts, unter Freisetzung der entladenen tRNA verschoben. Dies führt dazu, daß das nächste freie Basentriplett der mRNA ins Ribosom gelangt und sich der Elongationszyklus erneut wiederholen kann.

Das Ende der Proteinbiosynthese, die Termination, wird durch ein Stop-Kodon auf der mRNA signalisiert. Die Polypeptidkette wird dann durch Freisetzungsfaktoren losgelöst und kann nun ihre dreidimensionale Faltungsstruktur einnehmen. Dabei können ebenfalls Enzymsysteme ähnlich wie „Gouvernanten" beteiligt sein, die daher Chaperone genannt werden.

An einem mRNA-Molekül können gleichzeitig mehrere Ribosomen die Information in Proteine übersetzen. Die mRNA-Moleküle sind in der Zelle jedoch relativ kurzlebig. Während bei Bakterien die mRNA so wie sie von der DNA transkribiert wurde, am Ribosom übersetzt wird, kann es bei höheren Zellen noch einen Zwischenschritt geben. In vielen Fällen bestehen die Gene von höheren Zellen nämlich nicht durchgängig aus Informationen, die für Polypeptidketten kodieren. Es gibt vielmehr kodierende (Exon) wie auch nichtkodierende (Intron) Regionen auf dem Gen. Bei der Transkription das vollständige Gen abgeschrieben, das heißt, daß sich die Introns ebenfalls auf der mRNA befinden. Vor der Übersetzung in ein Protein werden die Introns jedoch durch teilweise autokatalytische Prozesse, die man „Spleißen" nennt, herausgeschnitten.

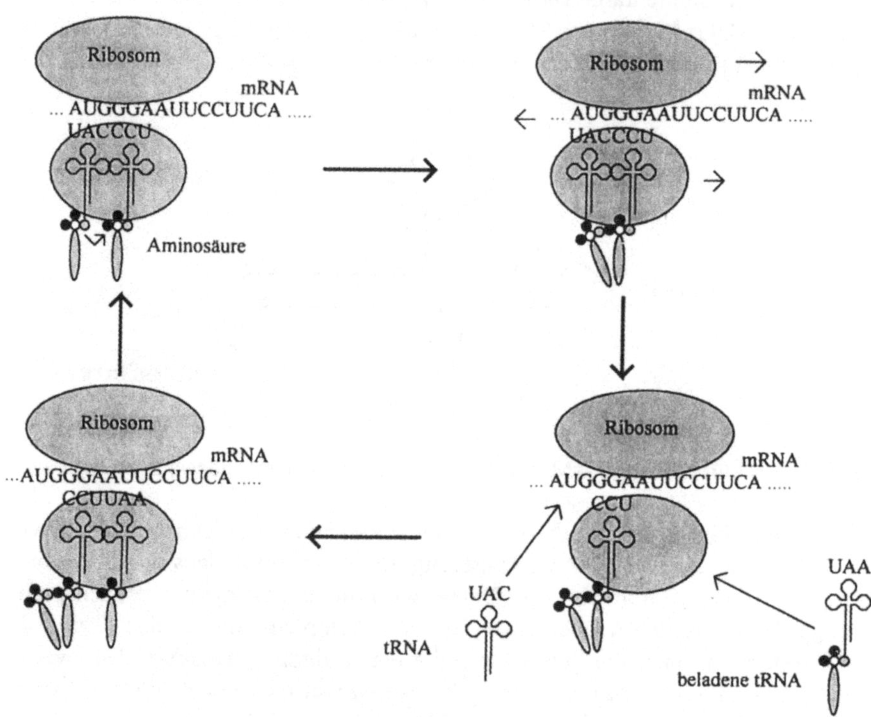

Abb. 2.18. Der zeitliche Zyklus der Kettenelongation während der Translation

2.2.6 Rekombinante Gentechnik

Wie bereits erwähnt, ist die genetische Sprache bis auf wenige Ausnahmen in der gesamten Natur universal. Das hat zur Folge, daß genetische Informationen von einer Spezies auf andere übertragen und dort in „artfremde" Proteine übersetzt werden können. Dieser Sachverhalt ermöglichte der modernen Gentechnik einige ihrer großen Errungenschaften. Bei einem in der Gentechnik gängigen Verfahren, der rekombinanten Gentechnologie, verpflanzt man beispielsweise DNA mit den genetischen Informationen für bestimmte menschliche Polypeptidketten in Bakterienzellen. Ein bekanntes Beispiel dafür ist der Transfer von DNA für menschliches Insulin. Die Bakterien, in der Regel eine Reinkultur des Darmbakteriums *E. coli*, folgen daraufhin blind den Anweisungen der neuen genetischen Information und produzieren größere Mengen an Insulin. Sie können ja schließlich nicht beurteilen, welchen Ursprungs die genetischen Informationen sind, denen sie gehorchen. Ein weiterer Vorteil dieser Technik liegt in der Eigenschaft der Bakterien, diese zusätzlichen Erbinformationen ebenfalls an ihre Nachkommen weiterzugeben. Daher können verfahrenstechnisch große Mengen des gewünschten Proteins hergestellt werden. Die Vererbbarkeit von Fremd-DNA in Bakterien hat darüber hinaus noch den Vorteil, daß auf diese Weise auch die Gene selbst vermehrt werden können. Die moderne rekombinante Gentechnologie beschränkt sich bereits nicht mehr nur auf die Verwendung von Bakterien als Produktionsorganismen für bestimmte Proteine. Man ist heute bereits in der Lage, Säugetieren genetische Informationen zu verpflanzen. Dies geschieht meist mit Eizellen, direkt nach ihrer Befruchtung. Handelt es sich bei dem daraus entstehenden Tier um ein Weibchen, so kann das gewünschte Protein gegebenenfalls aus der Milch geerntet werden. Derart gentechnisch manipulierte Säuger werden als transgene Tiere bezeichnet. Meist sind dies Schafe, Ziegen oder Mäuse.

Trotz der vielen, hier beschriebenen Vorteile der rekombinanten Gentechnik beobachtet man immer wieder die Tendenz der Bakterien, sich der „fremden" Erbsubstanz wieder zu entledigen. Daher sind Bakterien, denen die Gene für Enzyme eingepflanzt wurden, welche Umweltgifte abbauen können, nur bedingt einsetzbar. Es ist nämlich zu erwarten, daß rekombinante Bakterien ihre Abbauleistungen sehr rasch wieder verlieren. Des weiteren können gentechnisch veränderte Mikroorganismen momentan auch aus rechtlichen Gründen nicht freigesetzt werden. Wie wir später noch sehen werden, können durch das Konzept des ArtEv-Verfahrens alle diese Probleme umgangen werden.

2.3 Wirkungsebenen

Der Leser hat nun einen Überblick über die Mechanismen der Vererbung und des genetischen Informationsflusses gewonnen, der als Grundlage für die folgenden Erörterungen dient. Wir werden uns im folgenden mit der Art und Weise beschäftigen, in der Evolution auf diese Mechanismen einwirken kann. Eine vollständige Abhandlung über sämtliche Ebenen, auf denen Evolution erfahrbare Wirkungen hinterläßt, käme einer Enzyklopädie gleich. Man kann sogar behaupten, daß die gesamte, für den Menschen erfahrbare Wirklichkeit in all ihren strukturellen Ebenen durch Evolutionseinwirkungen geprägt ist. Oder anders formuliert: Ohne Evolution gäbe es nichts von all dem, was wir kennen. Nach heutigem wissenschaftlichen Verständnis begann die Evolution vor etwa 8 - 15 Mrd. Jahren mit dem Urknall, der Entstehung des uns bekannten Universums, und dauert bis zum heutigen Tage permanent an. Es sind daher an dieser Stelle nur jene Wirkungsebenen von Evolution näher beschrieben, die für das Verständnis des Hauptanliegens dieses Buchs notwendig sind. Wir beschränken uns daher mit unseren Ausführungen auf die Wirkungsebenen von Evolution in der Biologie, und auch hier nur auf mikrobiologisch relevante Bereiche.

Erinnern wir uns noch einmal an die Grundprinzipien von Evolution. Variation, Vererbung und Selektion sind hier die entscheidenden Triebkräfte. Bei der Beschreibung der Wirkungsebenen von Evolution beschränken wir uns an dieser Stelle zunächst auf die ohnehin schon sehr vielfältigen Möglichkeiten der biologischen Realisierung von Variation und Vererbung. Diese beiden Prinzipien stellen quasi die biologisch systemimmanenten Faktoren von Evolution dar. Der dritte wichtige Faktor, die Selektion, ist im weitesten Sinne durch die jeweilige Umgebung, also die Umwelt der betrachteten strukturellen Ebene von Variation gegeben. Selektion ist jedoch (wie in Kap. 2.1 angedeutet) nicht implizit im jeweils betrachteten biologischen Teilsystem vorhanden, sondern kommt als organismusspezifische Reaktion auf die Umgebung zustande. Während Variation auf gezielte Zugriffsmöglichkeiten von außen sehr unzugänglich ist - sie tritt zufällig und nicht zielgerichtet auf - liegt in der Wahl der Selektionsbedingungen der chancenreiche Angriffspunkt des ArtEv-Systems. Es wird also nicht an den systemeigenen Strukturen der Biologie, sondern an den Randbedingungen, konkret an der Umwelt der Mikroorganismen manipuliert und damit der Evolution eine vom Anwender gewünschte Richtung vorgeschlagen. Der Einfluß auf Variation, zum Beispiel durch strahlungsinduzierte Mutationen, beschleunigt zwar den evolutionären Prozeß, weist ihm jedoch noch keine Richtung zu. Doch kommen wir zurück auf die hier zu behandelnden Prinzipien Variation und Vererbung. Bei näherer Betrachtung dieser Begriffe scheint sich ein Widerspruch aufzudrängen. Heißt doch Vererbung nichts anderes als das Konservieren von vorhandenen Strukturen und Eigenschaften, um sie an die Nachkommen weiterzugeben. Der Begriff Variation suggeriert jedoch das genaue Gegenteil. Hier wird nicht konserviert, sondern verändert, und das auch noch ungerichtet, also offenbar ohne Ziel, rein zufällig. Wie kann also das Zusammenwirken zweier so widersprüchlicher Prinzipien so komplexe und faszinierende Strukturen, wie wir sie aus der Biologie her kennen, erzeugen? Die Antwort auf diese Frage ist in der extrem feinabgestimmten Größe des jeweiligen Einflusses dieser Prinzipien auf biologische Strukturen zu suchen. Zu viel Variation und zu wenig Vererbung führen zu unüberschaubarem Chaos, vergleichbar mit einer sehr hohen Temperatur eines physikalischen Systems wie dem gasförmigen Aggregatzustand. Auf der anderen Seite führt eine zu große Dominanz an Vererbung, und damit einer starren Konservierung des bereits Vorhandenen, zum genauen Gegenteil von Chaos, nämlich Stase und Starrheit. Dieser Zustand läßt sich gut mit unveränderbaren Festkörpern, wie den Kristallen bei sehr niedrigen Temperaturen, vergleichen. Erst das exakt abgestimmte Verhältnis der Wirkungseinflüsse von Variation und Vererbung schafft die Grundlage für die Evolution. Ein solches feinreguliertes System ist überhaupt erst reaktionsfähig gegenüber dem äußeren Einfluß von Selektion. Wie wir im folgenden sehen werden, handelt es sich bei biologischen Erscheinungen jedoch ausschließlich um solch feinabgestimmte Systeme. Für diese Abstimmung wird sogar sehr oft ein immenser Aufwand betrieben.

Die Möglichkeit der Speicherung von Erbinformationen in der DNA im Zusammenhang mit der zellulären Übersetzungsmaschinerie in strukturellfunktionelle Substanz, die Proteine, stellt auf tiefster Ebene die konservativ wirksame Kraft von Evolution dar. Hier werden durch biochemische Strukturen, die in allen uns bekannten Lebewesen aufzufinden sind, die genetischen Informationen über die durch Evolution bereits gewonnenen phylogenetischen Errungenschaften an die Nachkommen weitergegeben. Zusätzlich hat die Biologie molekulare Apparate hervorgebracht, die nur dem Zweck dienen, der für die evolutionären Vorgänge so wichtigen Variation entgegenzuwirken. So gibt es neben den bereits beschriebenen Kopier- und Übersetzungsmechanismen zahlreiche weitere Funktionen zur Reparatur defekter Informationsabschnitte auf der DNA um die Genauigkeit und Zuverlässigkeit von Vererbung zu verbessern. Beispielsweise erkennen spezielle Enzymsysteme nicht zueinander passende Nukleotidpaare und tauschen das falsche gegen das komplementär korrekte Nukleotid aus. Ebenfalls können Basenpaare, die verlorengegangen oder verändert worden sind, vermittelt durch zelluläre Enzyme, ersetzt werden.

Dennoch kommt es immer wieder zu Veränderungen der Erbinformationen. Dies kann durch Ablesefehler bei der DNA-Replikation oder beim Reparieren des falschen Nukleotids durch die Reparatursysteme geschehen. Ebenfalls können mutagene Substanzen oder Strahlung Veränderungen im Erbgut bewirken. Eine solch zufällige Veränderung an einer einzigen Position in der DNA wird als Punktmutation bezeichnet. Sie stellt Variation auf der tiefsten biologischen Wirkungsebene der Evolution dar. Solche Unfälle führen dann meist zu Fehlfunktionen oder gar zum Absterben der mutierten Zelle. Nur in einer verschwindend geringen Zahl von Ausnahmefällen kann eine Punktmutation - rein zufällig - zu einer Verbesserung einer Struktur oder Funktion führen. Sie kann sich ja maximal auf eine einzige Aminosäure eines bereits vorhandenen Proteins auswirken. Diese glücklichen Zufälle, wenn sie sich durch Vererbung innerhalb einer Population durchsetzen können, sind die Basis der Evolutionswirkungen auf biologisch tiefster Ebene. Da auf so tiefer Wirkungsebene Variationen in der Regel mit dem Verlust von evolutionär bereits Erreichtem einhergehen, kommt diesem Prozeß bei höher organisierten biologischen Systemen fast keine Bedeutung mehr zu. Bei Mikroorganismen hingegen sieht die Situation aufgrund des Fehlens der meisten übergeordneten Strukturen höher entwickelter Lebewesen und der enorm hohen Vermehrungsraten etwas anders aus. Das ArtEv-Verfahren nutzt diesen Sachverhalt und erhöht durch ultraviolette Bestrahlung die Anzahl von Punktmutationen, was zu einer Beschleunigung der Entstehung von Variation auf tiefster biologischer Ebene führt.

Die häufigsten Variationen von DNA sind jedoch sicherlich Rekombinationen. Hierbei werden ganze Genabschnitte ausgetauscht und neu miteinander kombiniert. Dieser Vorgang spielt vor allem bei der sexuellen Vererbung und bei der Entstehung der Variabilität des Immunsystems eine entscheidende Rolle. Man findet jedoch auch in Prokaryonten sämtliche zur Rekombination notwendigen Enzymsysteme und viele Mechanismen der Rekombination sind für solch

„primitive" Bakterien bereits aufgeklärt. Ohne auf die vielfältigen Möglichkeiten von Rekombination näher einzugehen, sind doch einige Vorgänge die hier beschrieben werden, allen Rekombinationsmechanismen gemeinsam. Rekombination erfordert homologe Abschnitte auf der DNA. Nur dann können sich größere DNA-Abschnitte spezifisch finden und aneinander binden (hybridisieren). Danach kommt es zu Strangdurchtrennungen durch spezifische Enzyme (Restriktionsendonukleasen) und nach zufälligem Vertauschen (Rekombinieren) bestimmter Abschnitte werden die durchtrennten Stränge durch andere Enzyme (Ligasen) wieder zusammengeschweißt. Bei diesem Vorgang entsteht genetische Vielfalt, ohne zwingend bereits evolutionär entstandene Information und damit Proteinteilstrukturen zu zerstören. Es werden nicht, wie bei der Punktmutation, gleichsam einzelne Buchstaben eines Wortes ausgetauscht - was nur in den seltensten Fällen zu einem neuen sinnvollen genetischen Wort führen würde - nein, es werden bei der Rekombination ganze Wörter eines Satzes vertauscht, was häufig zu einem neuen Sinnzusammenhang führen kann.

Es gibt jedoch auch mobile genetische Elemente, sog. Transposons, die zu ihrer Integration in andere Genabschnitte keine Homologie benötigen. Hierbei werden genetische Informationen innerhalb eines Chromosoms oder zwischen unterschiedlichen Chromosomen ausgetauscht. Das Transposon trägt unter anderem die genetische Information für das Enzym Transposase und vermittelt sich damit eine Struktur für seinen eigenen Transport. Diese „springenden Gene" können unter bestimmten Bedingungen sogar Speziesgrenzen überschreiten.

Mikroorganismen haben noch weitere Mechanismen entwickelt, um auf höherer Ebene ihre genetische Vielfalt zu erhöhen. So können sie beispielsweise zirkuläre DNA-Moleküle mit Erbinformationen gegenseitig austauschen und vermehren. Derartige Moleküle werden als Plasmide bezeichnet. Dazu wird über einen röhrenförmigen Fortsatz, den Pilus, eine Verbindung von einer Bakterienzelle zur nächsten hergestellt und das Plasmid durch diesen Kanal transportiert. Ein bekanntes Beispiel für diesen Mechanismus sind die in der Medizin so gefürchteten Antibiotikaresistenzen. Hierbei wird die genetische Information zur effektiven Abwehr gegen ein bestimmtes Antibiotikum von einer Bakterienzelle auf andere Bakterienzellen übertragen. Plasmide werden in der modernen Gentechnik oft als Transportsystem, also Vektor, für fremde Gene, die in Bakterien exprimiert werden sollen, verwendet.

Ein weiterer Weg zur Erzeugung genetischer Variation ist der über Viren. Wir assoziieren mit ihnen oft Krankheiten. Andererseits sind sie jedoch eine der interessantesten Erscheinungen in der Biologie. Viren sind eigentlich nur in Proteinhüllen verpackte genetische Information in Form von DNA oder RNA. Für sich betrachtet sind Viren also eigentlich gar keine Lebewesen im engeren Sinn. Sie können sich nicht ohne fremde Hilfe vermehren oder bewegen und haben als bloße Partikel keinen eigenen Stoffwechsel. Als Parasiten können sie jedoch passiv in geeigneten Wirtszellen „Lebensaktivität" entfalten. Bei der Infektion einer Wirtszelle bindet das Virus an dessen Zellwand und injiziert seine DNA oder RNA ins Innere des Opfers. Die infizierte Zelle kann dann durch die Universalität der genetischen Information diese Moleküle nicht von ihrer eigenen Erbsubstanz unterscheiden und befolgt blind die darauf verschlüsselten Virusbefehle. Oft führt dieser Prozeß zu einer letalen Umprogrammierung der zellulären Stoffwechselleistungen des Wirts. Er wird dann nur noch angewiesen, virale DNA oder RNA sowie Virushüllen zu produzieren und stirbt irgendwann unter Freisetzung vieler weiterer Viruspartikel ab. Diese können dann weitere Zellen infizieren. Manchmal werden aber auch virale Genabschnitte ins Chromosom der Wirtszellen integriert. Sie können dort über längere Zeit latent inaktiv sein, sind damit für die infizierte Zelle zunächst nicht tödlich und können somit an die Nachkommen weitervererbt werden. Diesen Sachverhalt beobachtet man beim gefürchteten AIDS-Virus. Ein Virus ist in diesem Fall auch ein Transportvehikel oder Vektor für genetische Informationen und leistet damit einen Beitrag zur Variation von Erbinformationen auf einer etwas höheren Wirkungsebene.

2.4 Homöostase und Ökosysteme

Im Kap. 2.1 haben wir die grundsätzliche Struktur autopoietischer Systeme angesprochen und auf den zellulären Stoffwechsel als eine Vielzahl von miteinander verwobenen, biochemischen Reaktionen hingewiesen. Hier wollen wir uns der Frage zuwenden, wie weit und auf welche Weise seine Funktion im Sinne einer erfolgreichen strukturellen Koppelung erklärbar ist. Zunächst einmal ist festzustellen, daß der Stoffwechsel die immense Aufgabe zu bewältigen hat, gleichzeitig weit über tausend chemische Einzelreaktionen sinnvoll zu koordinieren, um damit die Stetigkeit lebenserhaltender Vorgänge trotz wechselnder, oft widriger Umweltbedingungen zu erhalten. Man nennt das *Homöostase* (das kommt aus dem griechischen und bedeutet Gleichgewicht). Solches ist grundsätzlich nur deshalb möglich, weil sich nahezu alle biochemisch relevanten Reaktionsgleichgewichte *in-vitro*, im Reagenzglas bei Umgebungstemperatur mit Geschwindigkeiten einstellen, die um den Faktor 10^6 - 10^{12} geringer sind, als man es *in-vivo*, in der lebenden Zelle, beobachten kann. Es ist sozusagen die spontan ablaufende Chemie, die durch die physikalischen Gesetze der Thermodynamik eindeutig und unwiderruflich als relativ langsam bestimmt ist. Dies bedeutet zugleich, daß ohne die Zuhilfenahme eines aktiven katalytischen Prinzips in der Zelle sozusagen „nichts läuft". Erst dadurch ist jedoch die Voraussetzung gegeben, daß die durch intrazelluläre Katalyse ermöglichten, hohen Reaktionsgeschwindigkeiten im Sinne einer Steuerung durch Verminderung des jeweiligen katalytischen Effekts zurückgenommen werden können. Betrachten wir zur Erläuterung ein analoges Beispiel aus der Technik, nämlich die Regulierung der Geschwindigkeit von Fahrzeugen. Dazu stellen wir uns zunächst ein Auto mit gelöster Bremse und mit abgeschaltetem, ausgekuppeltem Motor auf einer trockenen, kaum geneigten Strecke vor. Wegen der Reibung der Räder wird seine spontane Geschwindigkeit vernachlässigbar klein sein. Wenn wir nun den Motor anlassen und einkuppeln, erreichen wir bald die mögliche Höchstgeschwindigkeit.

Geben wir weniger Gas, geht die Geschwindigkeit zurück, stellen wir den Motor ganz ab, so wird der Wagen ausrollen und bald wieder in seine ursprüngliche geringe Geschwindigkeit zurückfallen. Hier ist eine sinnvolle Möglichkeit zur Regulation der Geschwindigkeit gegeben. Nun führen wir unser Gedankenexperiment fort und betrachten ein entsprechendes Auto auf einer stark vereisten Gefällstrecke. Seine spontane Geschwindigkeit ist fatalerweise viel zu hoch und zwar auch bei abgeschaltetem Motor und angezogener Bremse. Die Geschwindigkeit läßt sich in diesem Fall nicht mehr herunterregeln. Eine solche Art von „Straßenverkehr" ist ebenso sinnlos wie zu schnell ablaufende, spontane chemische Reaktionen im Organismus. Hier würde die Chemie „dem Leben davon laufen".

Die intrazellulären Katalysatoren, deren geregelte biologische Aktivität den reibungsfreien Ablauf des Stoffwechsels garantiert, sind allesamt Biopolymere, deren Strukturprinzip in Kap. 2.2.4 abgehandelt wurde. Erst die von Buchner im Jahre 1897 gemachte Entdeckung, daß auch ein zellfreier Hefepreßsaft die alkoholische Gärung unterhalten kann, verlieh dem ursprünglich schon 1878 von Kühne gemachten Namensvorschlag *Enzym* gebührendes Gewicht. Dieser neu eingeführte Begriff (zusammengesetzt aus dem griechischen: *en* = in; *zyma* = Hefe) sollte andeuten, daß es in der Hefe chemische Substanzen gibt, die zum Beispiel die alkoholischen Fermentationsreaktionen katalysieren. Damit wurde insbesondere der Vorstellung von Pasteur widersprochen, die intrazelluläre Chemie hinge von der sog. *vis vitalis*, der Lebenskraft ab, die es lebenden Zellen gestatte, jene Naturgesetze zu umgehen, die die unbelebte Materie lenken. Die überwiegende Zahl der bekannten Biokatalysatoren sind Proteine, viele von ihnen sind chemisch durch angeknüpfte Zuckerketten modifiziert, einige wenige sind Ribonukleinsäuren, die dementsprechend den Namen *Ribozyme* tragen und in Kap. 2.6.3 eingehender betrachtet werden.

Enzymatisch katalysierte Reaktionen laufen unter verhältnismäßig milden Bedingungen ab, bei Temperaturen weit unter 100 °C, bei Atmosphärendruck, bei nahezu neutralen pH-Werten und bei vergleichsweise niedrigen Konzentrationen der Reaktionspartner. Der geneigte Leser wird sich vom Schulunterricht her erinnern, daß hingegen unkatalysierte und selbst konventionell chemisch katalysierte Reaktionen vielfach unter Extrembedingungen von Temperatur, Druck und so weiter ablaufen. Man denke nur an die Reduktion von Eisenerz zu Eisen durch Kohlenstoff im Hochofen oder an die Ammoniaksynthese aus Stickstoff und Wasserstoff bei 10^8 Pa und 600 °C nach dem Haber-Bosch-Verfahren. Enzyme sind in bezug auf die Partner der von ihnen katalysierten Reaktionen (Biochemiker nennen sie Substrate beziehungsweise Produkte) um ein Vielfaches spezifischer als chemische Katalysatoren. Das bedeutet ein weit geringeres Maß an unerwünschten Nebenprodukten. Betrachten wir in dieser Hinsicht einmal den bereits geschilderten Weg von der Erbinformation auf der DNA bis hin zum fertig synthetisierten, korrekt gefalteten Protein. Hierbei werden Biopolymere (Polypeptide) aus manchmal weit über 1000 Aminosäurebausteinen fast gänzlich ohne Fehler hergestellt. Bei chemischen Polypeptidsyntheseverfahren limitiert die relative Ungenauigkeit der Umsetzungen die mit diskutabler Reinheit und Ausbeute erreichbare Polypeptidlänge auf etwa 50 Bausteine.

Die beiden Hauptcharakteristika für die Funktion jeder Enzymspezies sind zum einen die Stärke der dynamischen Wechselwirkung mit den jeweiligen Reaktionspartnern (ausgedrückt als „K_M -Wert") und zum anderen die unter optimalen Bedingungen erreichbare Maximalgeschwindigkeit der Umsetzung (ausgedrückt als „v_{max}"). Der K_M-Wert, wird auch als Michaelis-Konstante bezeichnet (sie ist benannt nach Michaelis, der 1913 zusammen mit Menten die heute gültige Theorie der Enzymkatalyse formulierte). Der K_M-Wert gibt diejenige Konzentration an Substrat an, die nötig ist, um die Hälfte aller in einer Lösung vorhandenen Enzymmoleküle beziehungsweise ihrer Substratbindungsstellen zu belegen. Letztere bezeichnet man auch als aktive Zentren, sie stellen dem Lösungsmittel leicht zugängliche Einstülpungen der Enzymoberfläche dar, welche durch ein individuelles, hochkomplexes Faltungsmuster der jeweiligen Polypeptidkette zustande kommen und zum Substratmolekül geometrisch komplementär sind. In ihnen findet die enzymkatalysierte Umsetzung statt (Abb. 2.19.).

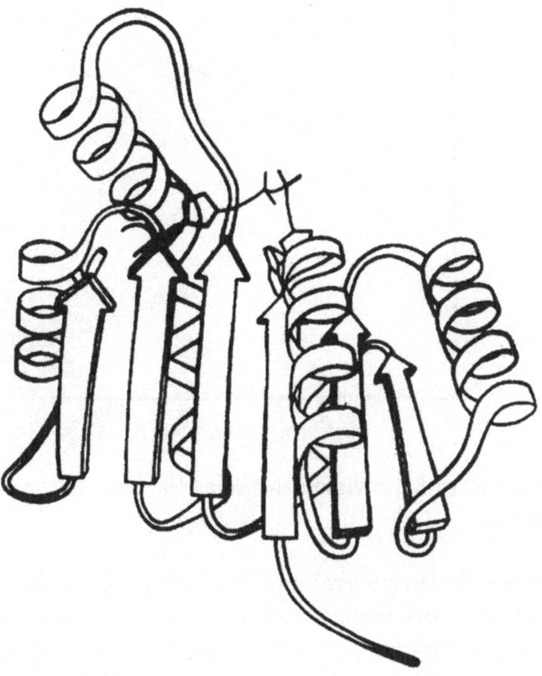

Abb. 2.19. Faltungsmuster einer Domäne des Enzyms Laktatdehydrogenase mit gebundenem Ligand im aktiven Zentrum. Zylinder stehen für α-Helices und Pfeile für β-Faltblätter

Bei der Halbsättigung mit Substrat ist auch die halbe Maximalgeschwindigkeit erreicht. Da die Bindungscharakteristik jedoch nicht linear sondern hyperbolisch - das heißt an eine Asymptote - verläuft, wird v_{max} keineswegs bei 2 K_M erreicht, sondern erst bei unendlich hoher Substratkonzentration. Eine solche ist verständlicherweise nicht realisierbar und auch bei 10 K_M hat man erst 91% der v_{max} erreicht (Abb. 2.20.). Aus diesem Grund ist die doppelt reziproke Darstellung nach Lineweaver und Burk vorzuziehen, welche die entsprechende Hyperbel linearisiert und aus „sauberen" Achsenabschnitten die exakte Bestimmung von K_M und v_{max} erlaubt (Abb. 2.21.).

Die Größe v_{max} läßt sich auch durch Multiplikation der Zahl der Substratumsetzungen pro Zeiteinheit in einem einzeln betrachteten, aktiven Zentrum (bezeichnet als k_{cat}) mit der jeweils in einer Lösung vorliegenden Enzymkonzentration (bezeichnet als $[E_o]$) ausdrücken. Wir können also schreiben: $v_{max} = k_{cat} * [E_o]$ oder $k_{cat} = v_{max} / [E_o]$. In einem letzten Schritt betrachten wir schließlich das Verhältnis k_{cat}/K_M.

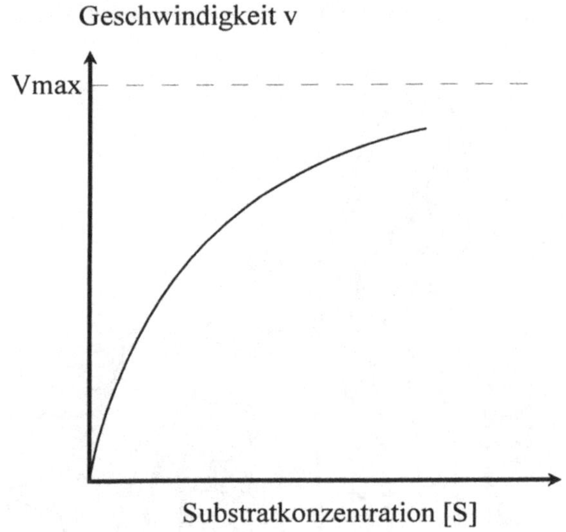

Abb. 2.20. Hyperbolisches Substratsättigungsverhalten eines Enzyms in der Darstellung nach Michaelis-Menten

Wo soll uns diese Zahlenspielerei hinführen? Nun, der Zahlenwert dieses Ausdrucks gibt uns einen Hinweis darauf, ob das Enzym bereits so weit evolviert ist, daß es - wegen der physikalisch festgelegten Diffusionsgeschwindigkeit des Substrats an das aktive Zentrum heran - auf keinen Fall noch schneller arbeiten kann, oder ob hier noch evolutionäre Verbesserungsmöglichkeiten gegeben sind. Vereinfachend kann man sagen, daß K_M und v_{max} den derzeit erreichten *status quo* bezeichnen und daß k_{cat}/K_M über mögliche Zukunftschancen Auskunft gibt.

Es ist bekannt, daß viele Enzyme intrazellulär bei Substratkonzentrationen im K_M-Bereich arbeiten. Hier bietet sich auf unterster Ebene bereits die erste von einer ganzen Anzahl weiterer Möglichkeiten zur Regulation des Zellstoffwechsels an. Ist die Substratkonzentration niedriger als K_M so arbeitet das Enzym merklich langsamer, ist sie entsprechend höher, steigt auch der Umsatz.

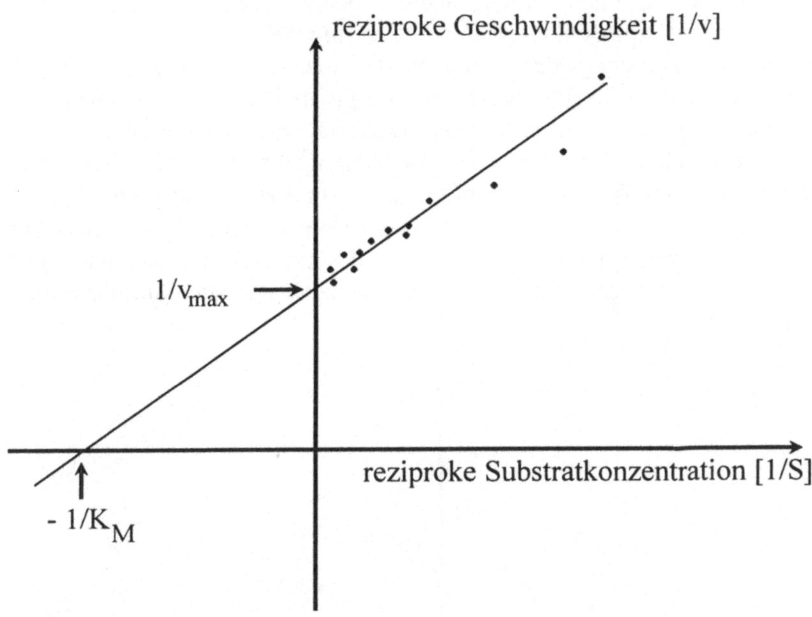

Abb. 2.21. Lineare Darstellung des Substratsättigungsverhaltens eines Enzyms nach Lineweaver-Burk

Die Umsatzgeschwindigkeit kann aber auch bei gleichbleibender Substratkonzentration durch sogenannte Inhibitoren beeinflußt werden. Diese sind ebenfalls Stoffwechselpartner, die häufig Endprodukte eines Stoffwechselwegs darstellen. Wenn sie direkt im aktiven Zentrum mit dem Substrat in Konkurrenz treten und dieses verdrängen, dann spricht man von einer kompetitiven Inhibition. Des weiteren gibt es allosterische Effektoren, die außerhalb des aktiven Zentrums an einer anderen Stelle des Enzyms (griechisch *allos* = andere, *stereos* = fest) binden. In der Regel beeinflussen solche Effektoren die Faltungsstruktur des Enzyms und üben dadurch einen Einfluß auf seine katalytische Effizienz aus. Sie wirken entweder als Aktivatoren oder als Inhibitoren. Da letztere keine Konkurrenz im aktiven Zentrum verursachen, spricht man von einem nicht-kompetitiven Hemmtyp, bei dem der K_M-Wert gleich bleibt und v_{max} kleiner wird (s. punktierte Linie in Abb. 2.22.). Im Fall einer kompetitiven Hemmung bedarf es größerer Substratmengen, um den Inhibitor wieder aus dem aktiven Zentrum zu verdrängen. Dadurch wird der K_M-Wert apparent größer und v_{max} bleibt gleich (s. gestrichelte Linie in Abb. 2.22.).

Häufig sind andere, selber nicht katalytisch aktive Proteine, sog. regulatorische Untereinheiten, für die Beeinflussung der mit ihnen assoziierten Enzyme verantwortlich. Das kann in der Tat so weit gehen, daß ein Enzym in Abhängigkeit von der Bindung einer regulatorischen Untereinheit nicht nur seine kinetischen Parameter K_M und/oder v_{max} ändert, sondern auch seine Substratspezifität verschiebt und damit zu einem „anderen" Enzym wird.

Da Enzyme keineswegs nur monomer, das heißt als Einkettenproteine, auftreten, sondern sich häufig mehrere identische Polypeptidketten im Sinne von Untereinheiten zu Oligomeren zusammenfügen, besteht auch die Möglichkeit, daß sich katalytisch aktive Untereinheiten in Abhängigkeit von ihrer Substratsättigung gegenseitig in ihrer Funktion beeinflussen. Besonders im Fall von Multienzymkomplexen, die über ein Assoziat heterogener Untereinheiten konsekutive Schritte in Stoffwechselwegen katalysieren, können bestimmte Untereinheiten regelrecht „spüren", ob sich an einen anderen Untereinheitentyp gerade ein Substratmolekül anlagert.

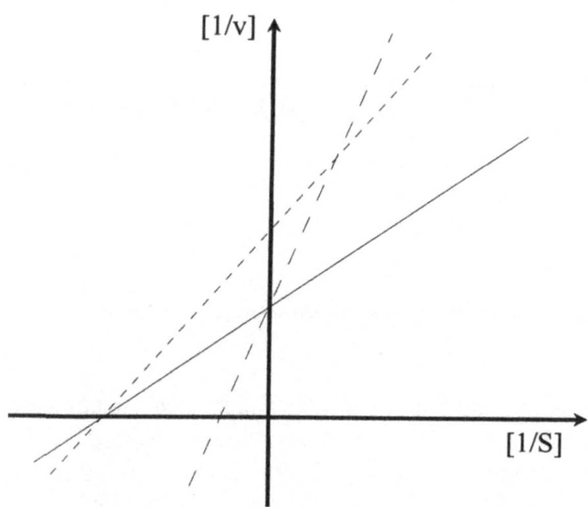

Abb. 2.22. Unterschiedliche Hemmtypen in der Lineweaver-Burk-Darstellung. Die *gestrichelte Linie* deutet eine kompetitive, die *punktierte Linie* eine nicht-kompetitive Hemmung an

Die bisher beschriebenen Fälle von Enzymregulation beziehen sich ausnahmslos auf reine Anlagerungs- beziehungsweise Ablösungsvorgänge ohne die Beteiligung von chemischen Reaktionen. Wir betrachten nun ein anderes Feld von Regulationsmöglichkeiten, die sog. posttranslationale chemische Modifikation, die auch als Interkonversion bezeichnet wird. Hier werden bestimmte Aminosäureseitenketten von Enzympolypeptiden nach deren Biosynthese - jedoch reversibel - mit Hilfe anderer Enzyme verändert. Proteinkinasen sind zum Beispiel dafür verantwortlich, daß die OH-Gruppen von Seryl-, Threonyl- oder Tyrosylresten (das sind drei der zwanzig proteinogenen Aminosäuren) durch Phosphorylierung in Phosphatester überführt werden. Dieser reversible Vorgang kann die katalytische Aktivität und manchmal auch das Assoziationsmuster von Enzymen drastisch verändern. Zur Verstärkung der Effekte findet man häufig ganze Kaskaden von Enzymphosphorylierungen hintereinandergeschaltet. Eine - bis heute noch als irreversibel angenommene - chemische Modifikationsart ist die Zymogenaktivierung. Hierbei werden Vorstufen von proteolytischen Enzymen, die die Polypeptidketten anderer Enzyme zertrennen können und deshalb auch Proteasen genannt werden, ihrerseits von anderen Proteasen getrimmt und damit in aktive Enzyme umgewandelt. Inzwischen hat die biochemische Wissenschaft allerdings erste Hinweise dafür geliefert, daß auch dieser Zerschneidungsvorgang reversibel sein könnte, und damit möglicherweise eine weitere Regulationsmöglichkeit aufgedeckt. Natürlich liegt es auf der Hand, daß durch diesen Vorgang auch in umgekehrter Richtung aktive Enzymspezies „stillgelegt" und durch Wiederverknüpfung der geschnittenen Bindung reaktiviert werden können. Dies hätte den Vorteil, daß Enzyme nicht jedesmal völlig abgebaut und aufs neue totalsynthetisiert werden müßten.

Zur Regulation der katalytischen Aktivität vorhandener Enzymmengen in einer Zelle gesellt sich auf übergeordneter DNA-Ebene die (allerdings etwas trägere) Änderung von intrazellulären Enzymspiegeln, welche grundsätzlich durch ein Gleichgewicht zwischen Biosynthesegeschwindigkeit und Abbaugeschwindigkeit zustande kommen. Solche dynamischen Fließgleichgewichte haben den großen Vorteil, daß sie hochsensibel von sozusagen 2 Seiten her zu regeln sind. Darüber hinaus sieht man bei der Betrachtung eines vollständigen Zellzyklus, daß für bestimmte Phasen bisher noch nicht exprimierte Enzymsysteme benötigt werden, um beispielsweise eine Zellteilung einzuleiten oder besondere Nahrungsangebote zu nutzen (diese Regulationsebene wird in Kap. 3.5.1 nochmals eingehend angesprochen).

Alle geschilderten Regulationsphänomene können auf dieser Ebene im Sinne von Regelkreisen diskutiert werden (Abb. 2.23.).

Welcher Wert der Regelgröße wird durch ein Funktionssystem wie in Abb. 2.23. konstant gehalten? Wie leicht zu sehen ist, ist es derjenige Funktionswert, bei dem der Sensor dem Stellglied keine Meldung zusendet, die es zu einer entsprechenden Korrektur in Gang setzt. Wir nennen das den Nullwert der jeweiligen Meßskala des Sensors. Angenommen, es handele sich bei Abb. 2.23. um ein technisches oder auch biologisches System zur Temperaturregelung und der Temperatursensor gäbe bei 37°C keine Meldung ab, bei 36°C die Meldung „-1" und bei 38°C die Meldung „+1", dann wird das System versuchen, die Temperatur von 37°C (dem Sollwert) durch Korrekturen selbständig konstant zu halten. Es hängt also von der Funktionsweise des Sensors ab, welcher Sollwert des Regelsystems stabilisiert wird. Dies kann sich natürlich ändern, wenn von außen kommend Meldungen in die Vermittlungsleitung zwischen Sensor und

Stellglied eingespeist werden. Wird beispielsweise zur Meldung des Sensors eine Außenmeldung „+1" hinzugefügt, so kommt der Regelmechanismus nicht mehr bei 37°C, sondern bei 38°C zum Stillstand. Er erhält nun diesen neuen Sollwert durch Kompensationsreaktionen. Aus diesem Grund nennt man den von außen einfließenden Wert auch Führungsgröße.

So kann beispielsweise die Erscheinung des Fiebers nur aus der Kenntnis des Zusammenhanges zwischen Regelkreis und Führungsgröße verstanden werden. Bei einem gesunden Menschen löst eine durch starke Muskelarbeit und hohe Außentemperatur hervorgerufene Körpertemperatur von 38°C Abkühlungsreaktionen wie Schwitzen aus, wohingegen ein fiebernder Organismus bei der gleichen Bluttemperatur unter Schüttelfrost leiden kann und Erwärmungsmechanismen in Gang setzt. Es wird postuliert, daß der Weg, auf dem der Organismus den Fieber-Sollwert einstellt, durch veränderte Erregungen bewirkt wird, die in die funktionelle Verbindung zwischen Temperatursinnesorganen und Ausführungsorganen der Wärmeregulierung einfließen.

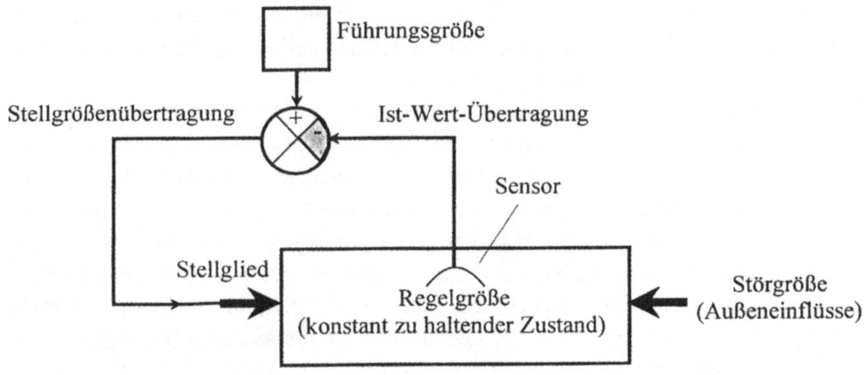

Abb. 2.23. Funktionsschaltbild eines Regelkreises. Die Begriffe sind (auch in der Biologie verwendete) Fachausdrücke aus der Meß- und Regeltechnik

In vergleichbarer Weise wird durch bestimmte, übergeordnete Bedürfnisse eines Organismus oder auch nur einer Zelle die Sollwert-Konzentration für eine Vielzahl von Stoffwechselprodukten festgelegt. Sehr häufig sorgen dem Sollwert nicht entsprechende Konzentrationen an Stoffwechselendprodukten durch sog. negative oder positive Rückkoppelung beziehungsweise Feed-back-Regulation dafür, daß definierte „Schlüsselenzyme" weiter vorn im Stoffwechselweg in ihrer Katalyseeffizienz beeinflußt werden. Dies hat den Vorteil, daß durch Beeinflussung eines einzigen Enzyms das apparente Fließgleichgewicht eines ganzen Stoffwechselwegs neu eingestellt werden kann.

Bei höheren Organismen wie auch schon bei relativ primitiven Zell-Zell-Interaktionen sind darüber hinaus Regelmechanismen nötig, die es nicht nur zulassen, daß Sollwert-Verstellungen in beschränktem Umfang möglich sind, sondern daß im Wechselspiel von katabolen (abbauenden) und anabolen (aufbauenden) Vorgängen gegenläufige Stoffwechselwege gänzlich „an- oder abgestellt" werden können. Wenn wir auf den Glukosestoffwechsel (das kommt vom griechischen *glycos* = süß) Bezug nehmen, dann heißt das, daß der Zuckerabbau nicht nur stark verlangsamt bis stillgelegt werden kann, sondern daß gleichzeitig die Glukoneogenese (die Biosynthese von Zucker) eingeschaltet wird. Dies wird häufig sehr ökonomisch dadurch geregelt, daß bestimmte der oben genannten Interkonversionsvorgänge, also zum Beispiel eine Phosphorylierung bei einem Syntheseenzym, aktivierend und zugleich, bei einem Abbauenzym, hemmend wirken. Der extrazelluläre Anstoß zu solchen dramatischen, kombinierten Sollwert--Verstellungen wird häufig im Sinne einer Zell-Zell-Kommunikation durch Hormone ausgelöst, von denen es wiederum gegeneinander regulierende Partnerpaare, wie beispielsweise Insulin / Glukagon, gibt (beide Hormone werden in den Langerhans-Zellen der Bauchspeicheldrüse gebildet). Es fällt auf, daß die biochemischen Vorgänge in lebenden Zellen oft in mehrfacher Weise abgesichert und hochsensibel geregelt sind. Obwohl in der Regel weit ab vom chemischen Gleichgewicht gearbeitet wird, gibt es selten überschießende, irreversible Reaktionen. Es wird sozusagen kein einziges Molekül verschwendet.

Neben der Regulation auf Enzymebene kann Homöostase auch durch Überlaufmechanismen erzeugt werden. So erscheint etwa Glukose als zentraler zellulärer Nahrungsstoff bei Konzentrationen von mehr als 1,6 g/l als Ausscheidungsprodukt im Urin. Dies passiert, weil der Rückresorption des Blutzuckers aus dem Primärharn durch die Wandzellen der Nierentubuli (im lateinischen heißt *tubulus* das kleine Rohr) ein aktiver Transportmechanismus zugrundeliegt, der durch mehr als 1,6 g Zucker /l überlastet ist. Des weiteren kennt man auch die chemische Pufferung als Beitrag zur Homöostase. Der pH-Wert von biologischen Systemen wird häufig auf diese Weise beeinflußt. Die beiden letztgenannten Mechanismen tragen jedoch nur grob zur Stabilisierung bei.

Zusammenfassend stellen wir also fest, daß es strukturelle Koppelung schon auf der niedrigsten Ebene der Realisierung einer Sollkonzentration eines einzigen Stoffwechselprodukts gibt. Darüber liegt als nächste Ebene die Regulation gegenläufiger Paare von auf- und abbauenden Stoffwechselwegen. Dieser übergeordnet ist die gegenseitige Beeinflussung unterschiedlicher Stoffwechselbereiche, wie etwa Zucker- und Fettstoffwechsel, die zumindest zeitweilig auch mit so extremen Situationen wie Hunger und Überernährung fertig werden muß. Die Zuordnung gewisser Stoffwechselbereiche zu in sich abgeschlossenen Zellorganellen spielt dabei eine wesentliche Rolle, da die eingangs genannte Zahl von mehreren tausend unterschiedlichen, zum Teil gegeneinander laufenden Reaktionen in einem ausschließlich homogenen Zellplasma nicht mehr hinreichend zu ordnen wäre.

Wenn wir nun über die Grenzen einzelner Zellen hinausschauen, bemerken wir die Fähigkeit zur Homöostase auch bei der Interaktion gleicher Zelltypen, die in einer spezifischen Anhäufung etwa ein Organ bilden und über Botenstoffe miteinander kommunizieren. Die Tatsache, daß beispielsweise eine Leber nicht aus je einem riesigen Hepatozyten und einer entsprechend großen Kupffer-Stern-Zelle (den beiden wichtigsten Zelltypen der Leber) besteht, sondern sich aus vielen identischen Zellen zusammensetzt, hat natürlich auch hier mit regulatorischen Sicherheitsvorkehrungen zu tun. Die Kapazität einer Leber zur Erfüllung ihrer vielfältigen Funktionen im Stoffwechsel ist außerordentlich groß. Kliniker wissen, daß erst ein Zustand, in dem mehr als 90% der Leberzellen zerstört sind, mit dem Leben nicht mehr vereinbar ist. Homöostase spielt selbstverständlich nicht nur bei der Aufrechterhaltung von Funktionsmustern eine Rolle. Sie ist ebenso wichtig für den korrekten Gewebeerhalt. Sehen wir nochmals auf die Leber: Wenn von den 2% der wöchentlich durch Zellteilung neuentstehenden Hepatozyten lediglich 1% im gleichen Zeitraum abstürben, würde es nur 8 Jahre dauern, bis das Gewicht der Leber das Gewicht des ganzen Körpers erreicht hätte. Es muß also fein ausgewogene Homöostasemechanismen geben, die das Gleichgewicht zwischen Zellproliferation und Zelltod einstellen, um so das Organ auf seiner Standardgröße zu halten. Heute weiß man, daß einer der Botenstoffe für gesteigertes Leberzellwachstum ein lösliches Eiweißmolekül ist, welches den Namen Hepatozytenwachstumsfaktor erhalten hat. Es stimuliert Hepatozyten auch in der Zellkultur und seine Konzentration im Blut steigt (nach einem noch kaum verstandenen Mechanismus) dramatisch an, wenn die Leber geschädigt wurde.

Spätestens dann, wenn wir unseren Blick auf einen höher entwickelten Organismus richten, in welchem unterschiedlichste Organe gemeinsam zur Verwirklichung einer definierten Lebenssituation beitragen, wird uns klar, daß wir die Verständnisebene des kausalanalytisch begründbaren Regelkreises endgültig verlassen haben. Während für letzteren noch jene Grundregeln der klassischen Wissenschaft wie Determiniertheit, Geschlossenheit des Systems, Kontinuität, Zeitunabhängigkeit und Verständlichkeit bestimmend sind, ist die Komplexität hier so umfassend geworden, daß das Instrumentarium, mit dem eine - obendrein in der zeitlichen Dynamik stehende - Lebenssituation passend beschrieben werden kann, eine radikale Erweiterung der gerade genannten wissenschaftlichen Grundprinzipien, einen Paradigmawechsel, erfordert. Ein solcher Paradigmawechsel, der unter anderem durch den Begriff deterministisches Chaos gekennzeichnet wird, wurde durch den französischen Mathematiker Poincaré zu Beginn unseres Jahrhunderts mit einer Kritik am großartigsten Bollwerk des klassischen Determinismus, der Newton-Himmelsmechanik eingeleitet, von Mathematikern in den letzten Jahrzehnten weiterentwickelt und durch eindrucksvolle Forschungsergebnisse auf den Gebieten der Chemie, Biologie und Medizin in seiner eminenten Bedeutung immer klarer erkennbar. Wir wollen an anderer Stelle näher auf diese neuen Beschreibungsmöglichkeiten eingehen.

Wir verlassen nun zeitweilig den individuellen Organismus und betrachten das Zusammenwirken unterschiedlicher Individuen in ihrem Lebensraum. Hier wird das Prinzip der strukturellen Koppelung besonders augenfällig. Alle Lebewesen sind von ihrer Umwelt abhängig und beeinflussen diese ihrerseits. Ein Hase braucht Pflanzen und Wasser für seine Ernährung. Er setzt seine Losung ab und verbreitet durch sie Samen. Er benötigt einen Unterschlupf, um zu schlafen und seine Jungen großzuziehen. Er paart sich mit seinesgleichen und ist mit seiner Lebensweise abhängig vom Klima. Fuchs und Habicht stellen ihm nach und in seinem Fell nistet Ungeziefer. Er ist also auf vielfältige Weise mit seiner unbelebten und belebten Umwelt verbunden und steht mit ihr in einem steten, dynamischen Austausch.

Einflüsse der unbelebten Welt auf einen Organismus bezeichnet man als *abiotische* Faktoren; dazu zählen Boden, Luft, Wasser, Temperatur und Licht. Einflüsse, die von anderen Lebewesen ausgehen, nennt man *biotische* Faktoren. Zu ihnen zählen zum Beispiel die Einwirkungen von Feinden oder Parasiten, der Schutz durch gemeinsame Abwehr von Feinden oder der Vorteil durch gemeinsames Jagen oder durch gegenseitige Brutpflege, der Wettbewerb mit anderen Artgenossen um Lebensraum und Nahrung.

In einem definierten Lebensraum, dem Biotop, bilden die vorhandenen Lebewesen, also Pflanzen und Tiere, eine Lebensgemeinschaft, die Biozönose. Die Einheit von Lebensraum und Lebensgemeinschaft mit allen Wechselbeziehungen bezeichnet man als Ökosystem. Das wirft natürlich sogleich folgende interessante Fragen auf: Wie sind Lebewesen von den abiotischen und biotischen Faktoren ihrer Umwelt abhängig? Woher beziehen die Organismen eines Ökosystems ihre Energie beziehungsweise ihre Nährstoffe? Welche Veränderungen hat der Mensch als einziges Lebewesen, das beliebig in die Natur eingreifen kann, dem Ökosystem mit welchen Folgen aufgeprägt?

So wie Pflanzen nur an Standorten gedeihen, die ihnen optimal zuträglich sind, leben auch Tiere nur auf Plätzen, die ihre artspezifischen Ansprüche an abiotische und biotische Faktoren, wie Klima, Nahrungsangebot, Schutz und Brutmöglichkeiten, befriedigen.

Beispielhaft wollen wir hier den Einfluß von Klima diskutieren. Eine ganze Reihe von Tierarten kann nur innerhalb bestimmter Temperaturbereiche ihre Lebenstätigkeit voll zur Entfaltung bringen. Vögel und Säugetiere sind zur aktiven Temperaturregulation fähig, deshalb sind sie weniger temperaturabhängig. Als homöotherme (gleichwarme) Tiere benötigen sie jedoch zur Aufrechterhaltung ihrer Körpertemperatur insgesamt eine größere Nahrungsmenge als poikilotherme (wechselwarme) Tiere. Aus diesem Grund begrenzt die vorhandene Nahrungsmenge das Auftreten solcher Tierarten. Die Oberfläche von Tieren ist für deren Wärmeabgabe maßgebend, während der Stoffwechsel und damit die Wärmeproduktion vom Volumen der Tiere abhängen. Nimmt die Größe eines als Kugel idealisierten Tieres zu, dann vermehrt sich das Volumen mit der dritten Potenz, während die Oberfläche nur im Quadrat des Radius ansteigt. Damit geben größere Tiere mit ihrer im Verhältnis zum Volumen kleineren Oberfläche weniger Wärme ab als entsprechend kleinere Tiere. Sie sind dadurch in kälterem Klima im Vorteil. Entsprechend der Bergmann-Regel findet man daher innerhalb eines Verwandtschaftskreises in kälteren Regionen oft größere Arten als in wärmeren. Der Galapagos-Pinguin mißt beispielsweise 50 cm, während der antarktische Kaiserpinguin eine Größe von 125 cm erreicht. Vergleichbares gilt für Rehe und Wildschweine, wenn man ihre Abmessungen in Skandinavien mit denen im

Mittelmeerraum vergleicht. Auf eine weitere Temperaturabhängigkeit weist die Allen-Regel hin: Exponierte Körperteile, wie Schwänze oder Ohren, die leicht auskühlen, sind bei Arten in kalten Gebieten kleiner ausgebildet als bei solchen, die wärmeres Klima bevorzugen. Nur bei hohen Umgebungstemperaturen haben poikilotherme Arten eine hinreichend hohe Stoffwechselaktivität, man wird sie deshalb vorzugsweise in den Tropen finden.

Für jeden Umweltfaktor (wie die oben betrachtete Temperatur) existiert ein Bereich, innerhalb dessen Grenzen eine Art gedeihen und sich fortpflanzen kann. Man spricht auch von der *ökologischen Potenz* einer Art gegenüber einem Umweltfaktor. Sie kann eng (stenök) oder weit (euryök) sein. Die Ratte oder der Bär sind zum Beispiel bezüglich Temperatur und Nahrung von weiter ökologischer Potenz, während etwa die Bachforelle bezüglich der kühlen Temperatur ihres bevorzugten Habitats oder der Pandabär, der fast ausschließlich von Bambussprossen lebt, von enger ökologischer Potenz sind. Entsprechend dem Wirkungsgesetz der Umweltfaktoren wird die Zahl der Individuen einer Population durch die ungünstigsten Umweltfaktoren bestimmt. In Abb. 2.24. ist dieses Gesetz graphisch verdeutlicht.

Wie reagiert eine Art auf Einflüsse von Umweltfaktoren? Die ökologische Potenz einer Art ist durch denjenigen Bereich eines Umweltfaktors gekennzeichnet, in welchem sie sich noch fortpflanzt. Im Optimum gedeiht die Art am besten. Das Pessimum ist der Bereich, in dem die Art gerade noch zu überleben vermag. Unterhalb von Minimum und Maximum überlebt die Art nicht.

Die meisten Arten leben in der Natur nicht im Optimum der für sie bedeutenden Umweltfaktoren. Deshalb können bereits geringe Veränderungen solcher Faktoren durch Eingriffe von außen eine Art möglicherweise aussterben lassen.

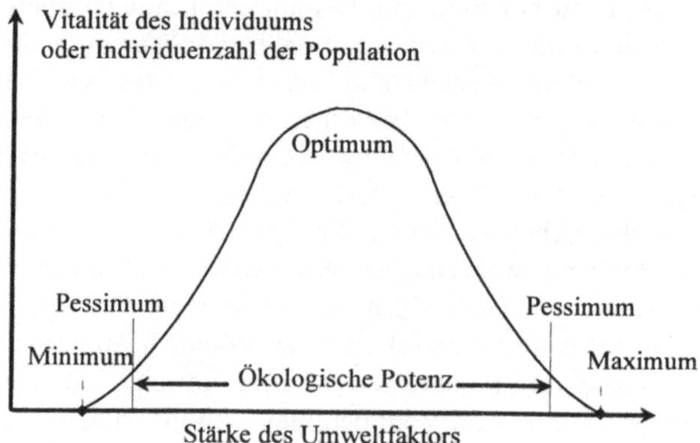

Abb. 2.24. Graphische Darstellung des Wirkungsgesetzes der Umweltfaktoren

Die Gesamtheit aller abiotischen und biotischen Umweltfaktoren, welche die Existenz einer Art ermöglichen, bezeichnet man als ökologische Nische. Es zeigt sich dabei im allgemeinen, daß Tiere selten alle für ihre Ernährung gegebenen Möglichkeiten in Anspruch nehmen. So nisten vielleicht 2 Vogelarten auf dem gleichen Baumtyp, die eine jedoch in verlassenen Spechthöhlen und die andere im Gipfelbereich. Zudem mag sich die eine Art von Kerbtieren in der Rinde ernähren, während die andere Früchte von nahegelegenen Feldern sammelt. Es existieren hier also innerhalb des gleichen Lebensraumes 2 ökologische Nischen. Somit bezeichnet dieser Begriff keinen Raum, sondern umfaßt diejenigen Faktoren, welche eine Art nutzt. Die Möglichkeiten der unterschiedlichen Nutzung des gleichen Lebensraumes - man spricht hier auch von Einnischung - sind außerordentlich vielfältig: Verlegung der Hauptaktivität auf verschiedene Tageszeiten, unterschiedliche Größe von Nahrung und Beutetieren bei verwandten Raubtierarten, unterschiedliche Teilbereiche der Nahrungssuche, Spezialisierung von Parasiten auf bestimmte Körperteile des Wirtes, unterschiedliche Temperaturbereiche eines Gewässers, verschiedene Jahreszeiten für Fortpflanzung und Brutpflege und so weiter.

Würde exakt die gleiche ökologische Nische von 2 Arten besetzt, so müßte eine totale Konkurrenzsituation entstehen, in der die jeweils lebenstüchtigere Art die andere am Ende völlig verdrängt. Das sog. Konkurrenzausschlußprinzip sorgt dafür, daß nie 2 Arten mit exakt gleichen Ansprüchen in ein und demselben Lebensraum vorkommen. Ein schlüssiges Experiment mit 2 Arten des Pantoffeltierchens *Paramaecium* in getrennter und in gemeinsamer Kultur zeigt dies deutlich (Abb. 2.25.). Während sich *P. caudatum* und *P. aurelia* in Reinkultur in eine Populationssättigungskurve hineinentwickeln, führt eine Mischkultur unter bestimmten Bedingungen dazu, daß *P. caudatum* mit der Zeit völlig durch *P. aurelia* verdrängt wird und ausstirbt. In der freien Natur leben die beiden Arten in unterschiedlichen ökologischen Nischen.

Die Art des Wachstums in Reinkultur ist typisch für alle Mikroorganismen. Bei naturgemäß unterschiedlicher Zeitachse erscheint immer zuerst eine mehr oder weniger ausgeprägte Anlaufphase, dieser folgt dann infolge des hohen Nährstoff- und Sauerstoffangebots eine stürmische exponentielle Wachstumsphase, der sich bei abnehmenden Nahrungsquellen eine stationäre Phase anschließt, während der sich Zellvermehrung und Absterben die Waage halten. Den Abschluß bildet die Absterbephase, in der mehr Organismen untergehen als neu gebildet werden.

Es liegt auf der Hand, daß die Populationsdichte wesentlich vom Nahrungs- angebot abhängt, wenngleich andere Faktoren wie Änderung der Generations- dauer sowie Zu- und Abwanderung ebenfalls eine Rolle spielen. Darüber hinaus besteht in natürlichen Ökosystemen eine Vielzahl von Abhängigkeitsbeziehungen zu anderen Arten. Damit sind Populationen ebenso offene Systeme wie dies auf anderer biologischer Strukturebene Zellen und Organismen sind. Die gegenseitige Abhängigkeit der Arten voneinander führt zu dem bekannten Zustand des Fließgleichgewichts. Er wird im besonderen auch als biologisches Gleichgewicht bezeichnet, dessen Stabilität - wie in den zuvor besprochenen biochemischen

Systemen - auf Selbstregulation beruht, ob es sich dabei nun um eine mikrobiologische Biozönose handelt oder um ein Makroökosystem, das den Menschen mit einschließt.

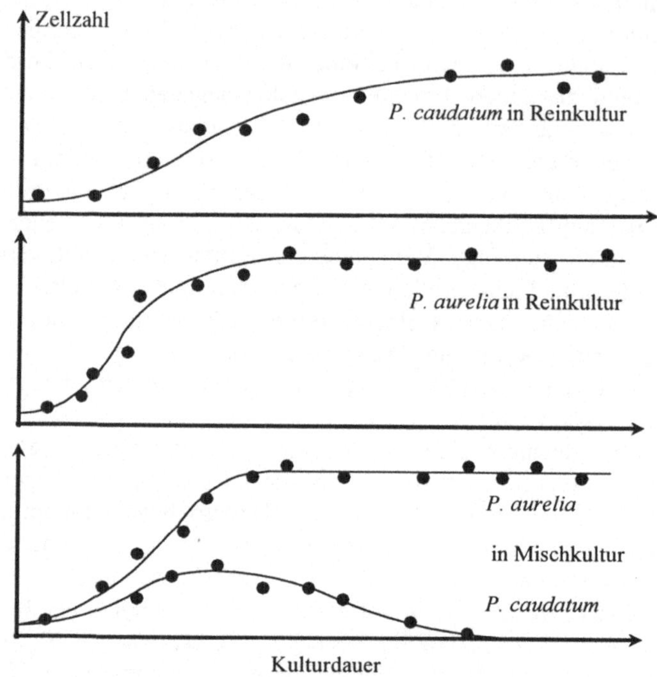

Abb. 2.25. Rein- beziehungsweise Mischkultur zweier *Paramecium*-Arten

2.5 Adaptationsphänomene

Wir greifen hier nochmals den Begriff der Anpassung auf. Wir haben zuvor festgestellt, daß ein Lebewesen solange an seine Umgebung angepaßt ist, wie es nicht untergeht. Der Zustand der Anpassung ist also invariant, er dauert an. Wir haben verallgemeinert, daß dies für alle Organismen gilt, solange sie leben. Auf der anderen Seite ist oft zu hören, es existierten Lebewesen, die aufgrund ihrer Phylogenese schlechter beziehungsweise besser angepaßt seien als andere. Diese Betrachtungsweise der biologischen Evolution halten wir dem Phänomen gegenüber für nicht angemessen. Natürlich ist es dem Beobachter unbenommen, einen beliebigen Bezugsrahmen zu errichten, der es ihm ermöglicht, Vergleiche anzustellen, was die Effizienz bei der Verwirklichung einer einzelnen herausgegriffenen Lebensfunktion betrifft. Man könnte beispielsweise die Klettergeschwindigkeit verschiedener, baumbewohnender Affen in Abhängigkeit von der verzehrten Nahrungsmenge messen und dabei feststellen, daß einige Arten nach jeweils gleichem Genuß einer Banane schneller klettern als andere. Wäre es denn tatsächlich angebracht, daraus zu schließen, der schneller kletternde Affe sei besser angepaßt? Mit Sicherheit nicht, denn solange die unterschiedlichen Affen leben, haben sie naheliegenderweise alle die Voraussetzungen für eine ununterbrochene Ontogenese erfüllt. Solche Vergleiche gehören eindeutig in den Bereich der reduktionistischen Beschreibung, die der jeweilige Beobachter, um eine herkömmlich wissenschaftliche Aussage machen zu können, notwendig vornehmen muß. Was wäre, wenn ein anderer, genauso kompetenter Biologe im gleichen Affenkollektiv feststellte, daß die schneller kletternden Affen über ein geringeres Harnblasenvolumen verfügten als die langsameren Kletterer? Solche Beschreibungen haben keinen unmittelbaren Bezug zu dem, was in den individuellen Ontogenesen zur Erhaltung der Anpassung geschieht. Möglicherweise kommt die Vorstellung, daß Organismen ihre Lebensaufgabe mehr oder weniger gut meistern und somit mehr oder weniger angepaßt sind, vor allem durch eine unzulässige Einschränkung der betrachteten Zeitskala fälschlicherweise zustande. Eine Aufgabe zu meistern heißt, sie erfolgreich zu meistern oder gar nicht! Bei hinreichend langer Betrachtungszeit wird ein „erfolgloser Meister" schlicht aufgehört haben, zu existieren und kann dann auch nicht mehr für einen Vergleich herhalten.

Es gibt, um mit Maturana zu reden, kein *Überleben des Angepaßteren* sondern lediglich ein *Überleben des Angepaßten.* Die Anpassung ist eine Frage notwendiger Bedingungen, die in der Natur auf vielfältige, unterschiedliche Weise erfüllt werden können. Es gibt keine „beste" Weise, einem willkürlich gewählten Kriterium zu genügen, das außerhalb des Überlebensarguments angesiedelt ist. Wie uns die Unterschiede zwischen Organismen eben gerade zeigen, gibt es viele strukturelle Wege der Realisierung des Lebendigen und nicht die Optimierung eines Beschreibungsparameters.

An Lebewesen, welche unserem unbewaffneten Auge sichtbar sind, spielt sich das strukturelle Driften als Teil des Evolutionsgeschehens sehr selten in Jahrhunderten, häufiger in Jahrtausenden, meist jedoch in Jahrzehntausenden ab. Diese beträchtliche Zeitspanne liegt in der für den möglichen Beobachtungszeitraum relativ langen Generationsdauer solcher Tiere und Pflanzen begründet. Einem menschlichen Betrachter leichter beobachtbar wird der gleiche Evolutionsvorgang bei geeigneter Versuchsanordnung an Organismen mit kurzer Lebensspanne, beispielsweise Bakterien, die unter günstigen Bedingungen in einer einzigen Stunde 3 Generationen durchlaufen.

Schauen wir uns den Ablauf eines solchen Experiments an: Der Wildtyp des Darmbakteriums *E. coli* besitzt die genetisch bedingte Fähigkeit zur Synthese der Aminosäure Histidin. Zellen dieses mit hi^+ bezeichneten Stamms mutieren mit geringer Häufigkeit zu Histidinmangelmutanten hi^-. Deren „Rückmutation" zum Typ hi^+ weist noch geringere Häufigkeit auf. In einem histidinhaltigen, flüssigen Medium, welches gleich gutes Wachstum der hi^+- und hi^--Zellen erlaubt, werden diese miteinander gemischt. In regelmäßigen Zeitabständen wird ein geringer Teil der bakterienhaltigen Kulturflüssigkeit in frische Nährlösung überimpft und so dafür gesorgt, daß die Bakterienzellen sich weiter vermehren können. Dabei mutieren ständig hi^+-Zellen zu hi^- und umgekehrt. Zwischen dieser Hin- und Rückmutation stellt sich bald ein Gleichgewicht ein, welches dafür sorgt, daß im Mittel auf eine Mio. hi^--Zellen eine hi^+-Zelle entfällt.

In einem zweiten Versuch wird dieses Gleichgewicht von Anfang an dadurch eingestellt, daß die Kulturlösung mit hi^+- und hi^--Zellen im Verhältnis 1:1 Mio. beimpft wird. Um Zellen der beiden Ausgangsstämme dieses Genotyps von den zu erwartenden Rückmutationen unterscheiden zu können, erhalten sie eine zusätzliche genetische Markierung. Der Stamm hi^+ trägt das Gen lac^-, welches seine leicht prüfbare Unfähigkeit zum Abbau des Zuckers Laktose bedingt, während der Stamm hi^- das Wildtypallel lac^+ aufweist. Durch etwa 200 Zellgenerationen bleibt das am Versuchsbeginn eingestellte Zahlenverhältnis zwischen hi^-lac^+ und hi^+lac^- unverändert erhalten. Dann verschwinden während weniger weiterer Generationen nahezu alle Zellen des Typs hi^+ lac^-, während gleichzeitig solche des Typs hi^+lac^+ an deren Stelle treten. Das Zahlenverhältnis hi^+/hi^- verändert sich dadurch nicht, wohl aber dasjenige lac^-/lac^+.

In weiteren Versuchen läßt sich beweisen, daß dieser rasch vor sich gegangene Wechsel in der Zusammensetzung der Bakterienpopulation durch die Mutation einer hi^--lac^+-Zelle ausgelöst wird, welche zu einem neuen Typ führt, für den das Nährmedium bessere Wachstumsmöglichkeiten bietet. Daraus folgt eine verkürzte Generationsdauer. Die Erbänderung läßt die beiden Erbfaktoren hi^- lac^+ unberührt und vollzieht sich in einem nicht näher feststellbaren Genlokus a. Der neue Typ muß daher als hi^-lac^+a bezeichnet werden. Zunächst verdrängt er durch schnelleres Wachstum die Zellen des ursprünglichen Typs hi^-lac^+. Wir können uns das leicht an einem Zahlenbeispiel verdeutlichen. Immer dann wenn hi^-lac^+ drei Generationen durchläuft, soll hi^-lac^+a vier Generationen hinter sich bringen. Aus je einer Zelle beider Stämme sind dann 8 Zellen des ersten Stammes und 16 Zellen des letzteren entstanden. Nach einer weiteren gleich langen Spanne beträgt das Zahlenverhältnis bereits 64:256. Es hat sich damit zugunsten des neuen Typs hi^-lac^+a während 6 Generationen von 1:1 auf 1:4 verändert.

Während so hi^-lac^+a schnell seinen Ausgangstyp hi^-lac^+ verdrängt, tritt mit wachsender Zellzahl des ersteren unter diesen Zellen eine Mutante zu hi^+ auf. Genauer muß sie mit hi^+lac^+a bezeichnet werden. Auch sie ist dem zweiten in der Zellpopulation von Versuchsbeginn an vorhandenen Typ hi^+lac^- überlegen und überwächst ihn in gleicher Weise. Da hi^+lac^+a den älteren hi^+-lac^--Stamm langsam ersetzt, bleibt innerhalb der Population das Zahlenverhältnis hi^+ zu hi^- weiterhin 1:1 Mio. und damit das eingangs beschriebene Gleichgewicht erhalten. In der Gesamtpopulation verschwindet jedoch der mit hi^+ in einer Zelle vereinigt gewesene Erbfaktor lac^- vollständig. An seine Stelle tritt lac^+, ein Vorgang, an dem die Veränderung in der Zusammensetzung der Population im Versuchsfortgang erkennbar wird. lac^- oder sein Wildtypallel lac^+ sind damit nur Markierungen eines Genoms und für das Zustandekommen des beschriebenen Vorgangs bedeutungslos. Sie werden im folgenden bei Nennung der Genotypen ausgelassen.

Das neue System hi^+a / hi^-a wird erneut nach rund 200 Generationen durch das System hi^+ab / hi^-ab abgelöst. Dieser Vorgang wird wieder eingeleitet durch das Auftreten einer weiteren, das gegebene Kulturmedium noch besser ausnutzenden Mutanten hi^-ab. Sie führt zur Verdrängung von hi^-a, zur Entstehung der Rückmutanten hi^+ab und damit schließlich zum Ersatz des Typs hi^+a. Es zeigt sich, daß während mehrerer tausend Zellgenerationen immer nach ca. 200 Generationen ein neu auftretender Typ den bisher vorhandenen ersetzt und damit ein neues System nach folgendem Schema entstehen läßt:

$$
\begin{array}{cccc}
hi^-/lac^+ \rightarrow & hi^-/lac^+/a \rightarrow & hi^-/lac^+/a/b \rightarrow & hi^-/lac^+/a/b/...n \\
\downarrow & \downarrow & \downarrow & \downarrow \\
hi^+/lac^- & hi^+/lac^+/a & hi^+/lac^+/a/b & hi^+/lac^+/a/b/...n
\end{array}
$$

Die neu auftretenden Mutationen, welche zu Typen führen, die ihre „ökologische Nische" Kulturmedium immer vollständiger nutzen können, lassen den hi-Lokus unverändert. Die beobachtete, ständig voranschreitende Erweiterung von Fähigkeiten ist somit nicht an das hi^+- oder hi^--Gen gebunden. Dieses dient in der vorliegenden Versuchsanordnung lediglich zur Einstellung eines in seiner Lage stark verschobenen Gleichgewichts zwischen 2 Typen unterschiedlicher Häufigkeit. Typ hi^- stellt dabei jedesmal die neue Mutante, während in Typ hi^+ die Wirkung dieser Mutation sichtbar wird. Es ist auch verständlich, warum die Mutationen immer in hi^- auftreten, überwiegt doch schließlich ihre Anzahl hi^+ um das Millionenfache.

Wie das hier beschriebene klassische Experiment von Atwood (1951) und Mitarbeitern zeigt, treten innerhalb einer größeren Population gleichartiger Organismen ständig neue Mutanten auf, welche die Gegebenheiten einer ökologischen Nische immer gründlicher nutzen als der vorherige Typ. Das Ausmaß ihrer Fähigkeiten entscheidet darüber, wie sehr sie durch erweiterte strukturelle Koppelung begünstigt werden.

Überlebensnotwendig werden Mutationen vor allem dann, wenn sich die Bedingungen der Umwelt dramatisch ändern. Natürlich erlaubt die Breite der Reaktionsnorm, welche durch das komplexe Wirkgefüge des jeweiligen Genoms gegeben ist, daß jeder Organismus mehr oder weniger anpassungsfähig gegenüber veränderten Umweltbedingungen bleibt. Dieser Umfang reicht aber vielfach nicht aus, um grundlegende Änderungen der Faktoren einer ökologischen Nische zu tolerieren oder gar „in Angriff zu nehmen". In solchen Fällen ist eine höhere Plastizität der Anpassung gefordert. Sie läßt sich nur durch Mutation und die dadurch hervorgerufene Änderung bestimmter Genleistungen erreichen. Unter dramatischen Änderungsbedingungen werden nur solche Arten überleben, innerhalb deren Population eine möglichst große Zahl von neu entstandenen Genotypen vertreten ist. Reicht die Zahl nicht aus, so wird die Umweltänderung, der sogenannte „Selektionsdruck", im Extremfall dazu führen, daß die betreffende Art völlig erlischt. Günstigenfalls werden einige wenige Organismen überleben, die den geänderten Bedingungen gewachsen sind und damit zu Keimzellen einer neuen Population werden können.

Äußerst interessant ist die Frage, ob diejenigen Mutationen, die einen Mikroorganismus in die Lage versetzen, adaptiv mit einer dramatischen Änderung des Mediums, wie beispielsweise der Zugabe eines Antibiotikums, fertig zu werden, direkt durch diese Substanz ausgelöst werden oder bereits zuvor spontan entstanden sind. Da wir später näher auf den Mechanismus der Antibiotikawirkung eingehen werden, können wir uns hier darauf konzentrieren, ein weiteres klassisches Experiment von J. Lederberg vorzustellen, das die Entscheidung für die eine oder andere Hypothese ermöglicht (Abb. 2.25.).

Eine Agarplatte, also ein fester Nährboden in einer Petrischale, wird mit etwa 5 Mio. Zellen von *E. coli* beimpft und einige Stunden im Brutschrank inkubiert. Nachdem auf der Agarplatte Mikrokolonien herangewachsen sind, wird mit einem speziellen Samtstempel, der genau dem Innendurchmesser der Petrischale entspricht, ein Abdruck von der Kulturoberfläche gemacht und in gleicher Positionierung erst auf eine weitere Agarplatte und dann - ohne nochmalige Berührung der Ausgangsplatte - auf eine streptomycinhaltige Agarplatte gestempelt.

Auf dieser letzten Platte entwickeln sich nur die streptomycinresistenten Bakterien zu Kolonien. Da alle 3 Agarplatten eine Markierung an der Außenseite tragen, kann man leicht feststellen, wo sich auf Platte 2, die nach entsprechender Inkubationszeit einen dichten Bakterienrasen trägt, die Stellen befinden, welche die Mikrokolonien enthalten, aus denen die Ursprungszellen der streptomycinresistenten Kolonien der Platte 3 entnommen wurden. Von einer dieser Stellen werden wenige Bakterien „abgeimpft" und in flüssigem Nährmedium vermehrt. Selbstverständlich gelangen dabei auch nichtresistente Bakterien aus der Kolonieumgebung mit in die Kultur. Nach einigen Stunden Vermehrungszeit werden die Bakterien auf eine neue Agarplatte geimpft, deren heranwachsende Kolonien abermals auf zwei andere Platten gestempelt werden. Nun ist bereits eine erhebliche Anreicherung der streptomycinresistenten Kolonien erzielt worden, die auf der Streptomycinplatte in großer Zahl erscheinen. Der ganze beschriebene Vorgang wird noch mehrmals wiederholt. Dann werden die aus einer resistenten Kolonie isolierten Zellen nochmals hochgezüchtet, abzentrifugiert und verdünnt. Durch Ausstreichen einer bestimmten Flüssigkeitsmenge läßt sich die Anzahl der darin enthaltenen Bakterien als Zahl der heranwachsenden Kolonien bestimmen. Entstehen nach Ausstreichen des gleichen Volumens verdünnter Kultur, welches eine geringe Zahl Bakterien der letzten Einsaat enthält, auf antibiotikafreien und auf antibiotikahaltigen Platten dieselbe Anzahl von Kolonien, so ist der Bakterienstamm rein und besteht nur aus resistenten Zellen. Die normale Mutationsrate zur Streptomycinresistenz beträgt 1:100 Mio.. Die Entstehung der festgestellten Mutation kann also keineswegs durch die Zugabe des Antibiotikums bei der am Versuchsende vorgenommenen Prüfung auf Resistenz erfolgt sein, denn da erwiesen sich ja alle Zellen als resistent.

Dieser Versuch liefert zwei wichtige Aussagen. Zum einen stellt er einen Modellfall dafür dar, wie bei plötzlichem und drastischem Wechsel von Umweltbedingungen durch Mutation entstandene neue Typen die Art vor der Vernichtung bewahren können. Die Vermehrung der resistenten Mutanten führt zur Bildung eines neuen Stamms, durch welchen die sonst zum schnellen Aussterben verurteilte Art weiter zu existieren vermag. Der vorliegende Fall zeigt damit ein Höchstmaß an systemischer Zustandsänderung beziehungsweise an Selektionsdruck, das bis zu einer total destruktiven Wechselwirkung bei denjenigen Organismen führt, die die notwendige Plastizität nicht schon zuvor durch Variation oder Mutation gewonnen haben.

Zum anderen gibt der Versuch Auskunft darüber, zu welchem Zeitpunkt die Mutanten auftreten. Sie sind beim Einsetzen der geänderten Umweltbedingungen bereits vorhanden. Die neuen Systembedingungen lassen strukturelle Koppelung nur mit den geeigneten Mutanten zu, die dann in der Folge weitergedeihen können. Die geänderten Bedingungen und die damit veränderte Art der Selektion stehen jedoch weder in zeitlichem noch in ursächlichem Zusammenhang mit dem Auftreten der Mutanten, deren Phänotyp durch diese Selektion begünstigt wird. So stellt die Natur in großer Fülle die verschiedensten Mutationen ungezielt und unbeeinflußt durch die Art einer möglicherweise eintretenden Änderung der Umweltbedingungen bereit und erhöht damit beträchtlich die notwendige Plastizität zur Realisierung der jeweiligen strukturellen Koppelung.

In den letzten 30 Jahren kann eine beträchtliche Erweiterung unseres Verständnisses der natürlichen Selektion beobachtet werden. Es ist in die Tiefe vorgedrungen, indem die Grundlagen des Prozesses geklärt wurden, und es hat sich verbreitert, indem man entdeckte, wie es auf mehr und mehr Eigenschaften der Organismen anzuwenden ist. Während die Selektionstheorie also Fortschritte machte, blieb die Variationstheorie merklich zurück. Der heutige Evolutionsbiologe kann deshalb seine durchaus anspruchsvolle Selektionstheorie nur mit einer primitiven Theorie der Variation verbinden. Für ein typisches Merkmal kennen wir weder die Breite möglicher Varianten noch deren relative Häufigkeit. Jede nicht existierende Sonderform des Lebens könnte aus zwei Gründen fehlen. Einer ist die Selektion, der andere, daß die dafür notwendigen Mutationen nicht auftraten. Viele neue Mutanten werden wohl niemals entstehen, da aus irgendeinem Grunde der Bereich genetisch möglicher Formen eingeengt ist. Wo bleiben also die Schlangen mit Flügeln oder Insekten mit Rückgrat? Ist deren Fehlen auf eine Beschränkung zurückzuführen? Gibt es eine solche überhaupt? Sicherlich ja. Sonst gäbe es optimale Phänotypen, die ewig leben, von Feinden unbezwingbar sind, eine unbegrenzte Zahl an Eiern legen und so weiter. Solche Organismen existieren nicht. Ihr Fehlen muß auf irgendeine Art genetischer Begrenzungen zurückzuführen sein, denn wenn sie jemals entstünden, würden sie durch die natürliche Selektion begünstigt werden. Also müssen Begrenzungen existieren, von denen wir allerdings nicht wissen, wie sie verbreitet sind. Mit anderen Worten, uns fehlt derzeit eine präzise Variationstheorie.

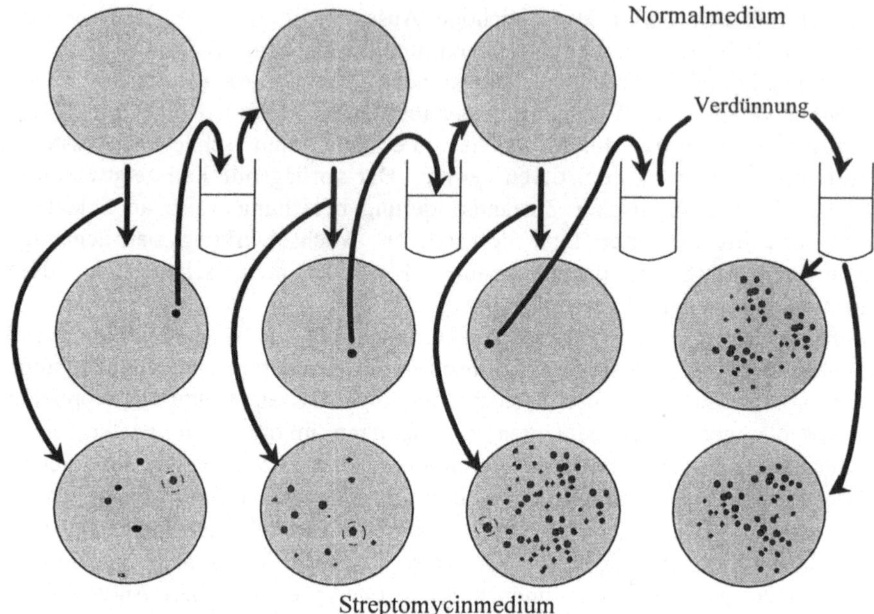

Abb. 2.26. Experimentelle Anordnung für eine Entscheidung, ob die Bildung streptomycinresistenter Bakterienstämme bei Zugabe des Antibiotikums auf bereits zuvor spontan gebildete Mutationen oder in Abhängigkeit vom Antibiotikum entstandene Mutationen zurückzuführen ist

2.6 Evolutionsstrategien in der Technik

Viele Konstruktionsprinzipien aus der modernen Technik können oft in ähnlicher Form in der belebten Natur wiedergefunden werden. Es ist sogar so, daß die Evolution während ihrer unvorstellbar langen Einwirkungszeit auf die Biologie wahre technische Meisterwerke hervorgebracht hat, lange noch bevor der Mensch mit seiner Technik unabhängig davon eine oft ähnliche Lösung für das gleiche Problem fand. Diese Erkenntnis hat dazu geführt, daß in der technischen Entwicklung neuerdings auch der umgekehrte Weg eingeschlagen wird. Der Wissenschaftler kopiert die Strategien und Problemlösungen der Natur für neue technische Anwendungen. Die Natur wird dabei zum Vorbild der Technik. Dieser Ansatz wird auch als *Bionik* bezeichnet, eine Wortschöpfung aus den Begriffen Biologie und Technik. Die evolutionäre Biotechnologie hat sich als Spezialgebiet der Bionik zum Ziel gesetzt, evolutionäre Strategien für biotechnische Verfahren einzusetzen. Nichts anderes tun wir beim ArtEv-Verfahren. Wir werden daher an dieser Stelle einen kleinen Überblick über weitere Ansätze der technischen und biotechnischen Nutzung evolutionärer Strategien geben. Dieser Abschnitt erhebt nicht den Anspruch auf Vollständigkeit. Er soll vielmehr anhand einiger ausgewählter Beispiele aus der Biologie, der Biochemie und der Technik Parallelen zum ArtEv-Verfahren aufzeigen und einen ersten Eindruck von der außerordentlichen Effektivität solcher Strategien zur Bewältigung verschiedenster technischer Probleme vermitteln.

2.6.1 Zucht

Das älteste und damit auch bekannteste Beispiel einer Nutzung evolutionärer Prinzipien zur gezielten Verbesserung von Merkmalen und Eigenschaften bei Tieren oder Pflanzen ist sicherlich die Zucht durch den Menschen. Hierbei werden die bereits besprochenen, natürlichen Mechanismen zur Erzeugung von Variation auf allen Ebenen unbeeinflußt der Biologie selbst überlassen. Die Optimierung durch Zucht wird allein durch eine gezielte Manipulation der natürlichen Selektion durch den Menschen erreicht. Der Züchter beeinflußt also gewissermaßen nur die Umweltverhältnisse einer gegebenen Population, indem er durch gezielte Kreuzung von einzelnen Individuen in den natürlichen Evolutionsprozeß auf der Selektionsebene eingreift. Das natürliche, gegenseitige Wechselspiel einzelner Individuen oder ganzer Populationen mit ihrer Umwelt wird dabei durchbrochen. Dem Prozeß wird eine künstliche Einseitigkeit aufgezwungen, so daß man hier ohne evolutionstheoretische Kompromisse von *echter* Selektion sprechen kann. Man kann Züchtung vom Evolutionsstandpunkt aus auch wie folgt betrachten: Es wird eine künstliche Umgebung simuliert, die neue, durch den Züchter vorgegebene Gipfel auf der Fitneßoberfläche für die entsprechende Population aufweist. Was heißt das konkret? Ein kleines Beispiel soll diese Betrachtungsweise verdeutlichen: Ein Kaninchenzüchter beabsichtige, Kaninchen mit kurzen Löffeln zu züchten, indem er wiederholt bevorzugt diejenigen Varianten innerhalb einer Kaninchenpopulation miteinander kreuzt, welche dieses Merkmal besonders stark ausgeprägt haben. Bezieht man den Züchter in die Umwelt der Kaninchenpopulation, in der sich die Individuen behaupten müssen, mit ein, so wird eine Selektionsumgebung geschaffen, welche Varianten mit besonders kurzen Löffeln drastische Fortpflanzungsvorteile einräumt. Der neue - künstlich erzeugte - Gipfel in der Tauglichkeitsoberfläche des korrespondierenden Lebensraums ist also durch das Merkmal „besonders kurze Löffel" charakterisiert.

Durch Zucht können die erstaunlichsten Merkmalsänderungen induziert werden. So kann man nicht nur schnellere Rennpferde, schönere Zierpflanzen oder ergiebigere Nutzpflanzen erzeugen. Da die Zucht derart stark die natürliche Selektion verzerren kann, daß beispielsweise physiologisch wichtige Eigenschaften der Individuen kaum mehr einen Einfluß auf deren statistischen Fortpflanzungserfolg haben, ist das Ergebnis oft ein ungesundes, kurzlebiges Lebewesen, welches stark übertrieben allein die gewünschte Zuchteigenschaft aufweist. In diesem Fall spricht man von Überzüchtung. Es gibt demnach immer ein Optimum, welches beim Züchten angestrebt wird. Dabei soll das erwünschte

Merkmal maximal ausgeprägt, jedoch noch keine negativen Einflüsse einer Überzüchtung zu erkennen sein.

Bei den klassischen Zuchtverfahren werden unveränderte biologische Entitäten durch gezielte Manipulation auf der Selektionsebene künstlich evolviert und dadurch gegebenenfalls im Hinblick auf bestimmte neu definierte Eigenschaften verbessert. In den folgenden Abschnitten wollen wir anhand einiger Beispiele beweisen, daß evolutionäre Strategien selbst dann noch effektiv zur Optimierung eingesetzt werden können, wenn wir die biologischen Einheiten nicht in ihrem physiologischen Funktionszusammenhang belassen, sondern reduktionistisch in ihre makromolekularen Bestandteile zerlegen.

2.6.2 Erzeugung makromolekularer Interaktionen

Das erste dieser Beispiele zeigt, wie durch gelenkte Evolution definierte Bindungseigenschaften von Makromolekülen verbessert oder gar neu erzeugt werden können. Ganz nach dem Vorbild der natürlichen Evolution muß dazu zunächst für eine optimal abgestimmte Erzeugung einer möglichst großen Anzahl von molekularen Varianten gesorgt werden. Des weiteren benötigt man einen effektiven Vervielfältigungsmechanismus der Moleküle, welcher gleich dem Vererbungsprinzip der Biologie die individuellen Moleküleigenschaften während des Vermehrungsprozesses weitgehend konserviert. Da - wie schon so oft in diesem Buch erwähnt - diese beiden Prinzipien für sich allein nur ein ungerichtetes, zielloses Driften von Eigenschaften innerhalb einer Population bewirken, fehlt zur evolutionären Verbesserung als dritte prinzipielle Komponente noch eine spezielle Selektionsstrategie, die dem Prozeß eine bestimmte Richtung verleiht. Sind alle drei genannten Voraussetzungen gegeben, so läßt sich Evolution, wie wir im folgenden sehen werden, auch im Reagenzglas, also teilweise losgelöst von übergeordneten, intakten biologischen Strukturen beobachten. Als eines der ersten Beispiele für die evolutionäre Erzeugung makromolekularer Interaktionen von DNA-Molekülen mit Proteinen, wurde die Bindung einer DNA-Zufallssequenz an das Blutgerinnungsprotein Thrombin beschrieben. Für Thrombin ist eine natürlich vorkommende DNA mit der gewünschten Bindungseigenschaft nicht bekannt.

Im ersten Schritt zur evolutionären Erzeugung der gewünschten DNA kam es zunächst darauf an, eine große Population von DNA-Molekülen mit einem größeren Bereich einer zufälligen, von Individuum zu Individuum unterschiedlichen Sequenz zu erzeugen. Dazu können Geräte verwendet werden, mit denen man heute bereits automatisiert große Mengen von DNA einer vorgegebenen Sequenz synthetisieren kann. Während in einem Reaktionszyklus eines solchen DNA-Synthesizers normalerweise für die Synthese einer großen Anzahl von längeren DNA-Molekülen mit vorgegebener Sequenz immer nur das gewünschte Nukleotid von den vier möglichen zur Kettenverlängerung vorgelegt wird, kann man durch gleichzeitige Vorlage aller vier Nukleotide in äquimolaren Mengenverhältnissen effektiv Zufallssequenzen erzeugen. Im hier beschriebenen konkreten Fall wurden 10^{13} unterschiedliche DNA-Moleküle der Länge von 96 Nukleotiden erzeugt. Sie wiesen an ihren beiden Enden je 18 Nukleotide der gleichen Sequenz und in den 60 dazwischenliegenden Nukleotiden unterschiedliche Zufallssequenzen auf (Abb. 2.27.).

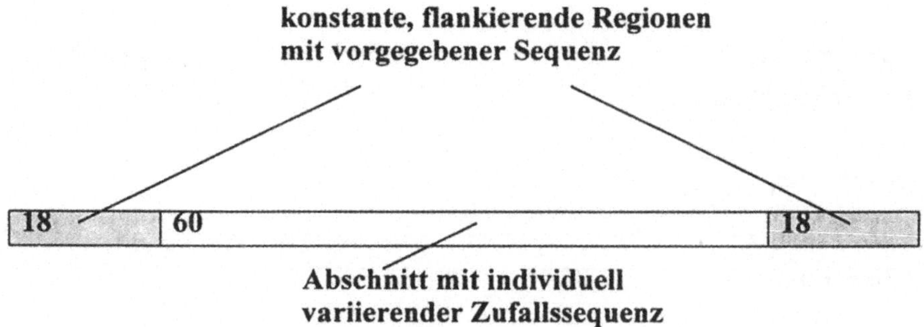

Abb. 2.27. Darstellung der DNA-Topologie eines Moleküls aus einer Population für die Optimierung durch gesteuerte molekulare Evolution

Für DNA-Moleküle mit kleinen Abschnitten einer bekannten Sequenz, wie in diesem Fall den randständigen Abschnitten der Länge 18 steht der Molekularbiologie eine effektive Vermehrungsmethode, die Polymerasekettenreaktion (PCR), zur Verfügung. Dazu wird ein aus thermophilen Mikroorganismen isoliertes Vervielfältigungsenzym, die DNA-Polymerase verwendet. Sie hat den Vorteil, daß sie selbst bei hohen Temperaturen nicht zerstört wird. DNA-Polymerase synthetisiert an einem DNA-Einzelstrang, wie bei der Vererbung bereits besprochen, einen zweiten, dazu komplementären DNA-Strang. Als Produkt dieser Reaktion geht also eine DNA-Doppelhelix mit komplementären Basenpaaren hervor. Als Startsignal für diese Synthese benötigt das Enzym jedoch einen kurzen, doppelsträngigen Abschnitt auf dem Einzelstrang. Kennt man von einem Abschnitt auf der zu vervielfältigenden einzelsträngigen DNA die Sequenz, so kann man diesen Startpunkt durch Hinzufügen von kurzen, künstlich synthetisierten DNA-Stückchen einer dazu komplementären Sequenz, die man Primer nennt, ein solches Startsignal für die Polymerisation erzeugen. Nach Abschluß der Reaktion liegt hauptsächlich doppelsträngige DNA vor. Wird der ganze Reaktionsansatz nun erhitzt, trennen sich die DNA-Doppelstränge wieder zu Einzelsträngen. Nach Abkühlung binden die Primer an die 18 Nukleotide langen Sequenzabschnitte und da die thermophile DNA-Polymerase durch den Hitzeschritt unverändert geblieben ist, läßt sich ein neuer Vermehrungszyklus starten (Abb. 2.28.). Die PCR-Methode ist so empfindlich, daß sich mit ihr aus einem einzigen DNA-Molekül bereits quantitative Mengen gleicher DNA vermehren lassen. Das Enzym DNA-Polymerase hat für die PCR in der konventionellen Gentechnik jedoch einen großen Nachteil: Es macht während der Reaktion relativ häufig Fehler, das heißt, es baut in den neu entstehenden DNA-Strang ein falsches, nicht zur Vorlage komplementäres Nukleotid ein. Dieser Nachteil ist jedoch bei der Anwendung der PCR in der evolutionären Biotechnologie, wie hier beschrieben, eher ein Vorteil. Durch solche Kopierfehler wird nämlich die ohnehin schon recht große Variationsbreite von 10^{13} unterschiedlichen Sequenzen noch zusätzlich erhöht.

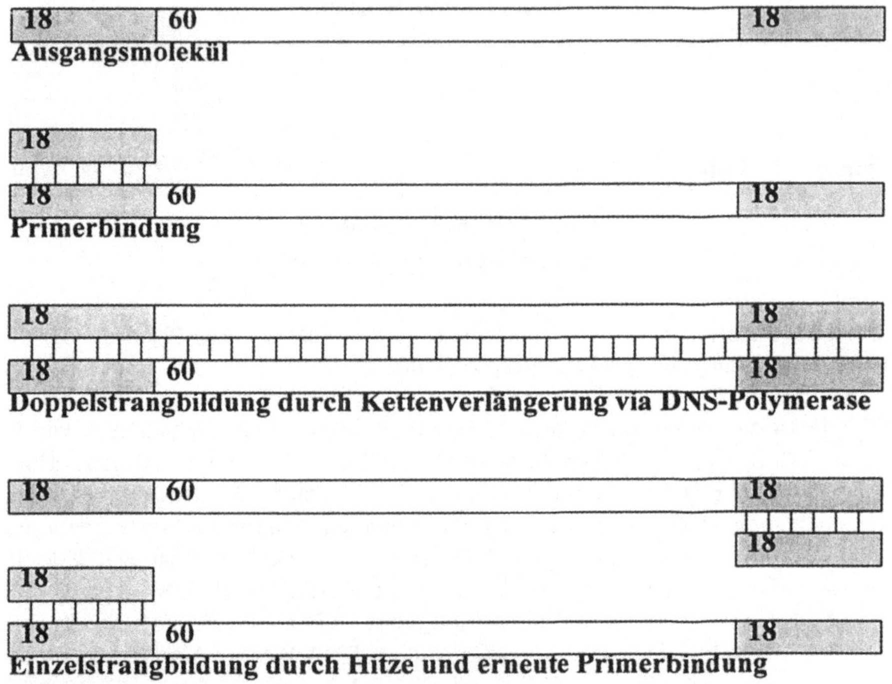

Abb. 2.28. Vereinfachte Darstellung der Vermehrung von DNA-Molekülen durch die Polymerasekettenreaktion (PCR)

Zur Selektion der in bezug auf die gewünschten Bindungseigenschaften tauglichsten DNA-Moleküle wird die Matrix einer Flüssigchromatographiesäule mit Thrombinmolekülen konjugiert. Der eigentliche Selektionszyklus besteht aus 3 Schritten (Abb. 2.29.). Zunächst wird in einem ersten Schritt die gesamte DNA-Population langsam durch eine Säule mit Säulenmatrix ohne konjugierte Thrombinmoleküle geleitet. In diesem Schritt adsorbieren alle DNA-Moleküle, welche unspezifische Wechselwirkungen mit dem Säulenmaterial eingehen können, und werden dadurch aus der Gesamtpopulation eliminiert. Das so erhaltene Gemisch wird sodann durch die thrombinbeladene Säule gepumpt. Dabei binden alle Moleküle mit mehr oder weniger stark ausgeprägten Bindungseigenschaften an die in der Säule stationär fixierten Thrombinmoleküle.

Alle anderen DNA-Spezies verlassen die Säule ohne Retention und werden dabei von den gewünschten Molekülen abgetrennt. Im letzten Schritt der Selektion werden durch eine Erhöhung der Ionenstärke oder einen pH-Sprung die gesuchten Moleküle von den Thrombinmolekülen wieder losgelöst und verlassen die Säule. Sie können nun mit der Polymerasekettenreaktion vermehrt werden. Dabei treten durch einige Kopierfehler erneut Varianten auf. Die so erhaltene Population kann dann erneut einem dreistufigen Selektionszyklus zugeführt werden. Man kann Selektion und kombinierte Vermehrung/Variation mittels PCR so oft wiederholen, bis die gewünschte Bindungseigenschaft die Grenze des stereochemisch Machbaren erreicht hat. Verändert man von Zyklus zu Zyklus die Lösungsmitteleigenschaften derart, daß sie der Bindung an Thrombin entgegenwirken, kann man die Bindungseigenschaften noch extrem verbessern. Dieses Vorgehen entspricht einem von Zyklus zu Zyklus ansteigendem Selektionsdruck auf die Gesamtpopulation.

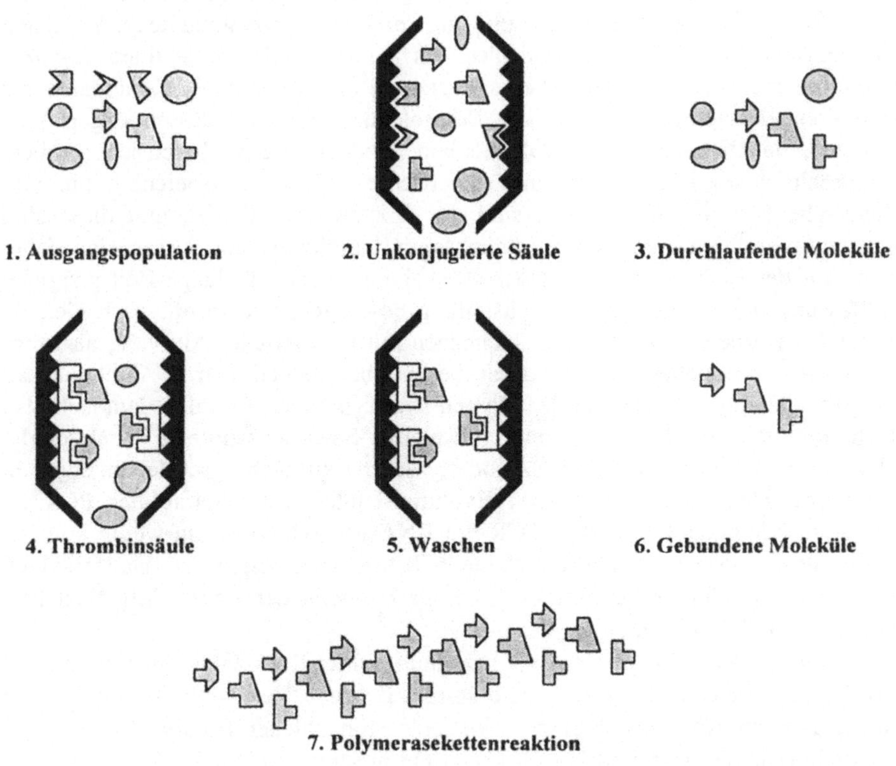

Abb. 2.29. Darstellung eines Evolutionszyklus mit dreistufiger Selektion und anschließender PCR

Nach dem Durchlaufen von fünf solcher Evolutionszyklen konnte eine DNA-Population mit hochangereicherten Sequenzen, die spezifisch an Thrombin binden, erzeugt werden. Es hat sich darüber hinaus sogar gezeigt, daß einige der DNA-Sequenzen über die reine Thrombinbindung hinaus in der Lage waren, Thrombin, welches seinerseits ein wichtiges Enzym in der Blutgerinnung ist, in seiner Aktivität zu inhibieren. Solche spezifischen Thrombininhibitoren könnten in der Zukunft medizinische Anwendungen in der Herzinfarktprophylaxe und -therapie finden.

2.6.3 Erzeugung makromolekularer Funktionen

Im vorangegangenen Abschnitt haben wir beschrieben, wie durch gesteuerte Evolution Bindungseigenschaften von Makromolekülen neu erzeugt und optimiert werden können. Es hat sich dabei gezeigt, daß die Methode der PCR zur Vermehrung von DNA-Sequenzen und zur simultanen Erzeugung neuer Varianten ein unerläßliches und nahezu ideales Verfahren für die molekulare *In-vitro-*Evolution ist. Leider schränkt dieses Verfahren die molekularen Kandidaten zur evolutionären Optimierung auf das Erbmolekül DNA und dessen engen Verwandten, die RNA, ein. Diese Moleküle haben jedoch, wie wir beschrieben haben, hauptsächlich die Eigenschaft eines genetischen Informationsspeichers. Für biochemische Funktionen hingegen sind die Enzyme spezialisiert, und diese sind wiederum Proteine, bestehen also aus Aminosäureketten und lassen sich daher nicht mit der PCR vermehren. Doch Ausnahmen dieser für lange Zeit gängigen Auffassung der molekularen Arbeitsteilung bestätigen, wie so oft, auch hier die Regel. So wurden kürzlich RNA-Sequenzen mit katalytischer Aktivität, also biochemisch funktionellen Eigenschaften, beschrieben, denen man in Anlehnung an die Bezeichnung der Enzyme den Namen Ribozyme gab. Es sollte demnach also auch möglich sein, durch eine raffinierte Selektionsstrategie funktionelle Makromoleküle in Form von RNA, oder, wie erst kürzlich beschrieben, sogar in Form von DNA durch gesteuerte Evolution unter Verwendung der PCR zu erzeugen. Die dazu notwendige PCR mit RNA-Molekülen ist ein wenig komplizierter als die oben bereits beschriebene PCR mit DNA-Sequenzen. Da sie jedoch prinzipiell das gleiche bewirkt, soll sie aus Gründen der Übersichtlichkeit hier nicht im Detail beschrieben werden.

Unser Beispiel der evolutionären Erzeugung einer RNA-Funktion bezieht sich auf die zu erzielende Fähigkeit, eine autokatalytische Verknüpfungsreaktion mit einem anderen RNA-Molekül zu realisieren. Ein solcher Katalysator wird als Ligase bezeichnet. Das Experiment entspricht in seiner groben Struktur dem oben beschriebenen Schema zur Erzeugung von Bindungseigenschaften. Es ist daher zum Verständnis des Ablaufs nur nötig, auf die abgeänderte Selektionsstrategie, die hier mit der Vermehrung durch PCR kombiniert ist, einzugehen. Als Startpopulation wurden RNA-Moleküle mit ebenfalls zwei konstanten Regionen, die eine längere Zufallssequenz flankieren, verwendet. Wir werden sie im folgenden als Evolutions-RNA bezeichnen. Innerhalb eines der beiden konstanten Abschnitte der Evolutions-RNA wurde die Sequenz so vorgegeben, daß sich das Molekül aufgrund komplementärer Abschnitte auf sich selbst unter Ausbildung einer Loop-Struktur zurückfaltet. Des weiteren wurde ein Hilfsmolekül einer zweiten konstanten RNA-Sequenz konstruiert, welches über komplementäre Basenpaarung ebenfalls an diese Region binden kann. Das gesamte Konstrukt liegt in der nativen Form so vor, daß ein freies Ende des zu evolvierenden Strangs einem freien Ende des Hilfsstrangs sterisch direkt benachbart angeordnet ist (Abb. 2.30.). Das Hilfsmolekül hat an seinem anderen Ende noch eine weitere definierte Sequenz (tag), über welche man mittels komplementärer Sequenzen fixierter DNA oder RNA Affinitätsbindungen, und damit Isolierungen, wie bereits für Thrombin beschrieben, erreichen kann.

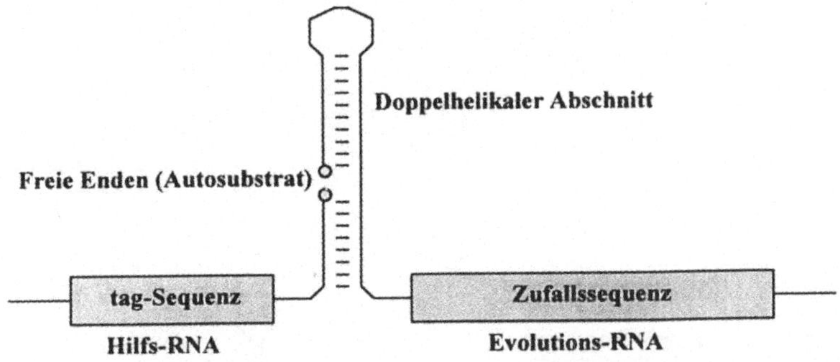

Abb. 2.30. Räumliche Anordnung und Topologie von randomisierter RNA zur Ribozym-erzeugung und der dazu notwendigen Hilfs-RNA

Die RNA-Population wird zunächst unter geeigneten Reaktionsbedingungen inkubiert, die so gewählt sind, daß sie die Ligation mit dem Hilfsmolekül begünstigen (Abb. 2.31.). Während der Reaktion sind die Evolutions-RNA-Moleküle an eine Matrix gebunden. Die gesuchten RNA-Spezies sind nun diejenigen, welche nach der Inkubation mit der Hilfs-RNA zu einem einzigen Strang kovalent ligiert worden sind. Die Selektionsstrategie für diese Individuen basiert auf der Kombination einer Affinitätssäule mit zwei aufeinanderfolgenden PCR-Vervielfältigungen unter Verwendung unterschiedlicher Synthesestartpunkte, aus denen nur RNA-Spezies mit katalytischer Aktivität vermehrt werden (Abb. 2.32.). Im ersten Schritt werden zunächst alle Hilfs-RNA-Moleküle, welche nicht ligiert worden sind, weggewaschen, während alle Evolutions-RNA-Spezies noch an die Matrix immobilisiert sind. Anschließend werden die ligierten Hilfs-Evolutions-RNA-Fragmente sowie die unligierten Evolutions-RNA-Spezies von der Matrix eluiert. Durch Affinitätschromatographie unter Verwendung einer Säule, an deren Matrix denen zur tag-Sequenz des Hilfsmoleküls komplementäre DNA- oder RNA-Sequenzen gekoppelt sind, lassen sich alle RNA-Spezies, welche die tag-Sequenz enthalten, analog dem für Thrombin beschriebenen

Verfahren isolieren. Das sind alle Evolutions-RNA-Fragmente, die sich autokatalytisch mit der Hilfs-RNA kovalent verknüpft haben. Im Anschluß an diesen Selektionsschritt wird durch geeignete Wahl des Primers eine PCR-Vermehrung mit Startpunkt bei der tag-Sequenz durchgeführt. Dadurch werden alle Moleküle des Pools vermehrt. Im Anschluß daran erzeugt man durch eine zweite PCR-Vermehrung mit anderem Startpunkt ausschließlich die potentiellen Ribozymspezies ohne den Abschnitt der vorher kovalent gebundenen Hilfs-RNA-Sequenzen. Der Evolutionszyklus kann nun von neuem beginnen. Wenn nun während der autokatalytischen Ligationsreaktion von Evolutionszyklus zu Evolutionszyklus die Reaktionsbedingungen verschlechtert werden, erzeugt der dadurch anwachsende Selektionsdruck an dieser Stelle zunehmend verbesserte Ribozyme.

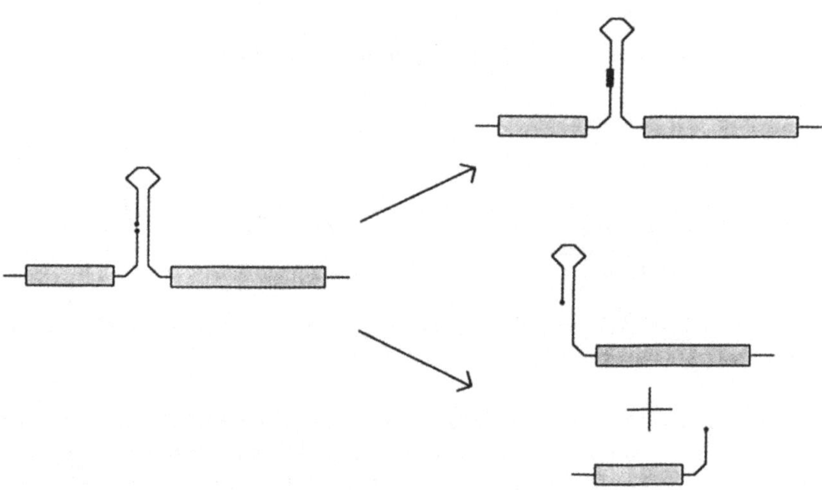

Abb. 2.31. Mögliche Produkte nach Inkubation

Durch die hier beschriebene zyklische *In-vitro*-Selektion von 10^{13} unterschiedlichen Zufallssequenzen und deren evolutionärer Optimierung konnten Ribozyme *de novo* erzeugt werden, die, verglichen mit der unkatalysierten Reaktion, in der Lage waren, die Ligation um den Faktor 10^7 zu beschleunigen. Offensichtlich sind RNA und neusten Publikationen zufolge auch DNA prinzipiell gut dazu geeignet, auch katalytische Funktionen zu übernehmen. Wir vermuten, daß durch geeignete Selektionsverfahren durch diese oder ähnliche Techniken in Zukunft viele weitere Ribozyme und DNzyme erzeugt werden können.

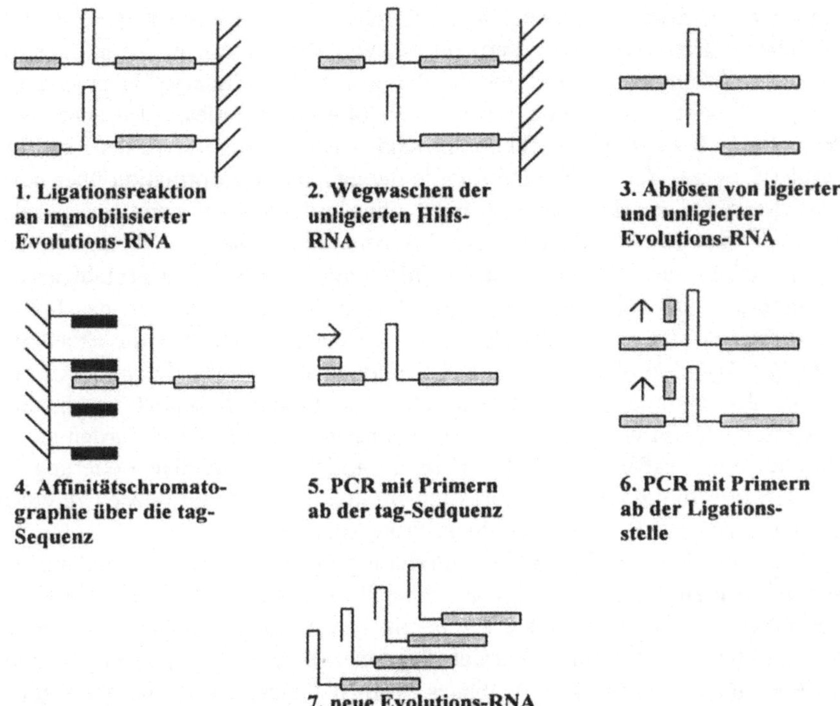

Abb. 2.32. Schematischer Ablauf der Selektionsstrategie mittels Affinitätschromatographie und doppelter PCR

2.6.4 Optimierung von Proteinen

Die soeben beschriebenen Beispiele der evolutionären Erzeugung von Bindungseigenschaften sowie von katalytischen Funktionen bei DNA beziehungsweise RNA sind sicherlich sehr bezeichnend. Es sollte jedoch trotz dieser Erfolge nicht vergessen werden, daß sich DNA- und RNA-Moleküle aufgrund der physikochemischen Eigenschaften ihrer Bausteine schon strukturell nicht besonders für solche Ansätze eignen. Verglichen mit den zwanzig verschiedenen Aminosäuren, aus denen sich die Proteine zusammensetzen, sind sich die Nukleotide, aus denen DNA und RNA aufgebaut sind, viel zu ähnlich, um eine große strukturelle Variationsbreite und Flexibilität zu gewährleisten, wie sie für die evolutionären Optimierungen zu fordern sind. Es ist daher naheliegend, die evolutionären Optimierungsverfahren ganz nach dem Vorbild der Natur hauptsächlich auf Proteine anzuwenden. Dabei treten jedoch gleich 2 Probleme auf, welche bei DNA oder RNA als strukturellem Substrat nicht vorhanden sind. Erstens ist es methodisch wesentlich aufwendiger, Proteine zu vermehren und mit Zufallssequenzen zu versehen: Während die PCR relativ einfach auszuführen ist, kann eine effiziente Erzeugung und Vermehrung von Proteinvarianten nur über den Umweg der Erbmoleküle und damit des gesamten zellulären Übersetzungsapparates erfolgen. Das zweite Problem ergibt sich aus dieser Tatsache. Sind nämlich durch Selektion brauchbare Proteinvarianten isoliert worden, so fehlt gemäß des Dogmas der Molekularbiologie die genetische Information über deren Aminosäurenabfolge. Man kann sie nicht ohne größeren Aufwand, quasi rückwärts, wieder aus dem Protein erzeugen. Ein Ausweg aus diesem Dilemma besteht einzig und allein darin, die genetischen Informationen über eine Proteinvariante von vornherein und während der ganzen Optimierungsprozedur an das Protein selbst zu fixieren. Es gibt bereits theoretische Überlegungen über die Erzeugung von solchen Hybridmolekülen aus DNA- und Proteinketten, deren praktischer Erfolg in der evolutionären Optimierung von Proteinen jedoch noch nicht experimentell gezeigt werden konnte. Erste experimentelle Erfolge wurden jedoch bereits über einen raffinierten Umweg zur räumlich individuellen Fixierung der genetischen Information an das Expressionsprodukt erreicht und führten zu einem evolutionär erzeugten Protein, hier einem Proteaseinhibitor.

Der Trick für die eben beschriebene Fixierung besteht in der Verwendung von Phagen. Phagen sind Viren, welche aus einer Proteinhülle und einer darin eingepackten DNA bestehen. Sie haben, wie bereits beschrieben, keinen eigenen Stoffwechsel und benötigen zu ihrer Vermehrung einen zellulären Wirt. Bei genauerer Betrachtung ihres strukturellen Aufbaues erfüllen Phagen exakt die eben geforderten Bedingungen zur evolutionären Optimierung von Proteinen. Die im Inneren eines Phagen enthaltene DNA kodiert nämlich exakt die Hüllproteine und solche, die sich auf dieser Hülle zusätzlich noch befinden. Damit ist die Bedingung einer Fixierung von genetischer Information an das entsprechende Proteinprodukt bestens erfüllt. Auf die technischen Details der Erzeugung von Proteinvarianten und deren Selektionsmethoden unter Verwendung von Phagen wollen wir hier nicht weiter eingehen. Die grundlegenden Prinzipien entsprechen exakt dem bereits Gesagten, und es erscheinen in der letzten Zeit immer mehr Publikationen über eindrucksvolle Erfolge evolutionärer Optimierungen von Proteinen unter Verwendung von Phagen.

2.6.5 Monoklonale Antikörper

Als weiteres Beispiel für die wissenschaftlich-medizinische Nutzung von Evolutionsstrategien möchten wir an dieser Stelle die Produktion monoklonaler Antikörper beschreiben. Zu ihrer Herstellung nutzt man die außerordentlich große Flexibilität des Immunsystems von Wirbeltieren. Da ein wenig immunologische Grundkenntnis als wichtige Voraussetzung für das Verständnis dieser Technik notwendig ist, werden wir uns zunächst mit der humoralen Immunantwort, also mit der Fähigkeit, spezifische Antikörper bilden zu können, beschäftigen. Wie in den folgenden Ausführungen ersichtlich sein wird, bedient sich die humorale

Immunantwort fast ausschließlich evolutionärer Prinzipien. Man könnte sie auch als eine Art extrem beschleunigte makromolekular-zelluläre Evolution im kleinen, also innerhalb eines Lebewesens oder genauer innerhalb dessen Blut- und Lymphsystem, bezeichnen.

Antikörper sind Proteinmoleküle, die im Serum von Wirbeltieren wichtige Aufgaben bei der Immunabwehr erfüllen. Sie bestehen aus 4 Aminosäureketten, je zwei lange und zwei kurze, die über kovalente Bindungen (Schwefelbrücken) miteinander verknüpft sind (Abb. 2.33.). Topologisch unterscheidet man 2 Hauptregionen im Molekül, einen variablen und einen konstanten Bereich. Während die Aminosäuresequenz und damit auch die räumliche Struktur der konstanten Region aller Antikörper einer Klasse identisch ist, kann man bis zu 10^8 unterschiedliche Sequenzen innerhalb der variablen Regionen finden. Es gibt also eine extrem große Vielfalt an unterschiedlichen Antikörpermolekülen. Physiologisch kommt den Antikörpern die Aufgabe zu, körperfremde Strukturen wie Viren, Bakterien oder auch bestimmte Krebszellen zu erkennen und für einen konzertierten Vernichtungsangriff durch weitere Komponenten des Immunsystems zu markieren. Diese Markierung geschieht durch Bindung der variablen Region an molekulare Teilstrukturen der körperfremden Substanz, die etwas mißverständlich als Antigen bezeichnet wird. Eine solche Bindung kommt dabei durch die außerordentlich gute räumliche Paßgenauigkeit der molekularen Strukturen der variablen Region des Antikörpers und der Antigenbindungsregion zustande, die man Epitop nennt. Wie bei Enzymen und ihren Substraten spricht man anschaulich auch bei der Antikörperbindung an das Epitop eines Antigens von einem Schlüssel-Schloß-Modell (Abb. 2.34.). Die große Paßgenauigkeit von Antikörper und Antigen verleiht jedem Antikörper eine außerordentlich hohe Spezifität, das heißt er bindet außer an „sein" Antigen kaum noch an andere Strukturen. Kommen solche unspezifischen Bindungen jedoch vor, so spricht man von Kreuzreaktionen.

Um einen besseren Einblick in die Vorgänge der Entstehung und Strukturdiversität von Antikörpern zu bekommen, wollen wir stark vereinfacht das Schicksal einer antikörperbildenden Zelle betrachten. Im Knochenmark befinden sich als Vorläufer die hämatopoetischen Stammzellen. Bei ihrer Differenzierung kommt es zu zahlreichen komplexen Rekombinationen eines großen Pools unterschiedlichster Gene, die für die variablen Regionen eines Antikörpers kodieren. Der aus dieser Differenzierung entstandene B-Lymphozyt kann dann jedoch nur noch eine einzige Ausführungsform eines Antikörpers produzieren. Es gibt also ab diesem Zeitpunkt keine weiteren genetischen Rekombinationen mehr. Solche Differenzierungsprozesse geschehen mit einer sehr großen Zahl von Vorläuferzellen, so daß daraus ein großer Pool an B-Lymphozyten entsteht, wobei jeder einzelne von ihnen mit dem genetischen Material für genau eine bestimmte Antikörperspezies ausgestattet ist. Die Differenzierung der Vorläuferzellen zu immunkompetenten B-Lymphozyten ist also nichts anderes, als die zunächst ungezielte Erzeugung von großer genetischer Variation auf zellulärer Ebene.

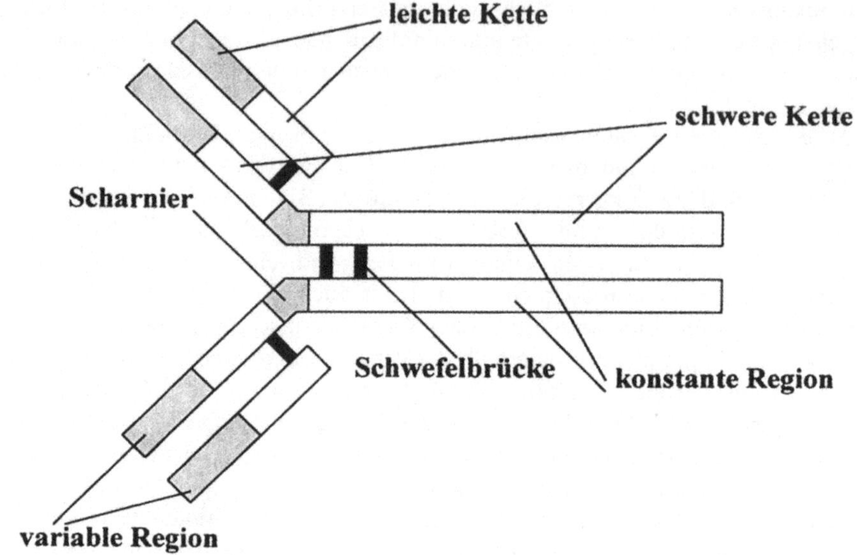

Abb. 2.33. Schematische Struktur eines Antikörpermoleküls, in diesem Fall IgG

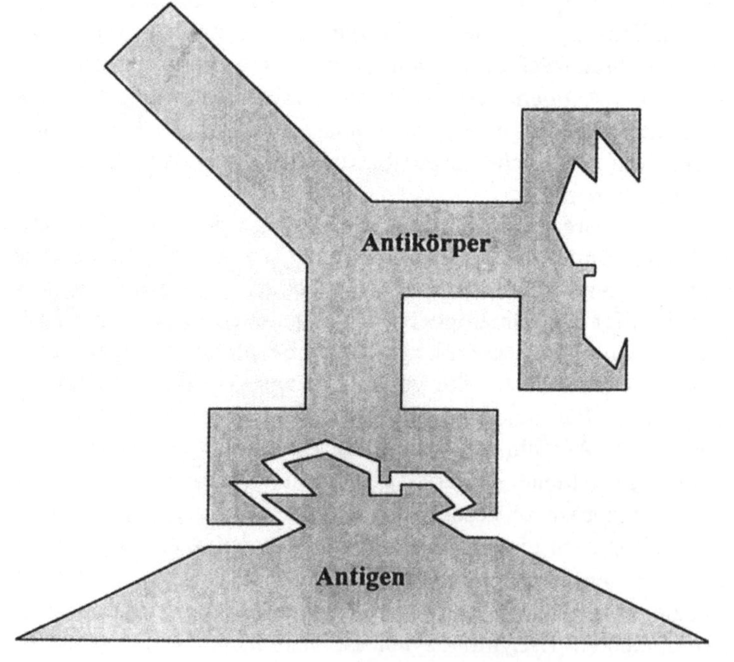

Abb. 2.34. Spezifität der Antikörperbindung (Schlüssel-Schloß-Analogie)

Der B-Lymphozyt synthetisiert die variable Region „seines" individuellen Antikörpermoleküls zunächst als membrangebundenes Protein und verankert es auf
der Plasmamembran. Der Antikörper hat dann die Funktion eines Rezeptors.
Gelangt nun ein körperfremdes Molekül, ausgestattet mit einem Epitop, welches
exakt zu diesem Rezeptor paßt, in die Körperflüssigkeiten, so kommt es früher
oder später zu einer spezifischen Bindung. Diese Rezeptorbindung ist dann das
Signal für die entsprechende B-Zelle, sich enorm zu vermehren und weiter zu
differenzieren. Es kommt also durch die Antigenbindung zu einer Selektion und
zur anschließenden klonalen Expansion dieser einzelnen B-Zelle. Der wichtigste
Zelltyp, welcher aus den darauf folgenden weiteren Differenzierungsvorgängen
hervorgeht, ist die Plasmazelle. Sie ist darauf spezialisiert, große Mengen an
Antikörpern der entsprechenden Spezifität zu produzieren und als lösliche
Proteine in die Umgebung abzugeben (Abb. 2.35.). Neben den Plasmazellen
differenzieren sich einige B-Lymphozyten auch zu Memoryzellen und bilden so
ein immunologisches Gedächtnis. Wird ein Individuum beispielsweise ein zweites
Mal vom gleichen Antigen befallen, sorgen die Memoryzellen für eine erheblich
schnellere Immunantwort. Diesen Sachverhalt nutzt man unter anderem bei einer
Schutzimpfung, indem man die Antigene eines inaktivierten Erregers injiziert und
damit eine primäre Immunantwort auslöst.

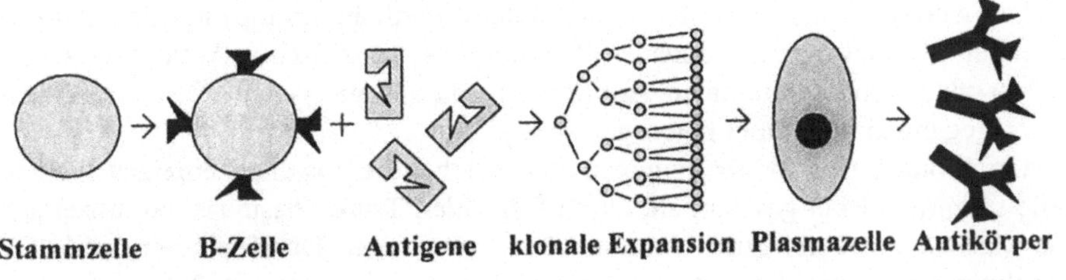

Abb. 2.35. Vereinfachte Darstellung der humoralen Immunantwort und B-Zell-
Differenzierung

Antikörper haben in der medizinischen Anwendung eine große Bedeutung. So
können Injektionen von Antikörperfraktionen gegen bestimmte Antigene eines
pathogenen Mikroorganismus einen akut erkrankten Patienten wesentlich bei
seiner Genesung unterstützen. Weiterhin sind Antikörper wichtige Werkzeuge in
einem großen Bereich der Diagnostik, wie beispielsweise dem AIDS-Test. Die
biotechnische Produktion von Antikörpern einer definierten Spezifität hat also
sowohl unter medizinischen als auch unter wissenschaftlichen Aspekten einen
sehr hohen Stellenwert. Die Technik der Herstellung monoklonaler Antikörper,
also großer Antikörperpopulationen mit identischer Spezifität, ermöglichte es
schließlich dauerhaft und große Mengen gleicher Antikörper im Industriemaßstab
zu produzieren.
   Zur Erstetablierung eines monoklonalen Antikörpers benötigt man Labortiere,
meist Mäuse, mit hochentwickeltem Immunsystem. Durch wiederholte Injek-

tionen des gewünschten Zielantigens, beispielsweise eines Hepatitisvirusproteins, löst man in der Maus die oben beschriebene Immunantwort aus. Man bezeichnet diesen Vorgang als Immunisierung. Das gleiche Prinzip wird übrigens auch bei Schutzimpfungen genutzt. Hier injiziert man ungefährliche Teile eines potentiell pathogenen Virus oder eines Bakteriums und löst damit eine Immunantwort aus. Es vermehren sich dabei diejenigen B-Lymphozyten, welche Rezeptoren der richtigen Spezifität auf ihrer Oberfläche tragen. Sie differenzieren sich dabei zu Plasmazellen, welche die entsprechenden Antikörper sezernieren. Die Immunantwort kann durch entsprechende Tests mit dem Serum aus einer entnommenen Blutprobe gut verfolgt werden. Man bestimmt dabei die Konzentration der Antikörper mit der gewünschten Spezifität und spricht bei hohen Konzentrationen von einem Antiserum. Antiseren sind auch schon ein wichtiges Instrument in der Immunologie oder Biochemie. Man kann sie durch Verwendung größerer Tiere, denen viel Blut entnommen werden kann, meist Schafe oder Kaninchen, auch in etwas größeren Mengen produzieren. Antiseren haben jedoch gegenüber monoklonalen Antikörpern zwei entscheidende Nachteile: Erstens fallen, da jede Immunisierung anders verläuft und unterschiedliche Individuen auch unterschiedlich auf das Antigen reagieren, einzelne Chargen immer unterschiedlich aus. Zweitens enthalten Antiseren unspezifische Antikörper, die nicht mit dem Antigen reagieren, sowie eine größere heterogene Population an spezifischen Antikörpern, die wiederum alle unterschiedliche Epitope auf dem Antigen erkennen. Reinigt man aus einem Antiserum diese spezifischen Antikörper auf, so spricht man von polyklonalen Antikörpern, da sie aus vielen Plasmazellklonen hervorgegangen und daher heterogen sind.

Monoklonale Antikörper hingegen sind solche, die aus einer einzigen Plasmazelle stammen. Man gewinnt sie durch folgenden Trick: Plasmazellen lassen sich aus Mäusen mit einer guten Immunantwort gewinnen. Durch eine spezielle Behandlung ist es möglich, diese Plasmazellen mit bestimmten Tumorzellen zu verschmelzen. Das Resultat ist eine Hybridomzelle, die von der Plasmazelle die Eigenschaft der Produktion des spezifischen Antikörpers und von der Tumorzelle die Eigenschaft unbegrenzten Wachstums „geerbt" hat. Durch geeignete Selektionsverfahren lassen sich so Zellinien etablieren, die letztendlich aus einer einzigen Hybridomzelle entstanden sind (Abb. 2.36.). Sie lassen sich, da sie sich unbegrenzt vermehren können, im Großmaßstab anziehen. Mit ihrer Hilfe kann man große Mengen an monoklonalen Antikörpern produzieren. Außerdem sind solche Zellinien quasi unsterblich und können immer weiter vermehrt und verbreitet werden. Letztendlich können, da im Idealfall nur eine Tierpassage nötig ist, auch viele Versuchstiere einspart werden.

Monoklonale Antikörper sind in der heutigen Zeit nicht mehr aus der Medizin und den biologischen Wissenschaften wegzudenken. Für ihr Herstellungsverfahren wurde daher auch ein Nobelpreis an Köhler und Mielstein verliehen. Die Prinzipien der Evolution können bei der Herstellung monoklonaler Antikörper an vielen Punkten wiedergefunden werden. Variation entsteht durch Rearrangement der Gene bei der B-Zelldifferenzierung wie bei der Zellfusion im

Reagenzglas. Selektion ist Voraussetzung bei der Plasmazelldifferenzierung der „richtigen" B-Zellen im Versuchstier und dient dem Experimentator beim Finden der richtigen Hybridome im Reagenzglas. Ohne die dritte Evolutionskomponente, die Vererbung, würde die hier beschriebene Methode ebenfalls nicht funktionieren, da eine der wichtigsten Eigenschaften der Hybridomzellen darin liegt, die genetischen Informationen zur Antikörpersynthese an ihre Nachkommen weiterzugeben.

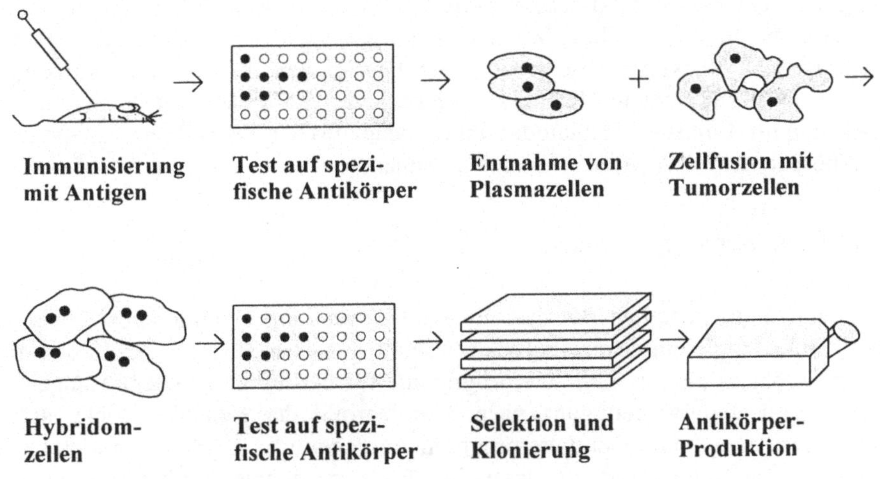

Abb. 2.36. Schematischer Ablauf der Herstellung monoklonaler Antikörper

2.6.6 Katalytische Antikörper

Bei der evolutionären Erzeugung neuer Eigenschaften von DNA und RNA haben wir sowohl über Bindungsfähigkeiten als auch über katalytische, also biochemisch funktionelle Fähigkeiten als Optimierungsziel berichtet. Ebenfalls wurde beschrieben, warum sich Proteine für solche Zwecke besser eignen sollten als DNA oder RNA. Antikörper sind Proteinmoleküle. Die Forderung lag demnach auf der Hand, nicht nur monoklonale Antikörper mit neuen Bindungseigenschaften, sondern auch solche mit katalytischen Funktionen zu erzeugen.

Zum Verständnis der prinzipiellen Strategie für die Erzeugung eines katalytischen Antikörpers erinnern wir uns an wesentliche bereits erwähnte Fakten aus der Enzymologie. Enzyme beschleunigen eine thermodynamisch begünstigte biochemische Reaktion, ohne selbst dabei verändert zu werden. Bei fast jeder biochemischen Reaktion treten - wenn auch nur sehr kurz - Übergangszustände auf dem Weg vom Substrat zum Produkt auf. Enzyme sind in der Lage, genau solche Intermediärzustände zu stabilisieren, und dadurch die Reaktion vom Substrat zum Produkt zu beschleunigen. Das geschieht über die gleichen, nicht kovalenten physikochemischen Wechselwirkungen, über die ein Antikörper sein Antigen bindet. Ein Antikörper, der also den Übergangszustand einer bestimmten biochemischen Reaktion über solche Wechselwirkungen stabilisiert, sollte demnach katalytische Eigenschaften in bezug auf diese Reaktion aufweisen.

Für die Übergangszustände bestimmter Reaktionen ist deren Topologie gut bekannt und es können daher chemische Analoga synthetisiert werden, die eine weitgehend deckungsgleiche Struktur aufweisen. Verwendet man solche Analoga als Antigen und stellt gegen sie einen monoklonalen Antikörper her, so ist es möglich, daß dieser katalytische Aktivität für die zugrunde liegende Reaktion aufweist. Es wurden auf diese Weise bereits zahlreiche katalytische Antikörper für hydrolytische Reaktionen hergestellt und beschrieben. Katalytische Antikörper spielen auch bei manchen Krankheiten eine Rolle. So findet man im Serum von Patienten mit Lupus erythematodes, einer rheumatischen Erkrankung, katalytische Antikörper, die DNA-Moleküle spalten können.

2.6.7 Genetische Algorithmen

Ein sehr eindrucksvolles Beispiel für eine Anwendung evolutionärer Strategien bei der Lösung komplexer Probleme kommt aus dem Bereich der Informatik. Hierbei geht es darum, Computerprogramme für bestimmte Problemlösungen zu erzeugen. Dabei werden ganz nach dem Vorbild der Evolution viele, unterschiedlich taugliche Computerprogramme generiert, gepaart, mutiert und selektiert. Im Unterschied zur klassischen Programmierung, bei der zunächst das zu lösende Problem in all seinen Details und Randbedingungen vollständig analysiert werden muß und auf dieser Basis gezielt ein Lösungsalgorithmus geschrieben wird, bedient man sich hier evolutionärer Optimierungsprinzipien. Die aus diesem Optimierungsprozeß hervorgehenden Programme können bestimmte Probleme oft dann noch lösen, wenn niemand mehr deren eigentliche Struktur verstehen kann und daher auch nie ein vergleichbares Programm auf klassischem Weg entstehen könnte.

Die Basis solcher Computerprogramme nennt man Klassifizierungssystem. Dabei führen unterschiedliche Kombinationen von Bedingungen (Inputs) zu unterschiedlichen Kombinationen von Handlungen (Outputs). Es ist nun möglich, sowohl die Bedingungen als auch die Handlungen - sie sind selbst kleine Programmbausteine - durch binäre Zeichenketten darzustellen. Diese Ketten verkörpern sozusagen ein Analogon zum genetischen Kode in der Biologie. Mit den Ketten lassen sich nun Operationen wie Cross-over oder Punktmutation ausführen. Es gibt also einfache und automatisierbare Möglichkeiten zur Erzeugung von Variation. Zur evolutionären Optimierung solcher Computerprogramme fehlt nun nur noch eine Möglichkeit der Selektion und damit eine Wertung der Programme in bezug auf das zu lösende Problem. Die Beurteilung der Tauglichkeit eines bestimmten Computerprogramms ist oft nicht trivial, aber dennoch meist erheblich einfacher zu bewerkstelligen, als ein komplexes Programm auf klassischem Weg zu schreiben. Der Beurteilungsprozeß kann ebenfalls automatisiert werden.

Zum Generieren solcher Computerprogramme beginnt man mit einer großen Zahl von teilweise vorstrukturierten oder auch zufällig generierten Programmen als Ausgangsbedingung. Nach Beurteilung der Tauglichkeit für das zu lösende Problem werden die jeweils besten Programme miteinander gepaart. Dies geschieht wie bei der sexuellen Vererbung durch Cross-over der korrespondierenden Bit-Ketten, die die jeweiligen Algorithmen repräsentieren. Zusätzlich wird nach dem Zufallsprinzip gelegentlich ein Bit einer Zeichenkette mutiert (Abb. 2.37.).

Das Resultat ist ein um die Anzahl n der Vermehrungen erhöhter Pool aus neuen Computerprogrammen. Es folgt ein automatisierter Tauglichkeitstest bezüglich der Leistungsfähigkeit aller Programme des Pools. Dies geschieht, indem die Programme ein vorgegebenes (Optimierungs)problem lösen müssen, dessen Lösungen selbst sich wiederum quantitativ beurteilen lassen. Die Algorithmen werden dabei entsprechend Ihrer Fähigkeit, die vorgegebenen Aufgaben zu lösen, mit einem Qualitätsindex versehen. Danach werden die n schlechtesten Programme gelöscht und der Optimierungszyklus kann mit dem so modifizierten Programmpool erneut beginnen (Abb. 2.38).

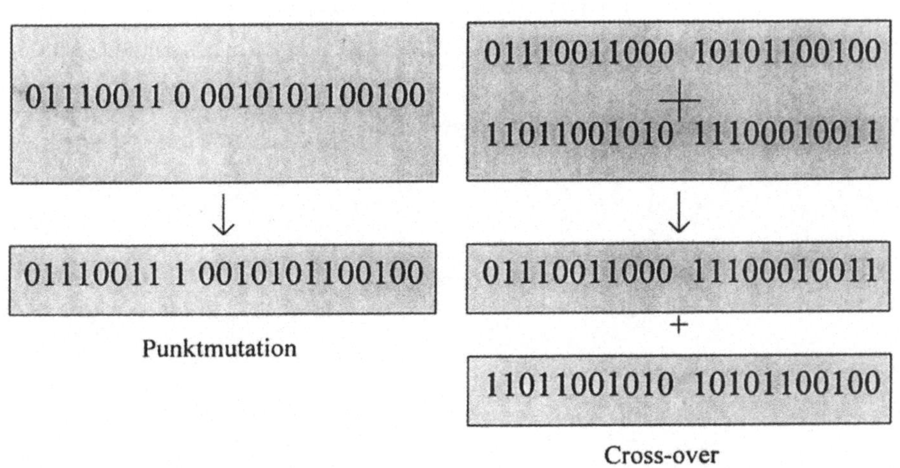

Abb. 2.37. Erzeugung von Variation auf binärer Ebene

Bei den hier beschriebenen genetischen Algorithmen finden wir die Prinzipien der Evolution sehr exakt wiedergegeben. Während die Rekombination und Punktmutation reine Zufallsprozesse sind - es werden dafür Zufallsgeneratoren verwendet - entsteht die eigentliche Verbesserung durch die Bewährung der Programme in ihrer spezifischen Softwareumwelt. Allein die Art der Selektionskriterien, gleichsam der Lebensraum, in welchem die Programme bestehen und sich durchsetzen müssen, verleiht den Algorithmen ein quantitatives Qualitätsmerkmal. In der konkreten Anwendung ist es bereits gelungen, genetische Algorithmen mit gutem Erfolg bei der Steuerung von Pipelinesystemen, der Konstruktion von Kommunikationsnetzwerken oder dem Design von Düsentriebwerken und Turbinen einzusetzen.

Nachdem wir in diesem Kapitel die Einführung in wichtige Aspekte der Evolution abgeschlossen haben, beschäftigen wir uns im folgenden mit dem Problem, für dessen Lösung wir in diesem Buch eine neue Strategie vorstellen wollen.

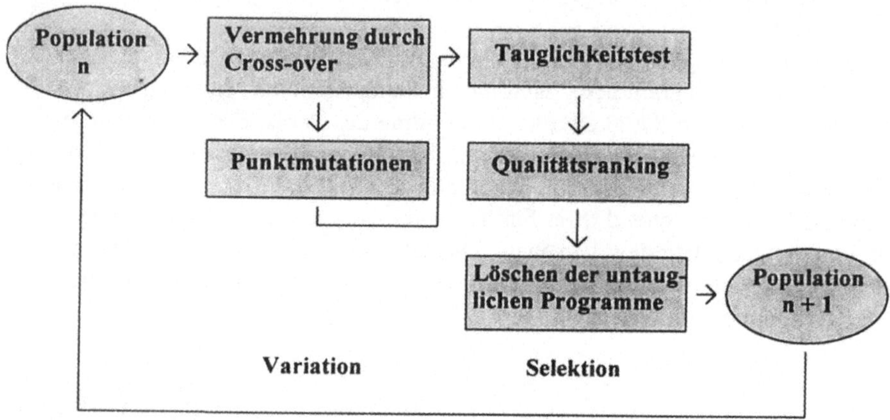

Abb. 2.38. Optimierung durch genetische Algorithmen

3 Umweltgifte

Alle Ding`sind Gift und nichts ohn`Gift;
allein die Dosis macht,
daß ein Ding kein Gift ist.

Philipus Theophrastus Bombastus von Hohenheim
genannt *Paracelsus (1493-1541)*

Umweltgifte sind oft Moleküle und bestehen aus chemischen Elementen. Etwa ein Drittel dieser Elemente befindet sich auf der Erde in Stoffkreisläufen (Abb. 3.1.). Damit Stoffkreisläufe aufrechterhalten bleiben, ist ein permanenter Aufbau und Abbau chemischer Verbindungen notwendig. Neben abiotischen Prozessen, die zum Beispiel durch Licht, Feuchtigkeit oder Temperatur ausgelöst werden, spielen vor allem biologische Abläufe eine große Rolle. Der biologische Aufbau chemischer Verbindungen wird als Anabolismus, der Abbau als Katabolismus bezeichnet. Der Zyklus kataboler und anaboler Abläufe läßt sich nach Bliefert (1994) sehr treffend als „biologisches Recycling" verstehen. Verbindungen, die über lange Zeit außerhalb solcher Stoffkreisläufe verbleiben und sich daher in ihrer Struktur nicht verändern, werden als persistent bezeichnet.

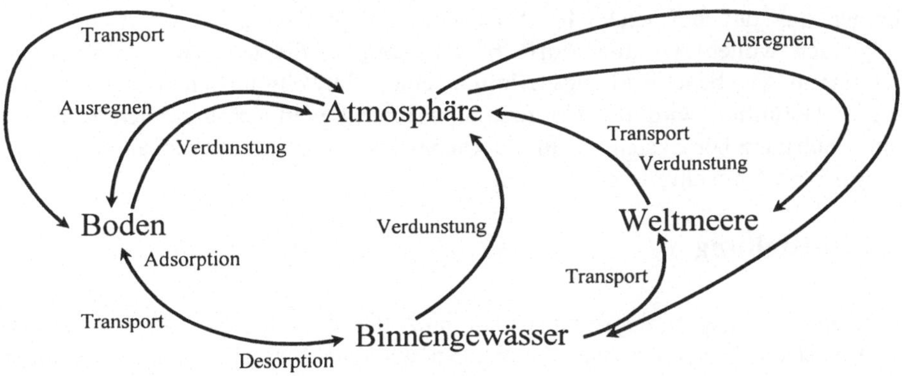

Abb. 3.1. Wichtige Pfade und Transportprozesse im „biologischen Recycling" von Stoffen in der Umwelt

Bezeichnungen wie Molekül, Stoff, Chemikalie, Substanz oder Verbindung werden häufig synonym und ohne Berücksichtigung oder Bewertung ihrer Umweltrelevanz benutzt. Durch die Einführung der Begriffe Xenobiotikum,

Umweltchemikalie, Toxin, Umweltgift oder Schadstoff wird versucht, hier eine sinnvolle Abgrenzung zu schaffen. Durch diese Eingrenzung wird den Stoffen eine bestimmte Eigenschaft wie Toxizität oder Stabilität zugeordnet. Wie jedoch der Begriff Xenobiotikum (griechisch *xenos* = der oder das Fremde) zeigt, ist dadurch immer noch keine eindeutige und scharfe Zuordnung möglich. Unter einem Xenobiotikum versteht man eine organische Substanz, die in einem biologischen System fremd und praktisch nicht abbaubar ist. Hierzu zählen beispielsweise die organischen Chlorverbindungen.

Umweltgifte werden im Umweltprogramm der Bundesrepublik Deutschland von 1971 als „Stoffe, die durch menschliches Zutun in die Umwelt gebracht werden und in Mengen oder Konzentrationen auftreten können, die geeignet sind, Lebewesen, insbesondere den Menschen, zu gefährden" definiert. Nach dieser Definition kann also auch eine natürliche Verbindung toxisch wirken und eventuell dann sogar xenobiotischen Charakter annehmen, wenn sie in so hohen Konzentrationen auftritt, daß kein biologischer Umsatz mehr stattfinden kann.

Die genannte Definition für ein Xenobiotikum halten wir für unscharf und den Begriff daher nicht unbedingt geeignet, um etwas über die Umweltwirkung einer Substanz auszusagen. Die Begriffsbestimmung geht ausschließlich von der prinzipiellen biologischen Abbaubarkeit einer Substanz unter definierten Bedingungen aus. Das zentrale Thema dieses Buchs, die extreme Anpassung biologischer Systeme an Umweltgifte, zeigt aber gerade, daß die Grenzen zwischen einem schwer natürlich abbaubaren Xenobiotikum und einem „natürlichen" Substrat durchaus fließend sind. Eine Substanz, die im menschlichen Organismus nicht abgebaut wird oder sogar giftig wirkt, kann durchaus von Mikroorganismen toleriert und als Nahrungsquelle genutzt werden (Tabelle 3.1.). Gute Beispiele hierfür sind verschiedene Dioxinverbindungen. Daher kann sich die Definition immer nur auf ein exakt beschriebenes biologisches System beziehen. Im folgenden wollen wir alle Stoffe berücksichtigen, die unter die im Umweltprogramm gegebene Wirkungsdefinition eines Umweltgifts fallen, denn nur in dieser Definition wird die Konzentrationsabhängigkeit der toxischen Wirkung einer Substanz berücksichtigt. In diesem Sinn werden wir alle soeben genannten Begriffe für Umweltgifte verwenden.

3.1 Entstehung

Um seine Lebensgrundlagen zu sichern, nutzt der Mensch das Ökosystem, dessen Teil er selbst ist. Durch diese Nutzungen wird die Umwelt zwangsläufig mehr oder weniger stark verändert. Spätestens mit Beginn des Industriezeitalters vor etwa 150 Jahren ist der Mensch zum dominierenden Element des Ökosystems Erde geworden. Er belastet sich und seine Umwelt durch zahllose Eingriffe. So entnimmt er der Erde in riesigen Mengen Rohstoffe, verarbeitet oder verbrennt sie und füllt bestimmte Bereiche der Umwelt mit den entstehenden Abfallprodukten wieder auf. Die weitaus größte Masse dieser Substanzen machen die Schadgase, die landwirtschaftlichen Abfälle sowie die industriellen Verbrennungs- und

Schmelzrückstände aus. Weitere Umweltbelastungen entstehen durch Salze, Schrott, Kunststoffe, Textilien, Altpapiere, Holzabfälle, Lebensmittelrückstände, Schlämme, Abwässer und Fäkalien.

Tabelle 3.1. Mikrobiologische Abbaubarkeit von Umweltschadstoffen (++ gute, + mäßige, +- schwere, - keine) und mikrobiologische Ökotoxizitätsgrenze (*E. coli oder Pseudomonas spec.*, mg/l) mit Beispielen für mögliche Emissionsquellen. (Nach Mackenbrock et al. 1994; Rippen 1992)

Substanz	Abbau	Ökotoxizität	Emission
Mineralöl-KW			Industrie, Verkehr
Benzin, Diesel, Kerosin	++	k.A.	Kraftstoff
Aromate			Verbrennung, Industrie
Benzol	+	92	Lösemittel, Steinkohleteer
Toluol	+	200	Lösemittel, Zellstoffproduktion
Styrol	+-	72	Polymerproduktion
Phenol	+	64-660	Desinfektion, Polymersynthese
Halogenierte KW			Industrie
Chlormethane u. -ethane	+-	k.A.	Löse- und Extraktionsmittel
Chloraromaten			Industrie, Pestizidanwendungen
Chlorbenzol	+-	17	Anilin-, Phenol-, Farbsynthese
Chlorphenol	+-	30	Farb- und Polymersynthese
Nitroverbindungen			Industrie, Rüstung
Nitrobenzol	+-	600	Anilinproduktion, Lösemittel
Nitrophenol	+-	111	Farb- u. Insektizidsynthese
Trinitrotoluol	+-	100	Sprengstoff- und Farbsynthese
N-Verbindungen			Industrie, Verbrennung
Anilin	+	130-2400	Farb- und Pharmakasynthese
Chloranilin	+-	380	Herbizidproduktion
Pyridin	+	200-340	Textilhilfs- und Lösemittel
Harnstoff	++	> 10000	Düngung, Polymersynthese
Acetonitril	+	680	Löse- u. Extraktionsmittel
PCB			Industrie, Abfälle
PCB 1-5 Chloratome	+-	k.A.	Kühlmittel, Elektroartikel
Dioxine, Furane			Industrie, Verbrennung
Dibenzodioxin u. -furan	+	k.A.	Zellstoff- u. Papierproduktion
Pestizide			Pflanzenschutz
Atrazin, DDT	+-	10	Herbizid, Insektizid
Alkohole			Industrie, Abgase
Methanol, Ethanol	++	6600	Lösemittel, Synthesen
Propanol	++	1050	Löse- und Extraktionsmittel
PAK			Verbrennung, Industrie
Naphtalin	+	k.A.	Weichmacher, Farbsynthese
Fluoren, Anthracen	+-	k.A.	Holzschutzmittel
Aldehyde, Ketone			Industrie, Abgase
Formaldehyd	+-	14	Polymersynthese, Desinfektion

Die Industrie produziert im technischen Maßstab natürliche und synthetische (naturfremde) chemische Verbindungen in beträchtlichen Mengen. Zur Deckung des Energiebedarfs der Menschheit werden Rohstoffe rigoros verbraucht. Dies hat zu einer Destabilisierung des bestehenden ökologischen Gleichgewichts der Erde geführt, da biogeochemische Stoffkreisläufe verändert und beschleunigt, Rohstofflagerstätten ausgebeutet und Elementreservoirs umverteilt werden. Verschmutzende Abbauprodukte werden in der Biosphäre verbreitet und deponiert, wobei deren Wirkung auf biologische Systeme zur heutigen Umweltgefährdung geführt hat. Nicht nur die Giftigkeit verschiedener Substanzen, sondern auch der teilweise enorm hohe Eintrag natürlicher, im Prinzip ungiftiger Verbindungen und Elemente bedroht mittlerweile akut die Lebensgrundlage des Menschen. Derartige Umweltverschmutzungen durch vom Menschen verursachte unnötig hohe Energieflüsse oder übergroße Mengeneinträge natürlicher und synthetischer Stoffe bewirken schließlich die häufig irreversiblen Störungen dynamischer Gleichgewichte auf unserer Erde. Durch die Natur werden beträchtliche Mengen an CO_2 freigesetzt. Im Vergleich dazu sind die anthropogen verursachten Emissionen eher gering. Trotzdem reicht diese verhältnismäßig geringe Menge aus, die Erde durch den Treibhauseffekt aus ihrem empfindlichen ökologischen Gleichgewicht zu bringen. Ökologische Gleichgewichte sind oft so störanfällig, daß der hier für CO_2 beschriebene Sachverhalt für den Einfluß einer Vielzahl weiterer Umweltgifte ebenfalls zutrifft.

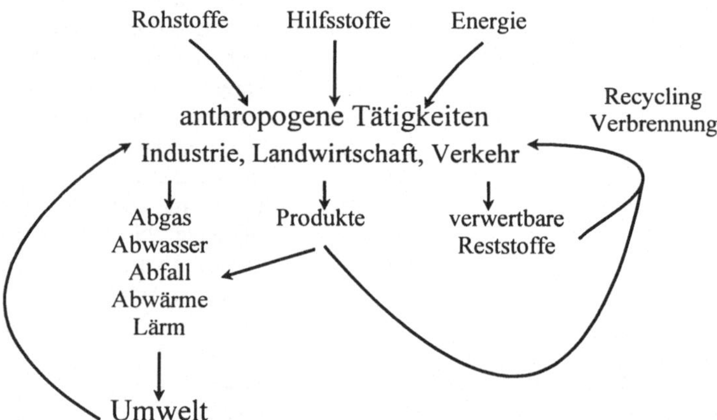

Abb. 3.2. Einfaches Modell zur Umweltverschmutzung durch Einwirkung des Menschen

In den letzten Jahrzehnten zeigen sich die Auswirkungen der Umweltbelastung immer deutlicher und beeinflussen das menschliche Leben in immer höherem Maße. Zur Sicherung der menschlichen Existenz ist es daher unbedingt erforderlich, Lösungsstrategien zur Gefahrenabwehr und Erhaltung einer intakten Umwelt zu finden. Umweltschutz ist zu einer zentralen Aufgabe der Menschheit geworden! Zur notwendigen Reduzierung des anthropogenen Stoffeintrags und zur nachträglichen Eliminierung von Schadstoffablagerungen (Altlasten) sind daher in den letzten Jahrzehnten zahlreiche Verfahren entwickelt worden.

3.2 Verbreitung

Der Austritt von Stoffen aus allen möglichen Quellen in die umgebende Atmosphäre wird als Emission bezeichnet (lateinisch *emissio* = die Aussendung). Geräusche, Erschütterungen, Licht, Wärme oder Strahlen zählen ebenfalls zu den Emissionen. Emissionen können natürlichen Ursprungs oder anthropogen (durch Menschen verursacht) sein. Auch natürliche Emissionen, beispielsweise durch Vulkanausbrüche oder Waldbrände, können erheblich zur Umweltverschmutzung beitragen. Die Ausbreitung dieser Stoffe in der Umwelt nennt man Transmission (lateinisch: *transmissio* = die Überfahrt). Transmission von Stoffen führt, wenn diese nicht unmittelbar abgebaut werden und damit wieder in die natürlichen Stoffkreisläufe eintreten, zur Deponierung in den verschiedenen Umweltkompartimenten. Aus der Perspektive der derart geschädigten „Empfänger" spricht man dann von Immissionen.

Die Atmosphäre ist in Erdnähe unterschiedlich mit Schadstoffen belastet. Industrielle Ballungsgebiete zählen zu den am stärksten beeinträchtigten Gebieten. Die wesentlichen Emissionsquellen sind hier der Verkehr, die Energiegewinnung und die industrielle Verarbeitung. Luftschadstoffe können je nach Teilchengröße partikulär als Stäube oder Aerosole sowie molekular als Gase oder Dämpfe emittieren. Je nach Art der atmosphärischen Ablagerung auf der Erde, also in Gewässern oder auf dem Boden, unterscheidet man zwischen trockener oder feuchter Deposition durch Diffusion oder Niederschlag der Stoffe.

Den größten Anteil der Schadstoffausträge machen, neben heterogenen, staubartigen Partikeln, Gase wie Schwefeldioxid (SO_2), Stickstoffoxide (NO_x, N_2O), flüchtige Kohlenwasserstoffe (hauptsächlich Methan), Kohlenmonoxid (CO) und Kohlendioxid (CO_2) aus. Darüber hinaus gibt es gasförmige Verbindungen, die in geringeren Konzentrationen ubiquitär vorkommen. Man spricht dann von ubiquitären Spurenstoffen. Der teilweise enorm hohe Austrag und die Persistenz (Stabilität) führen zu einem weltweiten Vorkommen vieler Spurengase. Die Halbwertsszeit der Verbindungen liegt je nach Persistenz zwischen wenigen Minuten für Ozon bis zu 50000 Jahre für Tetrafluorkohlenstoff. Es ist auch möglich, daß zunächst unproblematische Stoffe chemisch zu toxischen Verbindungen reagieren. Ein Beispiel hierfür ist die Umwandlung von Methan zu Formaldehyd.

Da anthropogene Schadstoffe oft hydrophil sind, ist Wasser neben der Luft das wichtigste Transport- und Ausbreitungsmedium. Über die Deposition aus der Atmosphäre, über Abwässer oder über die direkte „Entsorgung" gelangen Schadstoffe in die Bodenmatrix. Persistente Schadstoffe reichern sich im Boden, im Wasser und in der Luft an. Aufgrund von Anreicherungsvorgängen kann im Prinzip auch jede Art von Biomasse zum Träger hoher Schadstoffkonzentrationen werden. Dieser teilweise irreversible Prozeß wird als Bioakkumulation bezeichnet.

Es werden jedoch nicht nur anorganische oder organische Stoffe über die beschriebenen Mechanismen in der Umwelt verteilt. An Stäuben oder Tropfen binden auch höher organisierte biologische Komponenten, wie Viren oder Mikroorganismen, und werden über die Erde verteilt. Derartige globale Inokulationen erklären auch die relativ schnelle Besetzung neuer ökologischer Nischen, wie zum Beispiel Altlastenflächen, durch spezialisierte Mikroorganismen. Es scheint für Mikroorganismen nur wenige natürliche Barrieren zu geben, die deren weiträumige Verteilung verhindern.

Eine in der Epoche der Industrealisierung übliche Form der Schadstoffdeposition stellen die direkten „Entsorgungsmaßnahmen" des Menschen, zum Beispiel über unmittelbare Abwassereinleitungen oder Giftdeponierungen dar. Durch derartige Umwelteingriffe, die häufig nach der Devise „Aus den Augen, aus dem Sinn" betrieben werden, gelangen Schadstoffe auch in solche Umweltkompartimente, die durch eine natürliche Deposition nicht erreichbar sind. Die Sanierung derartiger Altlastenstandorte - man denke nur an Giftfässer die im Meer versenkt wurden - gestaltet sich heute als extrem schwierig oder gar unmöglich. Hier bleibt häufig nur zu hoffen, daß die „Selbstreinigungskraft" der Natur zur „Sanierung" dieser tickenden Altlastenzeitbomben ausreicht.

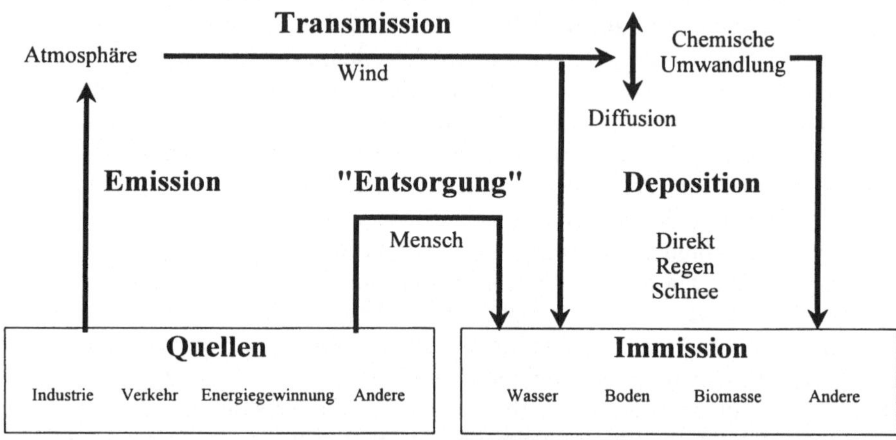

Abb. 3.3. Schematische Übersicht über Verbreitungsprozesse von Umweltschadstoffen. (Grafik in Anlehnung an Bliefert 1994)

Was ist eigentlich eine Altlast? Wir definieren sie als ein Lager von persistenten Schadstoffen aus der Vergangenheit. Dies trifft daher in unseren Augen nicht nur für Bodenareale, sonderm ebenso für Gewässer und die Atmosphäre zu. Wem fiele in diesem Zusammenhang nicht sofort die Gefährdung der Ozonschicht durch persistente FCKW-Altlasten ein. Der teilweise unbewußte und unverantwortliche Umgang mit den Reservoirs der Erde hat besonders in den letzten hundert Jahren zu einer bedrohlichen Anhäufung von Altlasten geführt. Bis

Ende 1993 konnten nach Franzius (1993) zum Beispiel allein in Deutschland 139000 Altlastenverdachtsflächen ermittelt werden. Selbst hierbei handelt es sich nur um eine zwischenzeitliche und keine endgültige Erhebung. Die Zahl der insgesamt vermuteten Altlastenstandorte zwingt zu einem enormen Handlungsbedarf auf dem Gebiet der Dekontamination und Sanierung.

3.3 Wirkung

Die Gefährlichkeit eines Gifts beruht einerseits auf dessen Potenz zur Auslösung von Schäden, andererseits auf seiner Verfügbarkeit und Verbreitung. Kommt ein Organismus mit einer ausreichend hohen Konzentration eines bestimmten Schadstoffes in Berührung, bewirkt dies eine akute Vergiftung. Man bezeichnet diese Konzentrationsgrenze als Schwellenkonzentration (Abb. 3.4.). Der Organismus zeigt unterhalb des Schwellenwerts entweder Toleranz oder Resistenz. Die Einwirkung auch geringerer Konzentrationen über längere Zeiträume kann darüber hinaus zu chronischen Vergiftungen führen. Viele Lebewesen haben sich im Laufe ihrer Entwicklungsgeschichte an solche permanenten Vergiftungserscheinungen anpassen können und entsprechende Schutzmechanismen und Resistenzen entwickelt. Die Tatsache, daß diese Resistenzbildung gerade bei Mikroorganismen in entwicklungsgeschichtlich sehr kurzen Zeiträumen geschehen kann, macht man sich bei ihrer Anwendung in der biologischen Umweltschutztechnik zunutze.

Gifte können auf unterschiedliche Weise in einen Organismus eindringen und dort wirken. Bestimmte toxische Verbindungen durchdringen Schutzbarrieren, wie die Haut, und wirken so über den bloßen Kontakt. Ebenfalls giftig sind Verbindungen, die derartige Barrieren zerstören. Andere Toxine wirken nur bei der Aufnahme über den Verdauungstrakt oder über die Atmungswege. Schadstoffe können unabhängig von anderen Verbindungen wirken, es können sich aber auch toxische Effekte verschiedener Verbindungen addieren oder sogar verstärken. Im letzten Fall spricht man von *synergistischen* Effekten.

Schadstoffe werden nach ihrer physiologischen und biochemischen Wirkungsweise wie folgt untergliedert: Toxische Stoffe sind Verbindungen, die Stoffwechselvorgänge negativ beeinflussen. Dies kann durch Hemmung von Enzymen oder Schädigung biologischer Membranen geschehen. *Teratogene* Stoffe stören die Embryonalentwicklung und führen zu Mißbildungen bei den Nachkommen. Die oft irreversible Veränderung der Erbinformation wird durch *mutagene* Stoffe ausgelöst. Schließlich sind *karzinogene* Gifte für tumorartige Erkrankungen verantwortlich. Die molekularen Mechanismen, die an den jeweiligen Zielorten zu den entsprechenden Schädigungen führen, sind sehr komplex und teilweise noch unverstanden. Die toxische Wirkung eines Stoffs hängt nicht nur von seiner grundsätzlichen chemischen Struktur ab. Ebenso wichtig ist die chemische und physikalische Umgebung, in der das Lebewesen mit dem Schadstoff zusammentrifft. Diese sekundären Umweltbedingungen wie etwa Temperatur, Sauerstoffgehalt oder Begleitstoffe haben einen direkten Einfluß auf die schädigende Wirkung, indem sie die Aufnahme einer giftigen Substanz durch einen Mikroorganismus erleichtern oder verschlechtern können. Der Grad an Bioverfügbarkeit ist also wesentlich für die Giftwirkung eines Stoffes, aber gleichzeitig natürlich auch essentiell für die Abbaubarkeit der Substanz. Eine erhöhte Bioverfügbarkeit von Schadstoffen kann daher positive oder negative Effekte auf die Biologie haben. Organismen sind unter optimalen Lebensbedingungen vitaler und damit schadstoffunempfindlicher als unter anderen Bedingungen. Die zeitliche Dimension der Einwirkung spielt eine ebenso große Rolle bei der Frage nach der Toxizität eines Stoffs.

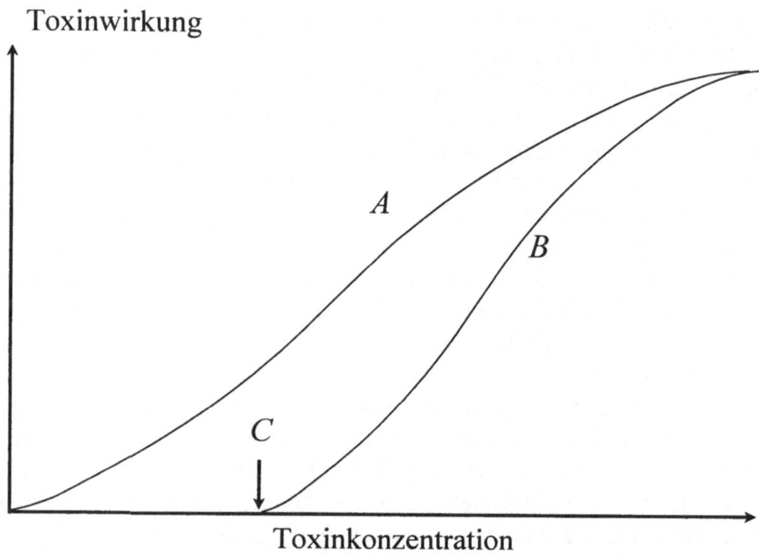

Abb. 3.4. Konzentrations-Wirkungs-Beziehungen bei Vergiftungen. *A* ohne Schwellenwertbeziehung, *B* mit Schwellenwertbeziehung, *C* Schwellenwert

Selbstverständlich haben Umweltschadstoffe nicht nur eine direkte toxische Wirkung auf lebende Organismen, sondern beeinflussen sekundär auch das jeweilige Ökosystem. *Ökotoxische* Verbindungen schädigen Lebewesen indirekt durch Destabilisierung ökologischer Gleichgewichte. Zur Verdeutlichung wollen wir einige Beispiele für derartige ökotoxikologische Wirkungszusammenhänge nennen.

Fluorchlorkohlenwasserstoffe zerstören die atmosphärische Ozonschicht der Erde. Hierdurch kommt es zu einer erhöhten Durchlässigkeit für schädigende UV-Strahlung und in der Folge zu häufigeren Hautkrebserkrankungen.

Fauna und Flora in Gewässern benötigen viele eingetragene organische Stoffe als Lebensgrundlage und setzen sie entsprechend um. Jedoch kann dieses Selbstreinigungsvermögen durch zu hohe Immissionsmengen bestimmter Stoffe überfordert werden. So ist die übertriebene Verwendung anorganischer Düngemittel für die Überdüngung und Eutrophierung von Gewässern verantwortlich. Da viele der organischen Düngestoffe bevorzugt von Mikroorganismen oxidiert werden, wirken sie als potentielle Sauerstoffzehrer. Die Sauerstoffverarmung destabilisiert das bestehende Ökosystem bis zu dessem eventuellen Kollaps.

Aliphatische Kohlenwasserstoffe, die hauptsächlichen Bestandteile des Erdöls, wirken auf Lebewesen nicht direkt toxisch. Im Gegenteil! Viele dieser Verbindungen dienen Mikroorganismen als willkommenes Substrat. Erdölverschmutzungen wirken aber lebensbedrohend, indem zum Beispiel Ölteppiche auf der Oberfläche von Gewässern gebildet werden und der hierdurch verminderte Gasaustausch zum Absterben höherer Lebensformen führt (Ölpest). Die Vergiftung durch Erdöl wird also letztendlich durch einen physikalischen Effekt hervorgerufen.

An diesen Beispielen sehen wir, daß die Einstufung einer Substanz als Umweltgift nicht allein von einer toxikologischen Betrachtungsweise ausgehen kann, sondern auch ökologische Folgewirkungen berücksichtigt werden müssen. Ein Grund für die heutigen Umweltprobleme ist, daß man viele ökotoxikologische Zusammenhänge in der Vergangenheit fatalerweise übersehen hat und in Zukunft aufgrund mangelnden Verständnisses der gegebenen Komplexität auch weiterhin übersehen werden wird. So ist es auch heute, trotz der Einführung zahlreicher biologischer Wirkungstests, noch nicht möglich, die geschilderten indirekten Effekte vollständig zu erfassen. Man versucht zwar, durch Kombination vieler verschiedener biologischer und nichtbiologischer Analyseverfahren Aussagen über die Ökotoxizität einer Verbindung zu bekommen, eine absolute Zuverlässigkeit derartiger Prognosen ist aber nie gegeben.

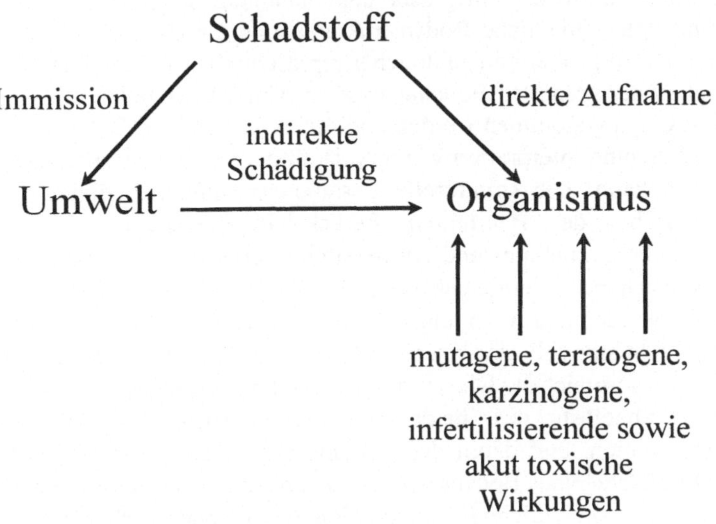

Abb. 3.5. Direkte und indirekte Wirkungen auf Organismen

3.4 Analytik

Die konsequente Weiterentwicklung von Verfahren zur Erfassung von Umweltschadstoffen hat dazu geführt, daß die Nachweisgrenzen deutlich herabgesetzt werden konnten. Um eine praktikable Durchführung der Analysen vor Ort zu gewährleisten, wurde ein Schwerpunkt der Entwicklung auf Einfachheit und Schnelligkeit der Untersuchungsmethoden gelegt. Dieser Fortschritt war eine wesentliche Basis für die bisherigen Erfolge im Umweltschutz. Es liegt auf der Hand, daß ohne gesicherten Nachweis keine sinnvollen Maßnahmen und auch kein öffentlicher Druck auf die für die Schadstoffemission Verantwortlichen möglich sind!

Für eine erfolgreiche Analytik sind kompetente Probennahme und -lagerung, Transport und Probenaufbereitung entscheidende Arbeitsschritte. Die eigentliche analytische Messung ist meist einfach und schnell durchführbar (Tabelle 3.2.).

Tabelle 3.2. Durchschnittliche Fehlergrößen bedingt durch die einzelnen Schritte einer Analyse

Arbeitsschritt	Analysefehler [%]
Probennahme, Lagerung	≤1000
Probenvorbereitung	1-100
Instrumentelle Analytik	1-10

Am Beispiel der Bodenanalytik wird dies deutlich. Nach einer Kontamination verteilen sich Schadstoffe häufig sehr ungleichmäßig im Boden. Dafür verantwortlich sind unterschiedliche Bodenstrukturen und Geodynamik. Von der Entnahme ausreichend großer und zahlreicher repräsentativer Proben hängt daher die Zuverlässigkeit der gesamten Bodenanalyse ab. Unter Umständen müssen Proben an mehreren Orten genommen werden und deren Analyse im Zusammenhang mit der Bodenerkundung interpretiert werden, damit der Gesamtzustand eines Bodens erfaßt werden kann. Die strukturelle Zusammensetzung der Bodenprobe muß ermittelt und bei der Beurteilung berücksichtigt werden. Also sind die verschiedenen Probennahme- und Aufbereitungsverfahren exakt vorgeschrieben, um eine ausreichende Vergleichbarkeit der Analysen zu erreichen. Mögliche Analysefehler werden hierdurch nur reduziert, nie aber gänzlich ausgeschaltet. So ist es häufig nicht sinnvoll, Analyseergebnisse zweier differierender Bodenproben miteinander zu vergleichen. Die zu analysierenden Substanzen müssen von der Bodenmatrix abgelöst, das heißt extrahiert werden. Da das Maß der Schadstoffadsorption, und damit der Extrahierbarkeit aber von der spezifischen reaktiven Oberfläche eines Bodens abhängt, kann bei gleicher Extraktionsmethode eine durchaus unterschiedliche Kontamination dieser Böden vorliegen, obwohl die Analytik identische Ergebnisse vortäuscht. Aktuell ist dieses Problem zur Zeit im

Bereich der PAK- und PCB-Analytik. Diese Verbindungen sind unter Umständen so stark an eine Bodenmatrix gebunden, daß sie in der Analytik nicht nachgewiesen werden können. Vielversprechend sind hier Ansätze, durch eine biologische Vorbehandlung über Biotenside die Meßverfügbarkeit zu erhöhen.

Die Umweltanalytik bedient sich chemischer, physikalischer, biologischer und mikrobiologischer Untersuchungsmethoden. Zu den chemischen und physikalischen Methoden zählen Titration, Gravimetrie sowie elektrische Verfahren, wie pH-Messung oder Leitwertbestimmung. Befindet sich nur eine einzelne Substanz und kein komplexes Substanzspektrum in einer Probe, können einfache chemische Verfahren bereits wertvolle Informationen bringen. Läßt sich eine Substanz durch eine chemische Reaktion mit einem Nachweisreagenz auch in einem Substanzgemisch selektiv nachweisen, kommt man oft auch ohne weitere Aufarbeitungstechnik aus. So gibt es zahlreiche Schnelltests, die eine Substanz zuverlässig über eine Farbreaktion mit einem Reagenz nachweisen. Dies kann im einfachsten Fall ein sichtbarer Farbumschlag sein, wenn die Substanzmenge anhand einer Farbskala direkt quantifiziert werden kann. Der Analytiker spricht bei einem derartigen Nachweis einer Einzelsubstanz allerdings nur von einer „Bestimmung". Erst die Gesamtuntersuchung der Probe stellt für ihn eine „Analyse" dar. Diese Unterscheidung ist sicher berechtigt, da die Nachweisbarkeit einer Substanz, wie bereits erläutert, immer von der Gesamtzusammensetzung und Beschaffenheit der Probe abhängt.

Schwieriger wird die Analyse, wenn zunächst die Trennung eines Substanzgemisches in Einzelstoffe nötig ist, um eine zuverlässige Aussage treffen zu können. Hier kommen komplexe spektrometrische und chromatographische Verfahren zum Einsatz. Häufig wird dabei die Chromatographie in Kombination mit spektroskopischen Methoden angewandt. In der Chromatographie werden Substanzen aufgrund ihrer physikochemischen Charakteristik, zum Beispiel in bezug auf Ladung, Hydrophobizität oder Masse, unter bestimmten Bedingungen voneinander getrennt. Im Vergleich mit bekannten Referenzsubstanzen kann der unbekannte Stoff dann anhand seiner Trenncharakteristik identifiziert werden. Zu den wichtigsten chromatographischen Umweltanalysemethoden zählen die Hochdruckflüssigkeitschromatographie (HPLC; high pressure liquid chromatography), die Dünnschichtchromatographie (DC) und die Gaschromatographie (GC). Wichtig für die Auswertung der Chromatogramme ist, daß die nachzuweisende Substanz gut erfaßbar ist. Durch Spektralanalyse kann man Einzelsubstanzen quantifizieren. Wichtige Methoden sind hier die UV/VIS-, die Fluoreszenz-, die Infrarot- (IR), die Atomabsorptions- (AAS) und die Massenspektroskopie (MS). Viele Verbindungen lassen sich direkt über ein charakteristisches Spektrum analysieren. Andere Substanzen müssen zunächst durch die Reaktion mit bestimmten Reagenzien spektroskopisch „sichtbar" gemacht werden. Durch Koppelung von chromatographischen Trennmethoden mit spektroskopischen Detektoren sind sehr leistungsstarke Analyseverfahren entwickelt worden. Beispiele für solche mehrdimensionalen Koppelungstechniken sind GC/MS, GC/MS/IR oder GC/IR. Zahlreiche umweltrelevante Stoffklassen lassen sich mittlerweile durch chromatographische und spektroskopische Methoden sehr gut nachweisen.

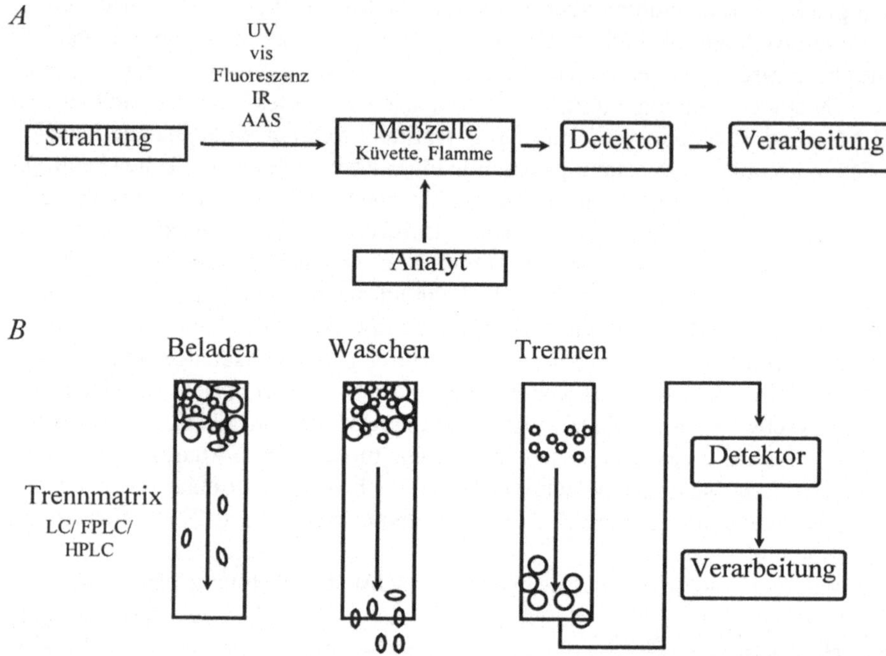

Abb. 3.6. Allgemeine Prinzipien von *A* Spektroskopie und *B* Chromatographie (*A* in Anlehnung an Hubert, 1994)

Für die Anwendungsbereiche, in denen das Schadstoffspektrum bekannt und annähernd konstant ist sowie die Auswirkungen auf das System recht zuverlässig vorhersagbar sind, hat es sich als sinnvoll erwiesen, bestimmte Verbindungen nicht als definierte Einzelsubstanzen nachzuweisen, sondern gruppenspezifische Charakterisierungsgrößen einzuführen. So werden in der Abwasseranalytik Summenparameter wie DOC- (dissolved organic carbon), CSB- (chemischer Sauerstoffbedarf), AOX- (adsorbable organic halogen) oder BSB_5-Werte (biologischer Sauerstoffbedarf innerhalb von fünf Tagen) zur Analyse herangezogen. Nur durch diesen „analytischen Kompromiß" beziehungsweise dieses Heraufsetzen der analytischen Ebene war es möglich, Institutionen vor Ort mit einer praktikablen und trotzdem aussagekräftigen Analytik auszustatten.

In der Umweltanalytik spielen neben den geschilderten „klassischen" Techniken in zunehmendem Maße biologische Testverfahren eine Rolle. Unter Biotests sind hier im engeren Sinne Analysemethoden zu verstehen, welche die Wirkung eines Schadstoffes auf ein biologisches *In-vivo-* oder *In-vitro*-System qualifizieren. Enzymtests oder auch Antikörpernachweise, also Methoden, die keine direkte

Aussage über die Ökotoxizität oder Umweltverträglichkeit einer Substanz erlauben, sind zwar ebenfalls wichtige biologische Analyseverfahren, sollen aber an dieser Stelle nicht behandelt werden. Während die „klassische" Analytik zunächst einmal „nur" einen Konzentrationswert liefert, der dann anhand diverser Gefahrstofftabellen ökotoxikologisch bewertet werden muß, liefert ein Biotest unmittelbar eine Information über die Schadstoffwirkung. Dies ist von großem Vorteil, denn die Wirkung einer Substanz hängt nicht nur von ihrer Konzentration, sondern in erheblichem Maße von der chemischen und physikalischen Umgebung ab. Aufgrund des schnellen Ansprechverhaltens von Biotests sind sie auch hervorragend zur unmittelbaren Überwachung und als Frühwarnsysteme geeignet.

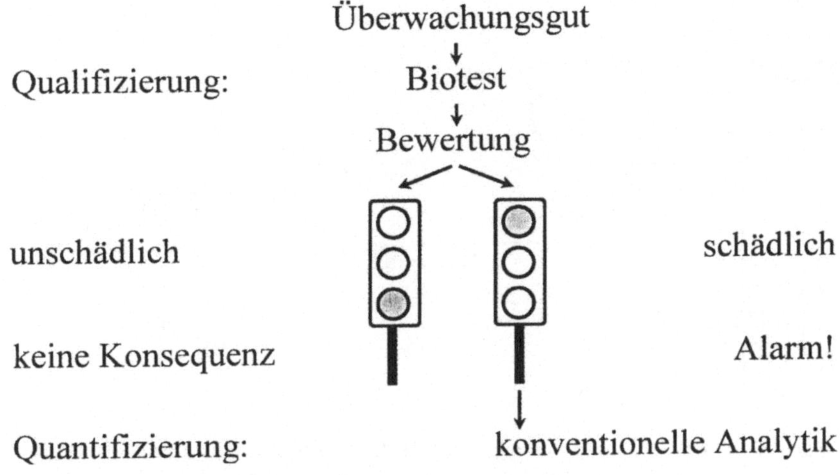

Abb. 3.7. Einordnung eines Biotests in der Umweltüberwachung

Natürlich hängt die Wirkung immer von der Art und dem Zustand des betroffenen biologischen Testsystems ab. So sind Biotests, die mit Leuchtbakterien durchgeführt werden, sicherlich kaum geeignet, Aussagen über die Wirkungen beim Menschen zu treffen. Handelt es sich bei dem Testorganismus jedoch um den Regenwurm als einen typischen Bodenbewohner, so läßt sich für den Bereich Boden eine gute Aussage über die Ökotoxizität eines Schadstoffs machen. Neben der Aufgabe, Biotests reproduzierbar und einfach durchführbar zu gestalten, müssen also für die jeweiligen ökotoxikologischen Fragestellungen geeignete Testsysteme gefunden und die jeweiligen Tests standardisiert werden. Mittlerweile sind einige normierte, offiziell anerkannte Biotestverfahren in der Anwendung und viele weitere interessante Methoden in der Entwicklungs- oder Normierungsphase.

Für die Umweltbiotechnologie sind genaue Analysemethoden auch deshalb von großer Bedeutung, weil die Wirksamkeit von Verfahren überprüft und optimiert werden muß. Um die biologischen und technischen Abläufe unmittelbar verfolgen und gegebenenfalls in diese eingreifen zu können, ist eine schnelle Meßdatenerfassung von enormem Vorteil. So existieren verschiedene Meßsonden, die sich unmittelbar im System (*in line*) einsetzen lassen oder permanent eine bestimmte Probenmenge entnehmen und diese kontinuierlich extern (*on line*) analysieren. Die Probennahme kann direkt oder über eine zwischengeschaltete Aufbereitung in Form von Filtration, Dialyse oder Konzentrierung erfolgen. Mit Hilfe von Zusatzgeräten, wie Fließinjektionsapparaturen (FIA) oder Titrationsautomaten, erfolgt die Analyse dann nach den oben beschriebenen Methoden. Durch Zwischenschaltung eines automatischen Probennehmers können beispielsweise auch HPLC- oder GC-Systeme an biotechnische Anlagen gekoppelt werden.

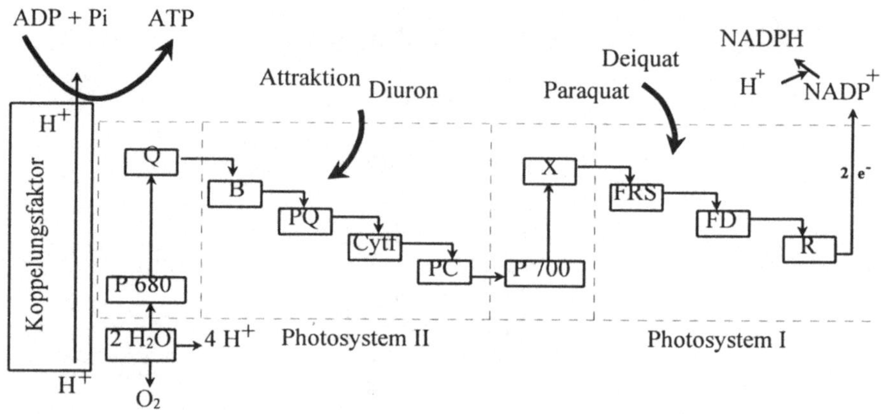

Abb. 3.8. Inhibition der Photosysteme I und II durch verschiedene Herbizide im Protoplasten-Biotest (Mit freundlicher Genehmigung der biolytik GmbH, Bochum)

Abschließend möchten wir noch einmal auf die Auswertung von Analysedaten eingehen. Die moderne Analysetechnik hat uns in die Lage versetzt, sehr viele Meßdaten in kurzer Zeit zu erfassen. Ein Irrtum liegt aber darin, zu glauben, daß mit diesem „Datenberg" immer auch eine größere Meßgenauigkeit erreicht wird. Biotechnische Systeme sind derart komplex, daß Meßfehler nie auszuschließen sind. Wir sind der Meinung, daß es gerade bei der Analytik in biologischen Systemen immer darauf ankommt, nicht nur die nackten Zahlen zur Auswertung und Interpretation heranzuziehen, sondern auch die Vertrauenswürdigkeit von Meßwerten zu betrachten. Damit wollen wir sagen, daß jeder, der sich mit einer biotechnischen Anwendung beschäftigt, auf Erfahrungswerte zurückgreifen sollte, die er immer mit den neu erhobenen Meßdaten zu vergleichen hat. „Weiche" Analyseparameter, wie Farbe oder Geruch, sollten in eine Beurteilung der Meßdaten mit einbezogen werden. Treten ungewöhnliche Abweichungen von diesen Erfahrungswerten auf, so sollte trotz modernster Meßtechnik erst einmal ein Meßfehler in Erwägung gezogen werden, bevor eine tiefere Ursacheninterpretation erfolgt.

3.5 Biologische Schadstoffeliminierung

Einleitend zu diesem wichtigen Abschnitt wollen wir zunächst auf folgenden Aspekt gängiger Umweltpolitik aufmerksam machen. Häufig wird die Umweltproblematik so behandelt, als ob es „nur" darum ginge, frühere Umweltsünden, also Altlasten, zu beseitigen. Diese Sichtweise ist gefährlich, da permanent „Neulasten" und damit Altlasten der Zukunft erzeugt werden. Die Maßnahmen zur Gefahrenminderung von Altlasten sind wesentlich aufwendiger, als jene zur Vermeidung von Neulasten. Umweltschutz muß vorausschauend und vorsorgend betrieben werden, und in zweiter Linie nachsorgend. Daher werden hier Alt- oder Neulasten auch nicht getrennt behandelt, sondern die Möglichkeiten der Vermeidung beziehungsweise Eliminierung zusammenfassend dargestellt.

Erhaltung und Fortbestand jeder Art von Leben sind an die kontinuierliche Mineralisierung organischer Verbindungen und an die Wiederverwendung der anorganischen Grundbausteine gebunden. Biologische Umweltschutzmethoden nutzen dieses existentielle Lebensprinzip biologischer Systeme technisch aus, indem sie versuchen, das natürliche, biologische Recycling von Stoffen zu unterstützen und zu beschleunigen.

Mit der Anwendung der verschiedenen biologischen Verfahren im Umweltschutz befaßt sich die interdisziplinäre Umweltbiotechnologie. Sie schließt nach Alef „die Summe aller biochemischen Prozesse, die durch Mikroorganismen unter aeroben oder anaeroben Bedingungen katalysiert werden und zu einer Reduzierung der Schadstoffkonzentration führen", ein. Hierbei kann es sich um Mineralisierungsprozesse, aber auch um Biomassebildung, Schadstoffanreicherung oder um Umwandlung (Transformationen) organischer und anorganischer Stoffe handeln.

Nicht nur als nachträgliche Schadstoffeliminierungs- oder Sanierungstechnologie (end of the pipe) spielt die Umweltbioverfahrenstechnik eine immer weiter zunehmende Rolle. Sie setzt bereits bei den Ursachen für die Schadstoffentstehung an. So werden heute energie- und ressourcensparende biologische Alternativverfahren entwickelt und angewendet. Wertstoffe werden durch biologische Katalyse mit einem geringeren energetischen Aufwand und ohne toxische Nebenprodukte produziert. Biogas (Methan) wird als umweltfreundliche, weil nicht ressourcenausbeutende, Energiequelle genutzt. Der Einsatz nachwachsender Rohstoffe vermindert den Zugriff auf globale Rohstoffreserven. Biosensoren dienen dem schnellen und genauen Nachweis von Substanzen, und Biotests erlauben Aussagen über deren Ökotoxizität. Durch Anwendung biologischer Tests können Schadstoffablagerungen schnell gefunden und Emissionsquellen identifiziert werden. Insgesamt wollen wir daher die oben genannten Begriffsbestimmungen erweitern und Umweltbiotechnologie als ein Fachgebiet verstehen, in dem biologische und biochemische Methoden angewendet werden, um unsere Umwelt zu schützen.

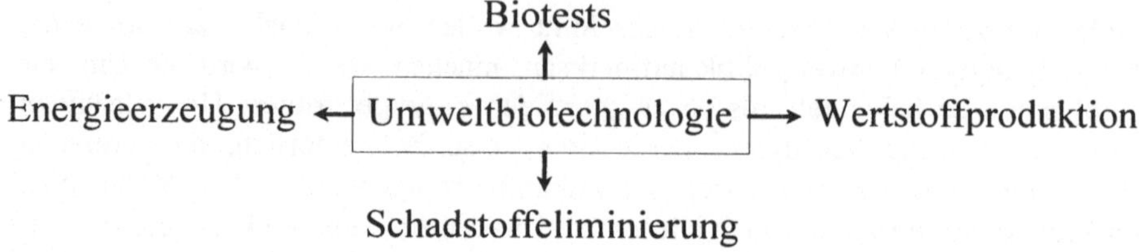

Abb. 3.9. Einsatzgebiete der Biotechnologie im Umweltschutz

Eine häufige Kritik an biotechnischen Umweltschutzmethoden bezieht sich auf die zu geringe Reproduzierbarkeit biologischer Verfahren. Auch wird ihre Effizienz aus verschiedenen Gründen als nicht zufriedenstellend angesehen. Diese Urteile sind unserer Meinung nach nur teilweise gerechtfertigt. Der Mißerfolg einiger Anwendungen läßt sich sicher dadurch erklären, daß es sich hier um eine relativ junge, noch in den Kinderschuhen steckende Disziplin handelt. Das wird auch daran deutlich, daß viele Firmen, die sich mit umweltbiologischen Fragestellungen befassen, nicht älter als 5 - 10 Jahre sind. Dies gilt vor allem für die Bereiche der mikrobiologischen Bodensanierung, Luftreinhaltung oder Klärung von Industrieabwässern. In der Tat waren einige Anwendungen aufgrund von Fehleinschätzungen der Biologie und fehlerhafter Durchführung von Rückschlägen und Mißerfolgen begleitet. Dies mag zu einem Imageverlust biologischer Maßnahmen geführt haben. Dennoch werden Bedeutung und Möglichkeiten biotechnischer Verfahren am Beispiel der kommunalen Abwasserreinigung deutlich, wo sie mittlerweile Stand der Technik und nicht mehr wegzudenken sind. Die biologische Abwasserreinigung besitzt gegenüber mikrobiologischen Boden- und Luftbehandlungsverfahren einen zeitlichen Entwicklungsvorsprung, kann daher zwangsläufig mehr Erfolge aufweisen und findet folglich eine hohe Akzeptanz. Immerhin, so wie heute über Sinn und Unsinn, über Effektivität und Kosten von biologischer Boden-, Industrieabwasser- und Luftreinigung diskutiert wird, wurde vor 30 - 40 Jahren über die biologische Behandlung von kommunalen Abwässern kontrovers diskutiert. Eine stark vertretene Meinung war damals, daß ein Großteil der auftretenden Schadstoffverbindungen nicht biologisch zu eliminieren sei und die Verfahren sich finanziell nicht tragen würden. Dies war sicher eine Fehleinschätzung, dennoch findet man heute die gleiche Skepsis gegenüber den biologischen Verfahren zur Behandlung von Luft oder Boden. Wir rechnen damit, daß die innovative Umweltbiotechnik in den kommenden Jahren gleichfalls zum Stand der Technik wird. Dann könnten beispielsweise organisch belastete Böden genauso effektiv und wirtschaftlich dekontaminiert werden, wie heutzutage kommunale Abwässer.

Die Umweltbioverfahrenstechnik stützt sich heute noch weitgehend auf ingenieurwissenschaftliches Erfahrungsgut, in welchem die mikrobiologische Komponente noch immer den Charakter einer black box hat. Die Lösung biotechnischer Probleme wird häufig ingenieurwissenschaftlich und weniger biowissenschaftlich angegangen. Wenn die Betrachtung der „Biologie“, welche die Systeme ja erst funktionsfähig macht, aber eine untergeordnete Rolle spielt, muß es zu Problemen und Mißerfolgen kommen. Wir werden aus einer stark biologisch orientierten Perspektive die Möglichkeiten und Beschränkungen einzelner Methoden beschreiben und damit hoffentlich Verbesserungsmöglichkeiten und Optimierungsstrategien anregen.

Es wird daher zunächst auf einige Grenzen biologischer Verfahren hingewiesen. So ist die Anwendung biologischer Verfahren sicher nicht grundsätzlich besser als die Anwendung physikalischer oder chemischer Verfahren. Die Vorsilbe *Bio*- suggeriert häufig automatisch eine hohe Umweltverträglichkeit des Verfahrens. Dies ist zwar auch in den meisten Fällen richtig, aber es soll doch auf die Ausnahmen hingewiesen werden. Bestimmte Xenobiotika werden zwar partiell abgebaut, aber nicht vollständig mineralisiert. Zwar muß es laut Schlegel (1985) für organische Verbindungen prinzipiell immer mikrobiologische Abbauwege geben, trotzdem können sich bei Transformationen Zwischenprodukte anreichern („metabolic misrouting"). Eine solche Anreicherung kann durch die Persistenz mancher Verbindungen aber auch durch Stoffwechsellimitierungen verursacht werden. Beispielsweise können sich Abbauprodukte anreichern, weil für einen vollständigen Abbau nicht genügend Reduktionsäquivalente zur Verfügung stehen. Es ist durchaus möglich, daß diese Zwischenprodukte dann toxischer sind als die Ausgangssubstanzen. Der mikrobiologische Umbau verschiedener Dioxine ist hierfür ein Beispiel. Probleme ganz anderer Art entstehen durch Geruchs- belästigung, Belastung mit pathogenen Keimen, reversible und irreversible Schadstoffeinlagerung in organische Matrizes oder Anreicherung von Schwermetallen.

Die Wirtschaftlichkeit eines biologischen Verfahrens kann durchaus geringer sein als die eines herkömmlichen Ansatzes. Trotz der erkennbaren Innovations- leistung und Eleganz einer Methode wird sich der Anwender bei freier Wahl- möglichkeit immer für die kostengünstigere Maßnahme entscheiden. Eine wich- tige Faustregel ist: Je einfacher das Verfahren, desto höher ist auch dessen Marktfähigkeit. Gerade deshalb ist es für die Erfolgsaussichten einer biologischen Anwendung immer wichtig, nicht nur die Frage nach der Ökologie, sondern auch die nach der Ökonomie zu stellen.

Die Skepsis gegenüber der Umweltbiotechnik hat aber auch irrationale Facetten. So erscheinen die Verfahren manchem bereits deshalb dubios, weil biologische Abläufe sehr komplex und häufig nicht in ihre Einzelabläufe auflösbar sind. Dies entspricht dann nicht den gängigen Vorstellungen von einer „exakten" und vorhersagbaren Wissenschaft. Auch werden die einzelnen Fachgebiete der Biotechnik häufig nicht sauber unterschieden. Daß im Zusammenhang mit der Gen-Ethik-Diskussion die Biotechnik häufig mit der Gentechnik gleichgesetzt wird, ist hierfür symptomatisch. Wir hoffen, daß wir durch unser Buch etwas zur Klärung der Problematik der Situation und damit zum Abbau von Vorurteilen gegenüber biotechnischen Methoden beitragen können. Es ist ohne Zweifel von großer Bedeutung, Fachleute aus nichtbiologischen Disziplinen von den

Möglichkeiten der Biologie zu überzeugen. Dann kann hier für die Weiterentwicklung wichtiges und notwendiges Innovationspotential freigesetzt werden.

Unsere interdisziplinäre Betrachtung soll Anreize schaffen, biologische und physikalische Techniken miteinander zu kombinieren. Häufig werden Kombinationsmöglichkeiten unnötigerweise schon deshalb ausgeschlossen, weil die extreme Anpassungsfähigkeit biologischer Systeme unterschätzt wird. Wir werden die teilweise enormen mikrobiologischen Schadstofftoleranzen und -abbauleistungen sowie die Fähigkeiten zur Adaptation an extreme physikalische und chemische Zustände deutlich machen.

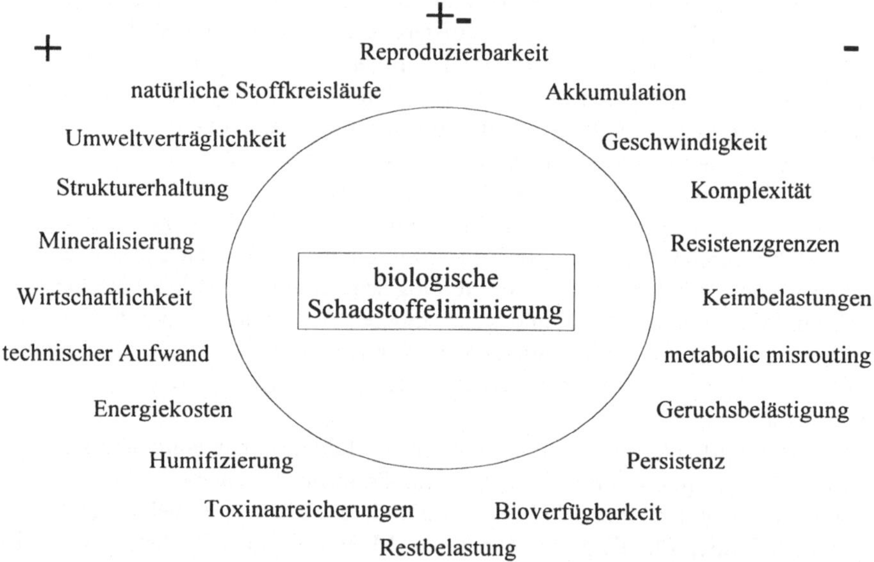

Abb. 3.10. Häufig genannte Schlagworte in der Diskussion um die Anwendung biologischer Systeme zur Schadstoffeliminierung

Trotz des immer weiter zunehmenden Wissens über biologische und biochemische Abläufe ist man noch weit davon entfernt, mikrobiologische Prozesse in Lebensgemeinschaften beziehungsweise Ökosystemen zu beschreiben oder gar vollständig erfassen zu können. Dies liegt daran, daß die Einzelprozesse im Labor selbst unter Idealbedingungen nur teilweise zufriedenstellend untersucht werden können. Eine bestimmte Mikroorganismenspezies kann im Labor einen Schadstoff durchaus vollständig metabolisieren, in Konkurrenz mit anderen Arten findet der Abbau im Feldversuch möglicherweise nur noch teilweise statt. Derart komplexe Zusammenhänge sind experimentell kaum mehr faßbar. So lassen sich zum Beispiel Metabolitenkonzentrationen, Sauerstoffgehalt, Ionenkonzentration, pH-Wert oder Temperatur noch relativ einfach messen und steuern. Aber bereits so entscheidende Abläufe, wie die induzierte Änderung von Stoffwechselwegen, der

Austausch genetischer Informationen oder Zell-Zell- beziehungsweise Zell-Matrix-Interaktionen sind nur schwer zu überblicken und erst recht nicht steuerbar. Selbst der Versuch, mit Hilfe rechnergestützter Simulationen Erkenntnisse über komplexere Zusammenhänge zu bekommen, kann nur begrenzt erfolgreich sein. Dies liegt daran, daß trotz modernster Computertechnologie bisher nur stark vereinfachte Modelle numerisch berechnet werden können. Das ArtEv-Verfahren ermöglicht es immerhin, in biotechnischen Anlagen ablaufende biologische Prozesse zu optimieren ohne die dabei geänderte Biochemie zu kennen. Dennoch sollten so weit wie möglich Kenntnisse über genetische, biochemische und biologische Abläufe in die Anwendung mit einfließen.

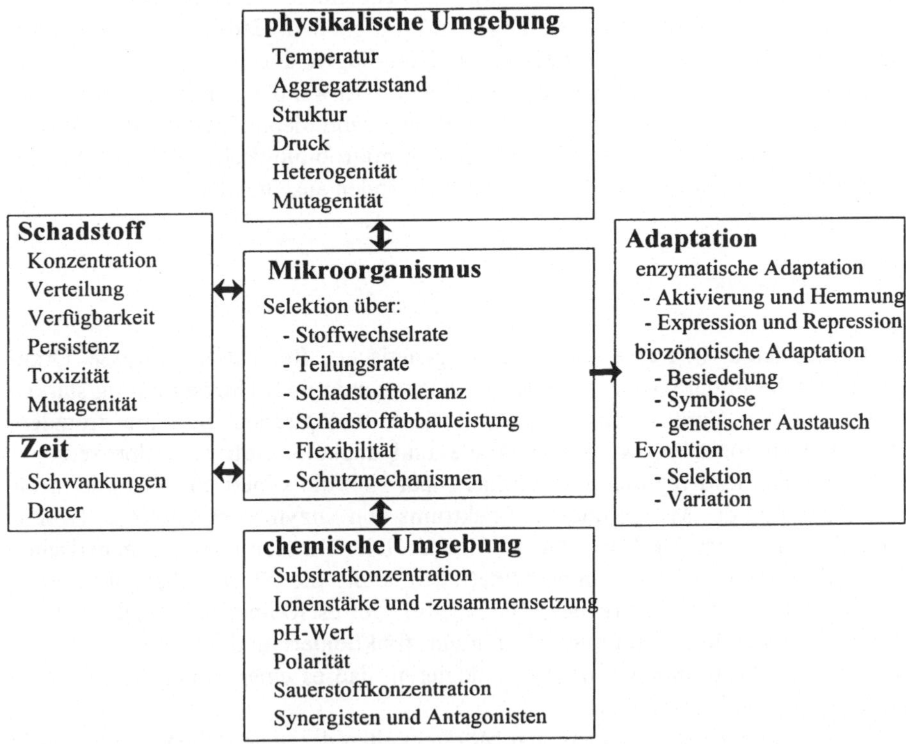

Abb. 3.11. Schematische Darstellung wichtiger Wechselwirkungen in biologischen Systemen (Grafik in Anlehnung an Kunz, 1992)

Viele Anwendungen im Bereich der Umweltbiotechnologie, besonders im Bereich des Schadstoffabbaus, sind nur unter Ausnutzung der Anpassungsfähigkeit von Organismen an extreme Umweltverhältnisse möglich. Allgemeines zum Thema Adaptation kann der Leser in Kap. 2.5 finden. Abb. 3.11. zeigt schematisch die wichtigsten auf Mikroorganismen einwirkenden Umweltfaktoren und macht deren vielfache Kombinationsmöglichkeiten deutlich. Biologische Adaptationslimitierungen bestehen aufgrund des endlichen Umfangs möglicher Stoffwechselleistungen eines Organismus oder einer Biozönose. Die Limitierungen können sich zum Beispiel in Form eines begrenzten Substratspektrums, zu geringer Substrataffinitäten und Abbaugeschwindigkeiten oder einer ungünstigen Schadstofftoleranz äußern. Zeitliche Anpassungslimitierungen hängen unter anderem von der genetischen Variation, der Gentransferrate oder der Stoffwechselregulation ab.

Diese speziellen Adaptationsphänomene werden im folgenden geschildert. Prinzipiell kann die Adaptation durch Aktivierung bereits vorhandener oder durch Entwicklung neuer Stoffwechselpotentiale geschehen. Es erscheint uns sinnvoll, die biotechnischen Anwendungen in die Bereiche *Gentechnik, Enzymtechnologie,* technische *Mikrobiologie* und *Ökologie* zu untergliedern. Jedes Kapitel führt den Leser zunächst kurz in die spezielleren Grundlagen des Fachgebietes ein und beschäftigt sich anschließend mit den Anwendungsmöglichkeiten im Umweltschutz. Abschließend setzen wir uns dann detailliert mit der Bioverfahrenstechnik, insbesondere der Anwendung mikrobiologischer Kulturen bei der Schadstoffeliminierung aus Wasser, Luft und Boden auseinander.

3.5.1 Gentechnik

Von besonderem Interesse sind sind die genetischen Regulationsprozesse. Organismen, insbesondere Mikroorganismen, begegnen in ihrer Umwelt häufig starken und schnellen Veränderungen. Damit diese biologischen Systeme trotzdem effektiv funktionieren, werden katabole und anabole Stoffwechselprozesse in einem hohen Grad reguliert. Vereinfacht läßt sich die genetische Regulation als eine Steuerung der Menge und des Spektrums von Enzymen beschreiben. Grundsätzliches dazu ist im Kap. 2.4 zu finden. Die Veränderung der genetischen Regulationsmechanismen durch Mutationen kann die Stoffwechselphysiologie von Mikroorganismen stark beeinflussen. So gibt es Keime, bei denen eine bestimmte Expressionshemmung nicht mehr funktioniert und die eine so große Menge eines bestimmten Enzyms produzieren, daß es einen Anteil von 60-70% des Gesamtproteins ausmacht.

Es sollen daher die verschiedenen Möglichkeiten der genetischen Regulation in Lebewesen betrachtet werden. Über den Prozeß der Proteinbiosynthese kann jede Zelle die Enzymmenge produzieren, die sie zur Aufrechterhaltung ihres Stoffwechsels benötigt. Wie wir in Kap. 2.2.5 ausgeführt haben, ist die genetische Information über die Struktur dieser Proteine in der Basenabfolge der doppelsträngigen Desoxyribonukleinsäure (DNA) festgelegt. Auf der DNA befinden sich aber nicht nur Bereiche, die unmittelbar die Aminosäuresequenz eines Proteins determinieren (Strukturgene), sondern unter anderem auch regulatorische Sequenzen.

Am Beispiel des Laktose-Operons, einem sehr gut untersuchten prokaryontischen DNA-Abschnitt, lassen sich wichtige Grundzüge der genetischen Regulation erläutern. Laktose ist ein Kohlenhydrat und daher willkommenes Substrat für Bakterien. Bei Anwesenheit von Laktose binden einige Moleküle dieser Substanz als Effektor an ein Repressorprotein, welches seinerseits an eine regulatorische Sequenz der DNA gebunden ist. Diese Sequenz wird als Operator bezeichnet. In Abwesenheit von Laktose verhindert das Repressorprotein sinnvollerweise die Transkription des DNA-Abschnitts, der für die laktoseabbauenden Enzyme kodiert, da diese nicht benötigt werden. Durch die Bindung des Effektors Laktose an den Repressor löst sich dieser von der DNA und gibt die Transkription frei. Diesen Prozeß nennt man Induktion. Die Häufigkeit, mit der die entsprechenden mRNA-Moleküle transkribiert werden, wird durch die Struktur der Polymerasebindungsstelle auf der DNA bestimmt. Diese Polymerasebindungsstelle ist der sogenannte Promotor. Durch die Laktoseinduktion wird die Synthese von laktoseabbauenden Enzymen ausgelöst. Erst wenn der Vorrat an Laktose im Medium erschöpft ist, binden die Repressorproteine wieder an die DNA und stoppen so die Proteinbiosynthese. In Abb. 3.12. ist dieses allgemeine Prinzip der substratinduzierten Genexpression dargestellt.

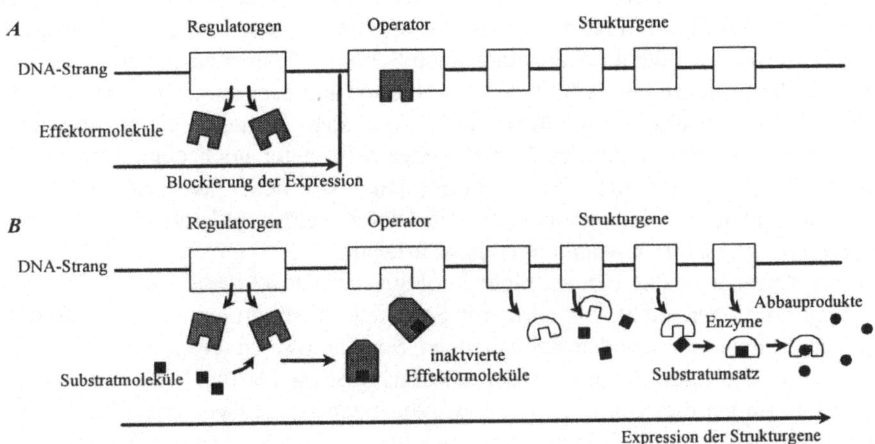

Abb. 3.12. Ablauf einer substratinduzierten Enzymexpression. *A* beschreibt den substratfreien Zustand: Die Genexpression ist blockiert. *B* beschreibt den Zustand bei Anwesenheit von Substraten: Die Effektormoleküle werden blockiert, so daß die Strukturgene abgelesen und Enzyme für den Substratabbau gebildet werden können

Mit dieser Regulation sind Mikroorganismen in der Lage, sehr spezifisch auf die Medienzusammmensetzung zu reagieren. Da die gesamte Proteinbiosynthese ein energetisch sehr aufwendiger Prozeß ist, liegt ein Vorteil der induzierten Expression in der Energieeinsparung. Allerdings sind nicht alle Enzymsysteme induzierbar und auch bei den induzierbaren Genen gibt es vielfältige Mechanismen der Regulation, die sich von dem oben dargestellten Prinzip unterscheiden.

So wird bei einer koordinierten Induktion die Synthese aller für die Reaktions-
sequenz benötigten Enzyme eingeleitet, während die sequentielle Induktion eine
zeitlich versetzte Expression der einzelnen benötigten Biokatalysatoren bewirkt.
Die sequentielle Enzyminduktion ist vorteilhaft bei zeitlich sehr langsam ablaufenden katabolen Prozessen.

In der Umweltbiotechnologie spielen Kenntnisse über genetische Regulationsphänomene eine wichtige Rolle. So erfolgt zum Beispiel beim Abbau komplexer und stabiler aromatischer Verbindungen durch *Pseudomonas putida* eine
sequentielle Enzyminduktion. Jede dieser Induktionen geschieht mit einer Zeit-
verzögerung, die als lag-Phase beschrieben wird. Während einer ansatzweisen
(batch) Fermentation ist zu erwarten, daß sich diese lag-Phasen addieren und ein
relativ langer Zeitraum benötigt wird, bis sich endlich eine vollständige Schad-
stoffmineralisierung eingestellt hat. Während der lag-Phasen wird die Abbau-
kapazität des Bioreaktors nicht effektiv genutzt. Hier ist sicher eine kontinuierliche Betriebsweise der Bioreaktoranlage vorteilhaft. Nach dem Anfahren der
Anlage sind in einem kontinuierlichen Betrieb zu jedem Zeitpunkt alle benötigten
Induktorsubstrate permanent und ausreichend vorhanden. Die Enzyme werden im
kontinuierlichen Betrieb nicht zeitverzögert hintereinander exprimiert, sondern
gleichzeitig. Das heißt aber auch, daß die optimale Konzentration der Substrate,
Zwischenprodukte oder auch abzubauenden Schadstoffe im Reaktor nicht bei Null
liegen sollte, sondern bei der optimalen Induktionskonzentration. Ist dies nicht der
Fall, treten Substratlimitierungen auf. Auf die Vorteile einer derartigen
toxinostatischen Fermentationsführung gehen wir später noch einmal näher ein.
Aufgrund der optimalen Enzymexpression ist nicht nur ein effektiver
Schadstoffabbau, sondern gleichzeitig eine hohe „selbstregulatorische" Dynamik
gegenüber Schadstoffschwankungen gewährleistet.

Viele Ansätze in der Umweltbiotechnologie berücksichtigen die Trägheit von
Enzyminduktionen nicht. So wird mit Schüttelkolbenkulturen im Batch-Betrieb
ein Screening nach schadstoffabbauenden Spezialkulturen betrieben. Nachteilig
bei einem derartigen Ansatz ist der zweifache Streß für die Mikroorganismen.
Einerseits finden die Keime toxische Anfangsbedingungen vor und zum anderen
sind zusätzlich lange Induktionszeiträume für die metabolisierenden Enzyme zu
erwarten. Die Suche nach geeigneten Spezialkulturen ist in einem kontinuierlichen
System erfolgversprechender. Der kontinuierliche Betrieb ermöglicht eine
dynamisch gesteuerte Variation der Medienzusammensetzung, so daß optimale
Screeningbedindungen eingestellt werden können. Weitere Vorteile sind natürlich
auch darin zu sehen, daß statistisch wesentlich mehr Zellen einem Screening
unterzogen werden können und daß im kontinuierlichen Betrieb Mikroorganismen
sukzessive an höhere Schadstoffkonzentrationen angepaßt werden können. Bei
einem kometabolischen Schadstoffabbau - hier sind mindestens 2 Metabolite
(Substrate, Induktoren, Aktivatoren) notwendig - kann in der kontinuierlichen
Fermentation gezielter und schneller nach den idealen Medienbedingungen ge-
sucht werden.

Schwanken die Schadstoffkonzentrationen im Zufluß stark, bekommt man auch im kontinuierlichen Prozeß Induktionsprobleme. Trotz der prinzipiellen Toleranz und Abbaufähigkeit der Biozönose kann diese durch einen plötzlichen Toxinschub vergiftet werden. Wenn umgekehrt die Kulturen extrem an die ihnen zugeführten Schadstoffe adaptiert sind, kann ein plötzliches Ausbleiben der Gifte, auch wenn sie durch ideale Substrate wie Glukose ersetzt werden, den Bewuchs absterben lassen. Eine Möglichkeit zur Lösung des Problems besteht darin, die Anlage gezielt mit einer bestimmten Schadstoffschwankung zu betreiben, um Biozönosen mit einer höheren Adaptationsfähigkeit zu etablieren. Alternative Lösungen sehen entsprechende Puffer- oder Warnsysteme vor.

Die bisher beschrieben Regulationsmechanismen sind negative Rückkoppelungen. Die Katabolitrepression stellt einen positiven Rückkoppelungsmechanismus biologischer Systeme dar. Beim Angebot mehrerer Substrate verwertet die Zelle zunächst das Substrat, für welches bereits Enzyme vorliegen. Die Zelle arbeitet also die verschiedenen Substrate nach einer Art „Prioritätsliste" ab, was zu einem mehrphasigen Wachstumsverlauf führen kann. Man spricht in diesem Fall von einer Diauxie. Der Erfolg eines Schadstoffabbaus nach - teilweise massiver - Einbringung von Spezialisten, beispielsweise während einer Mietensanierung, kann daher auch auf eine Metbolitenregulation und nicht auf die erfolgreiche Etablierung der Keime zurückzuführen sein. In einem solchen Fall ist die eingebrachte Biomasse nicht als Inokulationsgut zu verstehen, welches sich erst noch vermehren muß, sondern als eine im Vorfeld „kompetent" gemachte Biokatalysatormenge mit begrenzter Lebensdauer. Man könnte meinen, daß im Prinzip nach der Devise „Viel (und oft) hilft viel" verfahren werden sollte. Aber die eingebrachte Biomasse setzt natürlich nicht nur Schadstoffe um, sondern stellt zum Beispiel gleichzeitig auch ein Substrat für konkurrierende Mikroorganismen dar. Derartige Prozesse laufen zuungunsten des Schadstoffabbaus ab, da zusätzliche Limitierungen auftreten.

Wie bereits erwähnt, sind an der Expression zahlreiche Enzyme, wie zum Beispiel Transkriptasen, Ligasen oder Polymerasen, beteiligt. Bestimmte phosphorylierte Nukleotide können die Proteinbiosynthesedurch Regulation von RNA-Polymerasen sehr schnell hemmen. Man spricht von einem „stringent response". Zu den Hemmungen kommt es besonders bei Streßsituationen durch Substrat-, Sauerstoff- oder Stickstoffmangel und anderen extremen Umweltbelastungen. Dieser Regulationsmechanismus stellt daher im übertragenen Sinne einen „Notabschalter" des biologischen Systems dar.

Die zufällige, vererbbare Veränderung der genetischen Struktur wird als Mutation bezeichnet. Eine solche Veränderung kann grundsätzlich vorteilhaft für den lebenden Organismus sein, ist aber in den meisten Fällen letal. Für den Organismus vorteilhafte Mutationen setzen voraus, daß weiterhin ein funktionierendes Genprodukt gebildet wird. So können durch Mutationen kinetisch effizientere Enzyme mit erhöhter Substrataffinität oder veränderter Regulationscharakteristik entstehen. Auch können sich die Substratspezifität und die Molekülstabilität von Enzymen ändern. Mutationen können natürlich nicht nur in

Strukturgenen, sondern auch in regulatorischen DNA-Sequenzen auftreten. Unterliegt ein derart mutierter Organismus nun einem entsprechenden Selektionsdruck, besitzt er gegenüber unveränderten Mikroorganismen einen Überlebensvorteil. Dieser Vorteil kann sich zum Beispiel dadurch äußern, daß sich die Teilungsrate des Keims und seiner Nachkommen erhöht und diese sich in der Biozönose anreichern. Wie wir schon an anderer Stelle entwickelt haben, spielen auf chromosomaler Ebene nicht nur Mutationen, sondern jegliche Art von Variation eine besondere Rolle. Es handelt sich hierbei um Verlust, Verdoppelung, Einbau oder Umlagerung einzelner Nukleotide oder ganzer DNA-Abschnitte. Man nennt diese Vorgänge entsprechend Deletion, Duplikation, Inversion und Translokation.

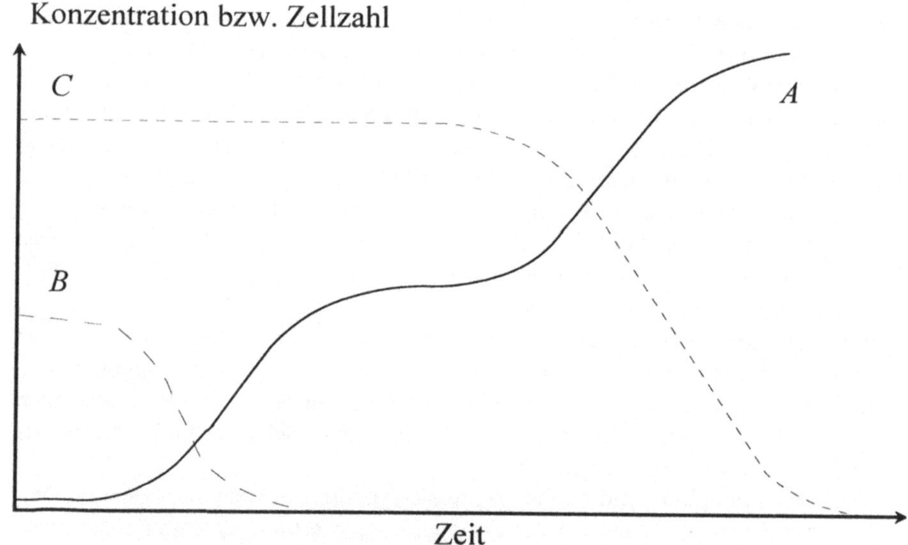

Abb. 3.13. Diauxisches Wachstum und jeweiliger Substratverbrauch. *A* Zellzahl, *B* Substrat 1, *C* Substrat 2

Die Mutationsrate ist eine variable Größe und hängt von der Art des mutierten Organismus ebenso ab, wie von mutagenen Umwelteinflüssen. So wird die natürliche Mutationsrate beispielsweise durch die Einwirkung energiereicher Strahlung drastisch erhöht. Gelegentlich wird auch Ultraschallbestrahlung zur Erhöhung der genetischen Variabilität herangezogen. UV-Bestrahlung führt überwiegend zu Punktmutationen. Ionisierende Strahlung, wie zum Beispiel Röntgenstrahlung, führt im Gegensatz hierzu zu Einzelstrangbrüchen und induziert so Rekombinationsprozesse. Neben diesen physikalischen Effekten spielen auch chemische Reaktionen bei der Erhöhung der natürlichen Mutationsrate eine Rolle. So kann durch Nitrit eine Desaminierung von Adenin, Guanin oder Cytosin erreicht werden. Infolge dieser chemischen Modifizierung kommt es zu Veränderungen in der Basenpaarung der doppelsträngigen DNA. Adenin reagiert zum Inosin und bindet so an Cytosin statt an Thymin. Es gibt darüber hinaus eine Reihe weiterer mutagener Verbindungen, deren Wirkung auf den unterschiedlichsten Reaktionen beruht. Alkylierende Verbindungen substituieren Basen und führen so zu Replikationsfehlern. Planare Ringsysteme können sich zwischen zwei benachbarte Basen schieben und bei der Replikation zu Deletionen oder Insertionen von Basen führen. Ein derartiges Einlagern wird als „stacking" bezeichnet. Nitrosoguanidin ist eine „unnatürliche" Desoxyribonukleinsäure, deren Einbau ebenfalls zu einer starken Erhöhung der genetischen Variabilität führt.

Die statistische Erzeugung von Mutationen und entsprechender Selektion war vor dem Zeitalter der modernen, „invasiven" Gentechnologie die klassische biotechnische Methode zur Gewinnung von Spezialstämmen (Abb. 3.14.). Die zahlreichen *E. coli*-Mutanten, deren Charakterisierung viel zum Verständnis biochemischer Prozesse beigetragen hat, zählen zu den bekanntesten Vertretern derartiger Spezialstämme. Ein ebenso klassisches Verfahren zur Erkennung von zufällig erzeugten Mutanten ist die Replika-Plattierung (Abb. 2.26. und 3.15.).

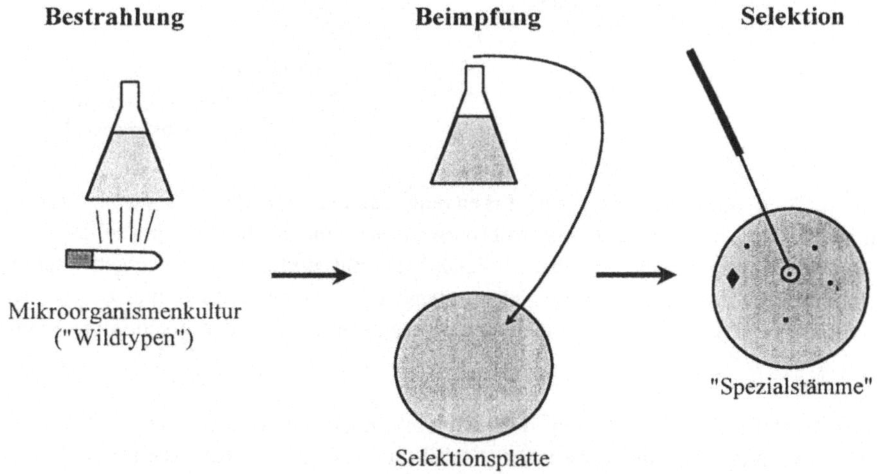

Abb. 3.14. Vereinfachtes Schema zur konventionellen Erzeugung und Selektion von Spezialstämmen auf Wachstumsplatten

Im Gegensatz zu Punktmutationen spielen Chromosomenvariationen bei prokaryontischen Mikroorganismen - hier liegt das gesamte genetische Material als ringförmiges Chromosom vor - eine untergeordnete Rolle. Bei höheren Mikroorganismen konnten darüber hinaus durch „klassische" genetische Methoden der Chromosomenveränderung und Stammselektion beispielsweise eukaryontische Pilzstämme hinsichtlich ihrer Penizillinproduktion verbessert und erfolgreich in der industriellen Mikrobiologie eingesetzt werden. Genommutationen sind Veränderungen der Chromosomenzahl. Eine phänotypische Erscheinung dieser Mutationsform ist die Bildung stark vergrößerter Zellvolumina, die zum Beispiel bei der Biomasseproduktion von eukaryontischen Zellen biotechnisch genutzt werden können.

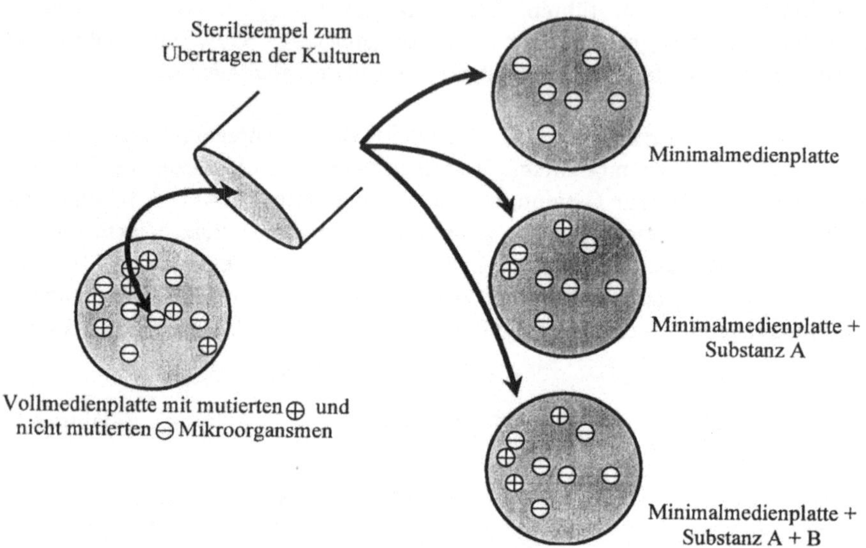

Abb. 3.15. Replika-Plattierung zur Erkennung zufällig erzeugter Mutanten. Auf der Minimalmedienplatte wachsen nur Mikroorganismen, die noch über ihr volles Stoffwechselspektrum verfügen. Auf den Minimalplatten mit zusätzlichen Substraten wachsen darüber hinaus Keime, für die die Substanz(en) A beziehungsweise A und B essentiell geworden sind. Über einen Vergleich der Stempelmuster ist eine Identifikation der Keime möglich

Der Mutationsstreß löst bei den Mikroorganismen verschiedene Schutzmechanismen aus, die die genetische Stabilität erhöhen. Durch geeignete Selektionsstrategien wird die Wahrscheinlichkeit zur Isolierung genetisch stabiler Mutanten erhöht. Daher beobachtet man im Gegensatz zur „invasiven" Gentechnik eine weitaus geringere Zahl an Reversionen. Leider ist diese sehr effektive Methode der zufälligen Mutation und gerichteten Selektion mit der Einführung modernerer gentechnischer Ansätze in den letzten Jahren ziemlich in Vergessenheit geraten (Abb. 3.16.). Im Rahmen der Entwicklung evolutionärer Biotechnologien erfährt jedoch diese Technik in neuerer Zeit eine Renaissance. Dabei liegt der Schwerpunkt auf der Erzeugung umweltbiotechnisch nutzbarer Mikroorganismen. In einem Stamm von *Pseudomonas putida* konnte Schubert (1991) die Evolution einer speziellen Halogenase zum Abbau des Herbizids

Dalapon zeigen. Wir greifen mit dem ArtEv-Verfahren diese klassische Methodik der zufälligen Mutationserzeugung und Selektion wieder auf und kombinieren sie effektiv mit moderner biotechnischer Verfahrensentwicklung. Die entsprechenden Ergebnisse stellen wir im letzten Kapitel dieses Buchs dar.

Es gibt weitere genetische Prozesse, die zu einer Veränderung der DNA-Struktur führen können. Werden ganze Gene oder Genfragmente neu miteinander kombiniert, spricht man, wie bereits erläutert, von Rekombination. Sexuelle Rekombination kann den eukaryontischen Transfer ganzer Genome, das Verschmelzen von Gameten oder den Austausch extrazellulärer Genträger bedeuten. Parasexuelle Prozesse sind das Verschmelzen vegetativer Zellen oder prokaryontische Transformationen und Konjugationen. Transformation bedeutet den Übertrag isolierter DNA-Moleküle zwischen einer Spender- und einer Empfängerzelle. Besondere Bedeutung haben Transformationen von Plasmidfragmenten und nicht konjugierenden Plasmiden in Bakterien sowie neuerdings auch in eukaryontischen Hefezellen (Abb. 3.18.). Konjugierende Plasmide können hingegen direkt in das bakterielle Chromosom eingefügt werden. Konjugationen führen häufig zu größerer genetischer Stabilität als Transformationen. Transduktion bezeichnet die Übertragung von Genen durch Phagen. Besondere biotechnische Bedeutung hat hier der temperente Bakteriophage λ für Transduktionen mit *E. coli* und *In-vitro*-Rekombinationen. Der bedeutendste intrachromosomale Rekombinationsprozeß ist das sogenannte Cross-over", also die Neukombination von Genen oder Genfragmenten durch Kreuzung der Chromosomenstränge (Chromatiden). Cross-over wird bei der Erzeugung bestimmter biotechnisch nutzbarer Pilzkulturen angewendet.

Bei Rekombinationsprozessen besteht eine höhere Wahrscheinlichkeit als bei Zufallsmutationen, daß lebensfähige Zellen mit neuen Eigenschaften gebildet werden. Dies liegt daran, daß die rekombinierten Gene oder Genfragmente häufig für funktionelle Einheiten kodieren. Genfragmente, die zum Beispiel für strukturell definierte Proteinuntereinheiten kodieren oder regulatorische Einheiten darstellen, werden als Exons (expressed regions) bezeichnet. Nichtkodierende DNA-Abschnitte noch unbekannter Funktion nennt man Introns oder intervenierende Sequenzen. Die Rekombination von Exons wird in der Fachsprache als Exon-shuffling bezeichnet. Matthes (1995) bezeichnet Exons sehr treffend als die „Legosteine" der Natur. Darüber hinaus wird in jüngster Zeit auch das Intron-shuffling als ergänzender Mechanismus zur Erzeugung genetischer Variabilität diskutiert. Während Exons permanent einem funktionsbezogenen Selektionsdruck ausgesetzt sind, können Introns relativ frei driften, da sie keinen Kodierungszwängen unterliegen. Dies prädestiniert Intron-shuffling bezüglich der Erzeugung von Variabilität. Beim Exon-shuffling diskutiert man, daß durch einen Umbau der funktionellen Bausteine sehr schnell Enzyme mit neuen kinetischen Eigenschaften gebildet werden. Die Bildung von Antikörpern bei höheren Organismen ist ein anschauliches Beispiel für das Potential derartiger Rekombinationsvorgänge. Hier verfügt der Organismus über Mechanismen, um aus dem bestehenden Genpool durch Neukombination von Genabschnitten gegen eine Vielzahl unterschiedlichster chemischer Strukturen (Antigene) gerichtete Antikörper zu bilden. Ausführliches über die Antikörpergenetik ist in Kap. 2.6.5 nachzulesen.

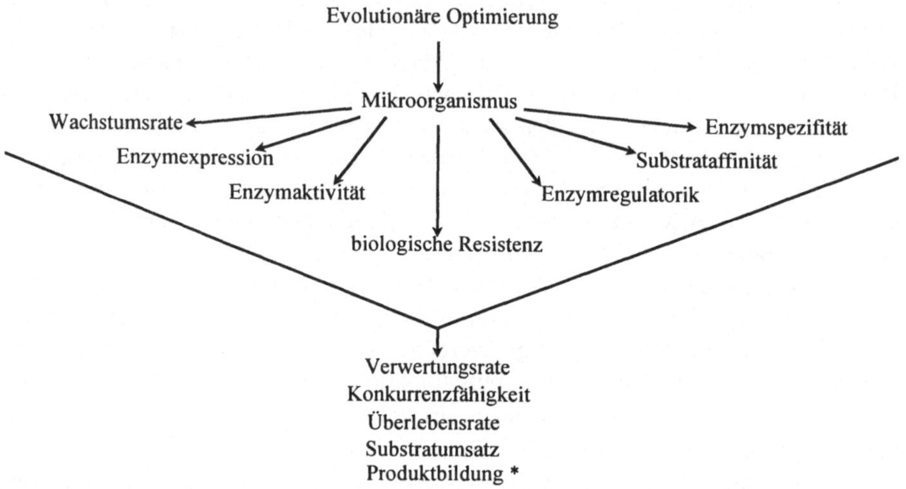

Abb. 3.16. Möglichkeiten der evolultiven Stammoptimierung (* nur in Systemen mit räumlicher Entkopplung)

Die durch Variation ermöglichte Reaktionsfähigkeit einer Biozönose kann durch den Einsatz von Spezialkulturen in biotechnischen Anwendungen merklich erhöht werden, da eine Erweiterung des gesamten genetischen Pools erfolgt. Transformation innerhalb des genetischen Pools ermöglicht den Übertrag genetischer Information von einer Spezies auf eine andere. Gelangt daher beispielsweise ein Abbauspezialist für eine bestimmte Substanz in die Biozönose, ist es nicht nur möglich, daß dieser sich anreichert, sondern auch, daß die Abbaufähigkeit auf andere, standorteigene Mikroorganismen übertragen wird (Abb. 3.17.). Beide Effekte machen den besonderen Reiz für den Einsatz von Spezialkulturen im Schadstoffabbau aus.

Mikroorganismen verfügen also über zahlreiche natürliche Mechanismen und Transportsysteme, um genetisches Material auszutauschen und neu zu kombinieren. Diese Mechanismen setzt man in der Gentechnik gezielt ein, um fremde DNA in geeignete Empfängerzellen zu transportieren. Derart manipulierte Zellen lassen sich dann zum Beispiel zur Produktion bestimmter Enzyme oder anderer interessanter Biomoleküle einsetzen. Häufig werden die künstlich eingebrachten Gene an starke Promotorsequenzen gekoppelt, die dafür verantwortlich sind, daß das gewünschte Molekül in besonders hohem Maße produziert wird. Ein interessantes biologisches Warnsystem für hohe Schadstoffzuflußkonzentrationen basiert auf einem gentechnischen Ansatz. So wurden der Bayer-Turmbiologie typische

Mikroorganismen entnommen und diesen das Leuchtbakteriengen inseriert. Dieses Gen kodiert für Enzyme, die eine bestimmte Biolumineszenzreaktion in den Zellen katalysieren. In diesem Biotest ist die Intensität der Reaktion ein Maß für die Vitalität der Zellen. Die gentechnisch veränderten Mikroorganismen werden im Zufluß des Bioreaktors als Sensoren - vergleichbar mit dem Kanarienvogel im Untertagebergwerk - eingesetzt und sollen gefährlich hohe Schadstoffkonzentration durch Variation ihrer Biolumineszenz anzeigen.

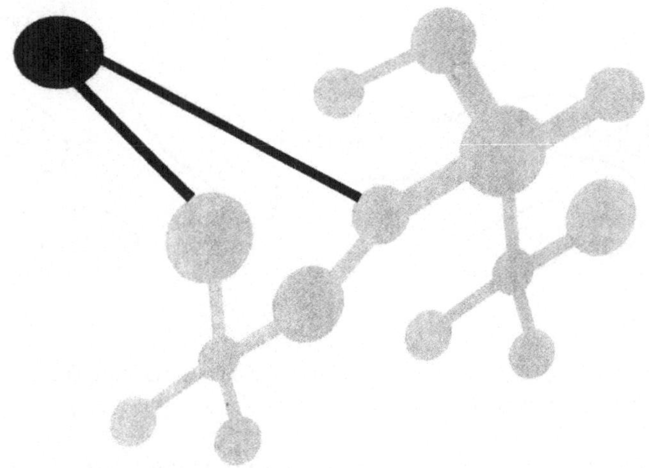

Abb. 3.17. Schematische Darstellung einer Spezialkultur innerhalb eines mikrobiellen Genpools. (in Anlehnung an Schubert, 1991)

Allerdings bedeuten diese einseitig hohen Expressionsraten für die Zelle einen enormen energetischen Selektionsnachteil gegenüber konkurrierenden Organismen. Ein weiterer Nachteil ist, daß Restriktion, Transformation und Insertion des fremden Genmaterials nicht exakt sind. Hierdurch entstehen auf der DNA unsinnige Sequenzabschnitte, die beispielsweise nicht transkribiert werden können oder an denen die Übersetzung abbricht (Stop-Kodons). Aufgrund der Selektionsnachteile gentechnisch manipulierter Zellen, lassen sie sich häufig nur in sterilen Systemen erfolgreich einsetzen. Da sich in einem insterilen System immer die Zellen mit der kürzesten Generationszeit oder höchsten systemspezifischen Toleranz etablieren, besteht die Gefahr, daß die gentechnisch erzeugten Spezialisten überwachsen werden. Weitere Probleme ergeben sich aus der teilweise geringen Molekülstabilität der verschiedenen DNA-Vektoren und der hohen Reversionsraten. Daher müssen auch in sterilen Systemen die gentechnisch manipulierten Kulturen immer wieder erneuert werden.

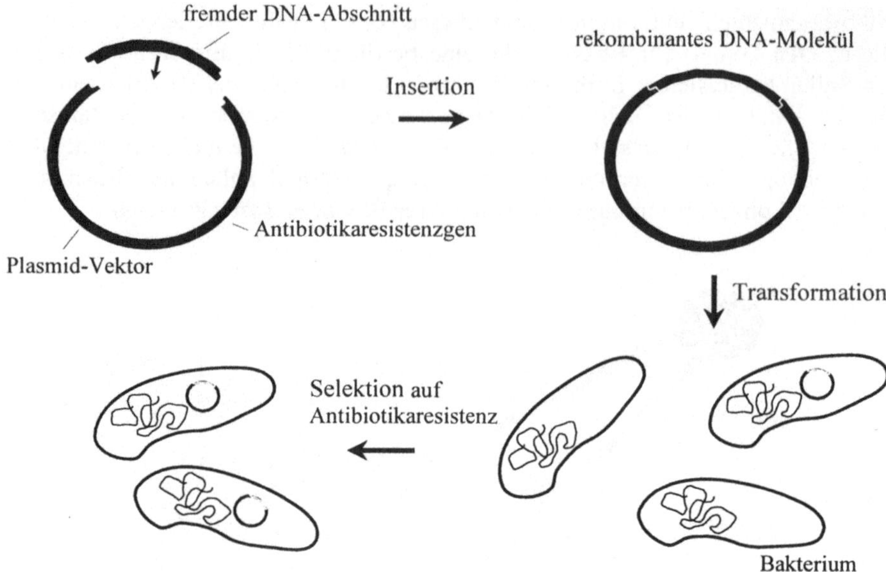

Abb. 3.18. Klonierung eines DNA-Abschnitts in ein Plasmid und Transformation eines Wirtsbakteriums. (nach Watson et al., 1992)

Infolge der Instabilität gentechnischer Manipulationen ist ein Transfer von Luciferase für eine *On-line*-Analytik zwar elegant, aber in unsterilen Systemen sicher problematisch. Noch schwieriger wird es bei der Verwendung gentechnisch manipulierter Mikroorganismen beim präparativen Schadstoffabbau. Während es beispielsweise bei der biotechnischen Produktion von pharmazeutisch nutzbaren Proteinen ohne weiteres möglich und sogar gewünscht ist, in sterilen Systemen zu arbeiten, sieht es in der Umweltbiotechnolgie häufig ganz anders aus. Hier müssen ja gerade unsterile Schadstofflasten mit der biologischen Komponente in Kontakt gebracht werden. Die Wahrscheinlichkeit einer mikrobiologischen Kontamination ist also sehr hoch. Die Verkeimung der Umwelt mit gentechnisch manipulierten Organismen muß, nicht nur aus rechtlichen Gründen, ebenfalls vermieden werden. Fujita (1994) führte Phenolabbauexperimente mit gentechnisch veränderten Mikroorganismen in einer monoseptischen Umgebung und unter Vorlage einer synthetischen Phenollösung durch. Diese zeigten zwar eine vorübergehende deutliche Erhöhung der Abbaurate, doch konnten die Ergebnisse in einer konkreten Anwendung nicht bestätigt werden. Versuche in einem Schlammreaktor zeigten nämlich, daß sich die Keimzahl der Spezialisten in einem Zeitraum von 1-2 Tagen nach der Animpfung stark reduzierte, während die Gesamtkeimzahl annähernd konstant blieb. Entsprechend war der Phenolabbau im beimpften Schlamm nur geringfügig höher als im unbeimpften. Zur Aufrechterhaltung hoher Abbauleistungen wurden hier regelmäßig wiederholte Beimpfungen mit Spezialisten oder eine Immobilisierung der Zellen vorgeschlagen. Berücksichtigt man aber den Gesamtaufwand im Vorfeld einer derartig komplizierten Anwendung, läßt dies doch - unabhängig von ethischen Argumenten - erheblichen Zweifel an der Effizienz derartiger Methoden aufkommen.

Es gibt experimentelle Ansätze, in denen versucht wird, durch Zugabe verschiedener Toxinanaloga oder -vorstufen ins Medium Mikroorganismen sukzessive auf das eigentlich abzubauende Gift zu spezialisieren. Knackmuß (1995) nennt dieses Vorgehen die „Strategie mit intelligenten Substraten". Die Strategie hat einerseits eine genregulatorische und andererseits eine evolutionäre Facette. So können zum Beispiel die weniger giftigen Analoga eine Enzymexpression induzieren, bevor die Zelle mit dem eigentlichen Toxin in Kontakt kommt. Andererseits kann eine langsame Strukturannäherung an das interessierende Gift bewirken, daß echte Evolution schrittweise zu Enzymen führt. Der Vorteil des schrittweisen Annäherns an die Molekülstruktur hat den Vorteil, daß von Schritt zu Schritt nicht zu große Veränderungen der Proteinstruktur notwendig sind und eine entsprechende Evolution seltener in Sackgassen gerät.

3.5.2 Enzymtechnik

Proteine bestehen, wie in Kap. 2.2.4 angesprochen, aus kovalent über Peptidbindungen verknüpften Aminosäuren und falten sich im nativen Zustand zu charakteristischen dreidimensionalen Strukturen. Dabei gehen die verschiedenen funktionellen Gruppen der Aminosäurenreste in Proteinen zahlreiche intra- und intermolekulare Wechselwirkungen ein. Über diese Interaktionen wird das Protein stabilisiert. Proteine mit einer katalytischen Aktivität werden als Enzyme bezeichnet. Sollte dieser Begriff noch nicht geläufig sein, empfehlen wir die Lektüre von Kap. 2.4. Die meisten biochemischen Reaktionen werden durch Enzyme katalysiert. Ausnahmen stellen die bereits beschriebenen Ribozyme dar. Enzyme werden nach Art der katalysierten Reaktion und der Substrate beziehungsweise Produkte benannt. Zur Vereinheitlichung enden die meisten Namen mit *-ase* (zum Beispiel Tryptophansynthase). Ausnahmen von dieser Nomenklaturregel kommen allerdings vor (zum Beispiel Trypsin). Zur Vereinheitlichung wurde eine Zuordnung nach Enzymklassen und eine Kennzeichnung mit EC-Nummern eingeführt. Tryptophansynthase besitzt zum Beispiel die EC-Nummer 4.2.1.20. Die verschiedenen Enzyme werden innerhalb des EC-Systems 6 Klassen zugeordnet. Die erste Zahl bezieht sich auf folgende Enzymklassen: Oxidoreduktasen (Klasse 1) katalysieren Oxidations-Reduktions-Reaktionen durch Wasserstoff- beziehungsweise Elektronentransfer. Funktionelle Gruppen, wie zum Beispiel Aldehyd-, Keton- oder Phosphatreste, werden durch Transferasen (Klasse 2) übertragen. Reaktionen, bei denen Wasser verbraucht oder frei wird, werden durch Hydrolasen (Klasse 3) katalysiert. Zu diesen Reaktionen zählen beispielsweise Veresterungen oder die Bildung von Peptidbindungen. Lyasen (Klasse 4) katalysieren nicht-hydrolytische Abspaltungen oder Substitutionen. Umwandlungen von Isomeren werden durch entsprechende

Isomerasen (Klasse 5) ermöglicht. Ligasen (Klasse 6) verbinden unter Energieverbrauch, zum Beispiel von ATP, kovalent zwei Moleküle. Die zweite Zahl differenziert Enzymklassen weiter nach den Substraten und die dritte Zahl kodiert für die jeweiligen Koenzyme. Die vierte Zahl entspricht dann schließlich einer Art Seriennummer, denn Enzyme unterscheiden sich mehr oder weniger in Abhängigkeit von ihren jeweiligen „Quellen". Bis heute sind etwa 10^4 verschiedene Enzyme beschrieben. Eine vereinfachte Darstellung dieser Klassifizierung ist in Tabelle 3.3. gezeigt.

Enzyme binden ihr Substrat mit einer hohen Affinität und bilden einen Enzym-Substrat-Komplex. Das Substrat wird im aktiven Zentrum des Enzyms gebunden, das einer der Substratform im Negativ mehr oder weniger komplementäre Proteinregion darstellt. Man spricht wie bei der Wechselwirkung zwischen Antikörper und Antigen vom Schlüssel-Schloß-Prinzip. Die Geschwindigkeit der Enzymreaktion ist von der Substratkonzentration abhängig und theoretisch dann maximal, wenn alles Enzym als Enzym-Substrat-Komplex (ES-Komplex) vorliegt. Diese kinetische Beziehung wird im Michaelis-Menten-Modell beschrieben. Die Umwandlung vom Substrat zum Produkt innerhalb des ES-Komplexes läuft in mehreren Stufen ab (transition states). Die Stufe mit der höchsten Aktivierungsenergie läuft am langsamsten ab und ist daher der geschwindigkeitsbestimmende Schritt einer Enzymreaktion (k_{cat}). Die Dissoziation des Komplexes in Enzym und Produkt schließt den Prozeß ab, und das Enzym steht wieder unverändert für den nächsten Katalysevorgang zur Verfügung (Abb. 3.19.).

Tabelle 3.3. Klassifizierung enzymatischer Reaktionen

Klasse	Enzymgruppe	Reaktionsprinzip	Beispiel
1	Oxidoreduktasen	$X +/- e^- \rightarrow Y$	Alkoholreduktase
2	Transferasen	$X\text{-}A + Y \rightarrow X + Y\text{-}A$	Transketolase
3	Hydrolasen	$X + Y - H_2O \leftrightarrow Z + H_2O$	Acetylcholinesterase
4	Lyasen	$X \leftrightarrow Y + Z$	Tryptophansynthase
5	Isomerasen	$X \leftrightarrow Y$	Triosephosphatisomerase
6	Ligasen	$X + Y + Energie \rightarrow Z$	Phosphorylase

Im einzelnen stellt sich der katalytische Prozeß wesentlich komplexer dar und ist für viele Enzyme auch noch nicht aufgeklärt. Häufig benötigen Enzyme für die Katalyse zusätzliche Hilfsstoffe, sogenannte Koenzyme, die ebenfalls am aktiven Zentrum binden und an der Substratumwandlung beteiligt sind. So werden beispielsweise zusätzliche organische Redoxkomponenten und gruppenübertragende Koenzyme benötigt. Es ist möglich, daß Koenzyme als prosthetische Gruppen kovalent an Enzyme gebunden werden. Als Kofaktoren bezeichnet man anorganische Metallionen, wie Ca^{2+}, Co^{2+}, Cu^+, Fe^{2+}, Mg^{2+}, Na^+, Zn^{2+}, die ebenfalls zum

Teil als Redoxkomponenten fungieren oder eine stabilisierende und strukturbildende Funktion haben.

$$E + S \underset{k_2}{\overset{k_1}{\rightleftharpoons}} ES \xrightarrow{k_3} E + P$$

Abb. 3.19. Michaelis-Menten-Kinetik. *E* Enzym, *S* Substrat, *P* Produkt

Die Verwendung von Enzymen zur spezifischen Synthese oder Spaltung von organischen Verbindungen hat in der analytischen wie präparativen Biotechnologie eine wichtige Bedeutung. Ein wesentlicher Vorteil enzymatischer Katalysen liegt in der hohen Präzision der Reaktionen. Man spricht von selektiver Katalyse und unterscheidet die Substratspezifität - jedes Enzym kann nur mit einer begrenzten Zahl von Substraten reagieren -, die Stereospezifität - ein Enzym kann aus einem Razematgemisch nur ein Enantiomer umsetzen - und die Reaktionsspezifität - ein Enzym kann nur eine bestimmte Reaktion katalysieren - . In den meisten Fällen katalysiert ein Enzym tatsächlich nur eine Reaktion. Durch Kombination mehrerer Enzyme können dann ganze Reaktionssequenzen biotechnisch realisiert werden. Eine Besonderheit bilden die Multienzymkomplexe und multifunktionellen Enzyme. Erstere sind nicht kovalent aggregierte Enzymeinheiten mit unterschiedlicher Spezifität und letztere mehrere aktive Zentren auf einer einzigen Polypeptidkette. Enzyme kommen hauptsächlich intrazellulär vor und müssen über bestimmte, häufig aufwendige Aufreinigungstechniken präpariert werden. Vorteile bieten bei biotechnischen Applikationen Exoenzyme, die durch die entsprechenden Mikroorganismen ausgeschleust werden. Exoenzyme werden benötigt, wenn polymere Substrate, wie Zellulose, Stärke, Pektine oder Proteine, und giftige Verbindungen zunächst außerhalb der Zelle teilweise metabolisiert werden müssen. Hierdurch machen sich Mikroorganismen bestimmte Substanzen bioverfügbar und damit metabolisierbar. Neben intrazellulären und extrazellulären Enzymen können auch membrangebundene Enzyme auftreten. So befinden sich zum Beispiel Nitrat, Aliphate oder Aromaten oxidierende Enzyme häufig in der Zytoplasmamembran von Mikroben.

Wir haben bereits in Kap. 2.4 gesehen, daß mikrobiologische Stoffwechselprozesse unter anderem direkt auf enzymatischer Ebene reguliert werden. Derartige Regulationen laufen in der Regel in Zeiträumen von weniger als einer Sekunde ab. Toxine wirken häufig über eine irreversible Bindung und Inhibition von Enzymen. In vielen Stoffwechselwegen kommt den schon erwähnten Schlüsselenzymen eine besondere regulatorische Funktion zu. Sie sind Partner in sehr komplexen metabolischen Netzwerken, durch die der Organismus Stoffwechselvorgänge unmittelbar und sehr schnell steuern und den Bedingungen entsprechend abstimmen kann (Abb. 3.20.). Daher kommt der Berücksichtigung der Enzymregulation auch bei *In-vivo*-Anwendungen von Mikroorganismen in der Umweltbiotechnik eine zentrale Bedeutung zu.

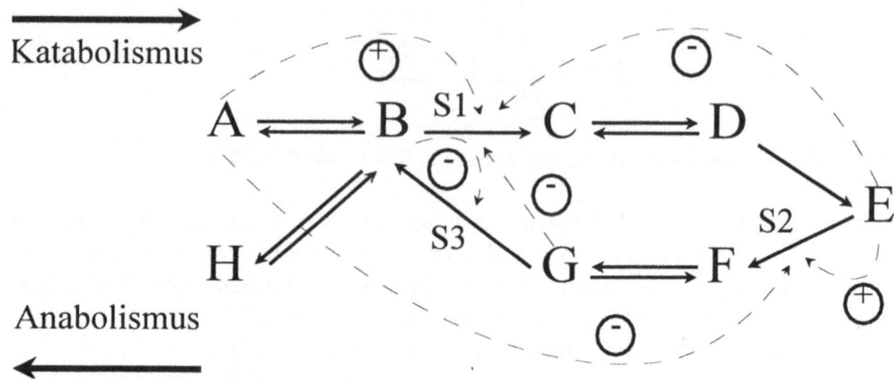

Abb. 3.20. Schematische Darstellung eines metabolischen Netzwerkes. Die Schlüsselenzyme sind hier S1, S2 und S3, durch deren Regulation ein Wechsel zwischen Kababolismus und Anabolismus gesteuert wird

Wird durch eine Mutation in einem schadstoffabbauenden Mikroorganismus dessen Stoffwechselregulation verändert, so kann dies Einfluß auf die Abbaukinetik haben und bringt eventuell einen positiven Effekt für die Anwendung. Dies gilt beispielsweise, wenn Enzyme danach durch ihr Substrat induziert werden oder wenn die Wirkung von Inhibitoren durch Zwischenprodukte aufgehoben wird. Im Extremfall werden nur noch bestimmte Substrate verwertet. Derartige Mutanten können genutzt werden, um aus einem Substratgemisch bestimmte Verbindungen selektiv zu eliminieren.

Bei der Betrachtung metabolischer Wege und Netzwerke taucht eine weitere interessante Frage auf: Wie entwickeln sich Stoffwechselwege? Schon im Jahre 1945 stellte Horowitz hierzu eine interessante Theorie auf. Er ging davon aus, daß es zunächst nur wenige verschiedene „Ur-Enzyme" gab. Durch Genverdopplungen, verbunden mit Genumlagerungen, -fusionen und -mutationen, wurden dann strukturell geringfügig verschiedene Enzymspezies mit unterschiedlichen Substrat- und Reaktionsspezifitäten exprimiert. Im Laufe der Entwicklungsgeschichte entstand so die enorme Molekülvielfalt der Enzyme und damit die Komplexität der Stoffwechselwege. Ein Hinweis auf die Richtigkeit dieser heute noch geltenden Annahme ist, daß man trotz der Verschiedenheit der Enzyme zahlreiche Homologien, wie zum Beispiel sich wiederholende Strukturmotive, findet.

Da die Aufreinigung von Enzymen kostenintensiv und aufwendig ist, und da der zuverlässige Einsatz über längere Zeiträume gewährleistet sein muß, spielt bei *In-vitro*-Anwendungen technischer Enzyme deren Stabilität eine wichtige Rolle. Es sind verschiedene experimentelle Strategien beschrieben, um Enzyme möglichst stabil zu halten. Eine geeignete Wahl der Milieubedingungen ist wichtig. Einfluß haben, neben Temperatur-, pH-, Salz- und Druckeffekten, mechanische Einwirkung, Bestrahlung sowie chemische Zusatzstoffe. Durch chemische Modifizierung von Enzymen ist es möglich, deren Eigenschaften für biotechnische Anwendungen zu verbessern. So kann durch Adsorption oder eine chemische Immobilisierung Protein an eine spezielle Matrix gekoppelt werden, was häufig eine Stabilitätserhöhung für das Protein mit sich bringt. Als „Verbindungsstücke" zwischen Matrix und Enzym werden häufig langkettige Moleküle (Linker) verwendet. Hierdurch soll das Enzym exponiert werden und die notwendige Moleküldynamik gewährleistet bleiben. Die Trägermatrix (Agarose, Alginat oder Membranen) stellt eine relativ starre Struktur dar und sichert daher hohe mechanische Festigkeit und gute Fließeigenschaft für Durchflußreaktoren.

Selbstverständlich liegt ein weiterer Vorteil der Immoblisierung darin, daß Enzymverluste durch die Verhinderung von Auswaschung drastisch reduziert werden. Proteinstabilisierende Wirkung hat auch die intramolekulare chemische Vernetzung funktioneller Gruppen. So kann durch bifunktionelle Reagenzien, wie zum Beispiel Glutardialdehyd, eine Proteinkonformation in ihrer aktiven Form „eingefroren" werden. Nachteilig bei den geschilderten Immoblisierungsmethoden sind allerdings häufig auftretende Aktivitätsverluste. Dies liegt zum Teil an der eingeschränkten molekularen Dynamik der Enzyme. Unsere eigene Erfahrung zeigt, daß die rein physikalische Immobilisierung von Enzymen in Hohlfasermembranreaktoren und -sensoren Vorteile bietet, da hierbei Enzyme in ihrem nativen Zustand und unter idealen Bedingungen inkubiert werden können.

Die meisten Enzyme werden bei Temperaturen oberhalb von 50-60°C denaturiert und haben ihr Aktivitätsoptimum bei 20-40°C. Wie aber die Existenz zahlreicher extremophiler Organismen beweist, ist die biochemische Adaptationsbandbreite gegenüber verschiedenen Milieufaktoren (Temperatur, Druck, pH, Ionenstärke) und Schadstoffen sehr groß. Thermophile Mikroorganismen bilden beispielsweise Proteinstrukturen, die selbst bei über 100°C noch nicht denaturieren und zudem noch aktiv sind. In der Enzymtechnik macht man sich mittlerweile diese Eigenschaften zunutze und isoliert aus thermophilen Mikroorganismen Enzyme, die auch *in-vitro* unter extremen Temperaturen noch aktiv sind. Ein gutes Beispiel für eine interessante Anwendung thermostabiler Enzyme ist die in Kap. 2.6.2. bereits ausführlich erklärte Polymerasekettenreaktion. Da die Halbwertszeit von Proteinen eine Funktion der Temperatur ist, sind Moleküle aus thermophilen Mikroorganismen auch unter physiologischen Bedingungen stabil. Gentechnisch lassen sich bestimmte Gene thermophiler Organismen in „normale" Bakterien klonieren. Hierdurch kann die Aufreinigung thermostabiler Genprodukte stark vereinfacht werden. Es sind Methoden beschrieben, mit denen in einem einzigen Hitzeschritt ein Enzym sauber präpariert werden kann. Dies gelingt, da außer dem thermostabilen „fremden" Enzym alle anderen wirtseigenen Proteine des manipulierten Bakteriums thermolabil sind. Durch Anwendung von Methoden der evolutionären Biotechnologie sollte es sogar möglich sein, gentechnische Ansätze zu umgehen. Während der

evolutionären Optimierung von Mikroorganismen können extreme Umweltbedingungen, wie zum Beispiel eine hohe Toxinkonzentration unter extremer
Temperatur, eingestellt und Mikroorganismen darauf angepaßt werden. Aus den
derart weiterentwickelten Mikroorganismen könnten dann thermostabile Enzyme
für den Nachweis oder den Abbau von Umweltgiften isoliert werden.

Der Einsatz von Enzymsensoren in der Medizin oder Lebensmitteltechnik sowie
auch in der Umweltanalytik ist von großer Bedeutung. Aufgrund der hohen
Substrat- und Reaktionsspezifität von Enzymen ist es - wie mit keiner anderen
Analysemethode - möglich, aus einem Substanzgemisch eine einzelne Substanz
gezielt und schnell nachzuweisen. So gibt es Sensoren, die bereits wenige nmol
einer Substanz, zum Beispiel Phenol oder Nitrat, zuverlässig nachweisen können.
Häufig werden Enzymsysteme an elektrochemische oder kalorimetrische
Meßeinheiten (Thermistoren) gekoppelt, um digitale Signale zu bekommen. So
sind zum Beispiel Enzymthermistoren zur kontinuierlichen Messung des
Quecksilbergehaltes im Abwasser beschrieben. Allerdings muß man einschränkend sagen, daß bisher nur sehr wenige wirklich zuverlässige Enzymsensoren auf dem Markt sind und sich viele Applikationen noch unausgereift in
der Entwicklung befinden. Bekommt man jedoch die genannten Stabilitäts- und
Aktivitätsprobleme in den Griff, wird kaum eine andere analytische mit Methode
der enzymatischen Detektion konkurrieren können (Abb. 3.21.).

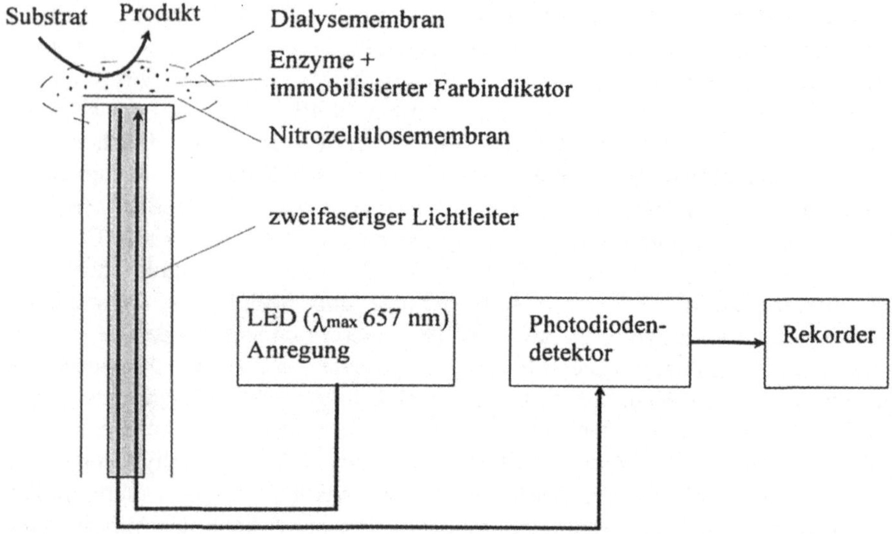

Abb. 3.21. Funktionsprinzip eines fiberoptischen Enzymsensors. Die Enzyme und der
Farbindikator, der die Reaktion anzeigt, sind physikalisch immobilisiert

Beim Einsatz von Enzymen im präparativen Maßstab muß zunächst entschieden
werden, ob freie oder immobilisierte Enzyme eingesetzt werden sollen. Die Entscheidung hierüber hängt von dem jeweiligen Enzym und der geplanten An-

wendung ab. Traditionelle Enzymreaktortechniken sind Rührkessel-, Festbett- und Wirbelschichtverfahren. Flach- und Hohlfasermembranreaktoren finden in der präparativen Enzymtechnik eine immer breitere Anwendung. Die Substrate gelangen hier entweder durch Filtration oder durch Diffusion in das enzymdurchströmte Kompartiment, werden umgesetzt und als Produkte entsprechend abgeführt. Enzymreaktoren unterscheidet sich grundsätzlich nicht von Zellreaktoren und werden später detailliert beschrieben. In der Umweltbiotechnik werden zwar Enzyme *in-vitro* zum Abbau von Schadstoffen verwendet, jedoch dominiert hier die *In-vivo*-Katalyse durch Mikroorganismen. Dennoch gibt es mittlerweile verschiedene Entwicklungen von Enzymreaktorverfahren zum Beispiel zur Behandlung von zyanidhaltigem Abwasser, Verfahren zur enzymatischen Elimination von Nitrat und Nitrit oder zur Phenolabtrennung. Obwohl derartige Anwendungen sicher wesentlich teurer sind als mikrobiologische Verfahren, können sie immer dort sinnvoll sein, wo Leben aufgrund zu hoher Toxizität nicht mehr möglich ist. Die Bedeutung von technischen Enzymen in der Waschmittelindustrie zeigt, welche prinzipiellen Möglichkeiten hier für Umweltschutzanwendungen bestehen.

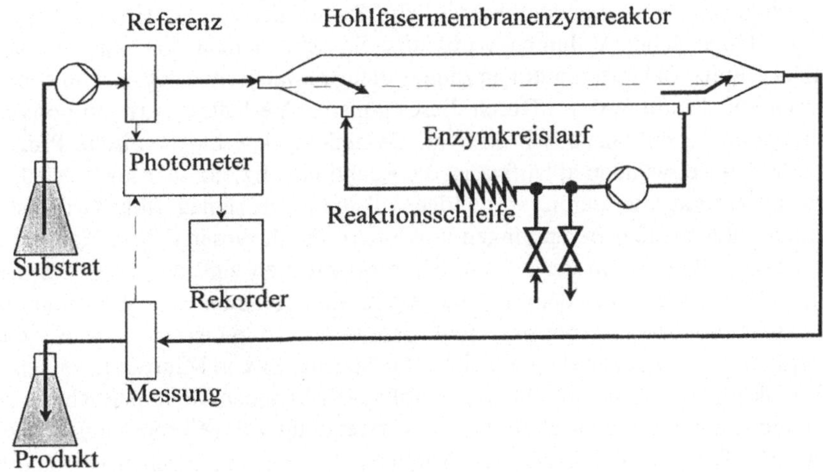

Abb. 3.22. Flußdiagramm eines Hohlfasermembranenzymreaktors

Interessant für den Umweltschutz ist die Enzymkatalyse im organischen Milieu, da viele Xenobiotika in Wasser nur schwer löslich sind. Erst durch Veränderung des Milieus können diese Verbindungen in Lösung gebracht und enzymatisch umgesetzt werden. Das Problem liegt hier darin, Enzyme in der veränderten Lösungsmittelumgebung zu stabilisieren und aktiv zu halten. Alternativ können Enzyme in der wäßrigen und ihre Substrate in der organischen Phase eingesetzt werden. Man spricht in diesem Fall von einer heterogenen Katalyse, wobei für das Substrat ein Phasenübergang erreicht werden muß. Darüber hinaus können auch die Charakteristik einer Enzymreaktion, zum Beispiel in bezug auf Spezifität, Umsatzrate oder Gleichgewichtslage, oder die Enzymstabilität durch Variation des Lösungsmittels verändert werden. Die Stabilitätserhöhung durch organische Komponenten, wie Glyzerin oder Polyethylenglykol, kann darüber hinaus indirekt durch Hemmung von Proteasen hervorgerufen werden. Ein wichtiger weiterer Aspekt in der industriellen Anwendung von Enzymkatalysen in organischen Lösungsmitteln sind Synthesen. Sie können oft aufgrund der veränderten Gleichgewichtslage in wässrigen Systemen nicht stattfinden.

3.5.3 Technische Mikrobiologie

Die Bezeichnung Mikroorganismus orientiert sich einzig an der Größe eines Lebewesen und ist daher ein Sammelbegriff für Bakterien, Protozoen, Algen und Pilze. Die Mikrobiologie beschäftigt sich entsprechend mit der Charakterisierung dieser Organismen, deren Stoffwechelleistungen mittlerweile eine große Bedeutung im Umweltschutz gewonnen haben. Zahlreiche Merkmale qualifizieren Mikroorganismen hier als besonders effektive „Reaktoren". Sie besitzen durch ihre geringe Größe - die durchschnittliche Länge beträgt 1-10 µm - ein sehr günstiges Oberflächen-Volumen-Verhältnis. So schätzt man die aktive Gesamtoberfläche einer Bakterienkultur in einem dicht bewachsenen Reaktor mit einem Volumen von 1 l auf 300 m^2. Durch dieses günstige Verhältnis wird ein optimaler Substrat- und Produktaustausch erreicht. Da zudem viele biochemische Prozesse an und in den Zellwänden ablaufen, ist die Reaktionseffizienz sehr hoch. Auch der Stoffwechsel und die damit verbundene Teilungsrate eines Mikroorganismus verlaufen unter idealen Bedingungen maximiert, damit dieser sich in Konkurrenz zu anderen Zellen durchsetzen kann. Mikroorganismen sind aufgrund des meist hohen Selektionsdruckes, dem sie ausgesetzt sind, ökonomische Substratnutzer und verhältnismäßig robuste und resistente Lebewesen. Alle diese „Qualifikationen" machen die biotechnische Bedeutung von Mikroorganismen bei der Produktion von Proteinen, Pharmazeutika oder Lebensmitteln deutlich.

Im angewandten Umweltschutz ist die Verwendung von Mikroorganismen zum Abbau, zur Transformation und zur Anreicherung von organischen und anorganischen Schadstoffen aus Boden, Wasser und Luft von besonderer Bedeutung. Allerdings setzt man hier bevorzugt Mikroorganismen ein, die sich an geringe Substratkonzentrationen, hohe Toxinbelastungen und andere ungünstige Umweltbedingungen durch eine Besonderheit ihrer Stoffwechselleistung adaptiert haben. Derartige Keime besitzen eine hohe Substrataffinität oder -variabilität.

Die Benennung von Lebewesen erfolgt nach einem Kode, der sich aus dem Gattungs- und aus dem Artnamen zusammensetzt. In vielen Fällen sagen der Gattungs- und Artname bereits etwas über die besondere physiologische oder morphologische Charakteristik von Mikroorganismen aus. Das Bakterium *Pseudomonas multivorans* kann mehr als 100 verschiedene organische Verbindungen umsetzen, während andere Organismen, zum Beispiel *Nitrosomonas*, als ausgezeichnete Ammoniakoxidierer ausgesprochene Spezialisten sind. Der Artname kann sich auch auf Bedingungen des Lebensraumes beziehen, wie beispielsweise bei dem ausschließlich im Hochsalzmilieu lebendem *Halobacterium salinarium*. Anhand dieser Beispiele wird deutlich, daß von Mikroorganismen hauptsächlich zwei Anpassungsstrategien verfolgt werden. Zum einen kann dies stoffwechselphysiologische Vielseitigkeit sein, die es einem Organismus erlaubt, ein breites Spektrum von Verbindungen zu verwerten. Auf der anderen Seite finden wir eine hohe Spezialisierung auf bestimmte ausgefallene Substrate und die Anpassung an extreme Lebensräume.

Morphologische beziehungsweise physiologische Charakterisierungsmerkmale von Mikrooganismen sind zum Beispiel deren Form, die Art der Koloniebildung, ihre Färbbarkeit, ihre Stoffwechselleistung in Abhängigkeit von Temperatur- und pH-Wert oder auch ihre Mobilität. Referenz für einen Mikroorganismus ist die Reinkultur. Als rein wird eine Kultur dann bezeichnet, wenn sie aus einer einzelnen Zelle hervorgegangen ist. Man spricht dann vom Zellklon oder Stamm. Die Klone werden durch bestimmte Vereinzelungstechniken isoliert, charakterisiert und in Stammsammlungen konserviert und gelagert. Für einen Zellklon lassen sich zum Beispiel individuelle Stoffwechseleigenschaften definieren, an denen er erkannt und bestimmt werden kann.

Tabelle 3.4. Kennzeichen und mögliche Anwendungsgebiete für einige wichtige Bakterienfamilien. (nach Rehm, 1971)

Familie	Kennzeichen	Anwendung
Bacillaceae	Grampositiv, Stäbchen, Sporenbildner	Produktion von Antibiotika, Toxinen, Enzymen, Gärprodukten
Corynebacteriaceae	Grampositiv, Stäbchen	Produktion von Aminosäuren, Abbau von Kohlenwasserstoffen
Enterobacteriaceae	Gramnegativ, kurze Stäbchen, teilw. begeißelt	Produktion von gentechnischen Produkten, Nukleotiden
Lactobacteriaceae	Grampositiv, Stäbchen	Milchsäuerung, Produktion von Diacetal, Dextran, Milchsäure
Micrococcaceae	Grampositiv, Kugelformen	Oxidation von Steroiden, Abbau von Kohlenwasserstoffen
Mycobacteriaceae	Grampositiv	Abbau von Kohlenwasserstoffen
Propionibacteriaceae	Grampositiv, Stäbchen	Produktion von Vitaminen und organischen Säuren
Pseudomonadaceae	Gramnegativ, Stäbchen, begeißelt	Abbau von Kohlenwasserstoffen, Oxidation von Alkoholen
Streptomycetaceae	Mycelien mit Hyphen	Produktion von Antibiotika

Adaptationsphänomene und die genetische Variabilität führen allerdings zu einer sehr hohen Änderungsgeschwindigkeit der Stoffwechelcharakteristik von Keimen. Eine eindeutige Identifizierung von Mikroorganismen ist daher in der

Umweltmikrobiologie häufig schwer. Es besteht dann die Notwendigkeit für eine aufwendige Analyse des genetischen Materials. Die derzeit gängige Bestimmungsmethode für Mikroorganismen zieht die Sequenz ribosomaler RNA, genauer der 16S rRNA, zur taxonomischen Klassifizierung heran. Auf dieser Grundlage ist sogar die Aufstellung eines phylogenetischen Stammbaumes möglich. In Kap. 5.4.7 gehen wir näher auf die genetische Analyse ein.

In mikrobiologischen Umweltschutzverfahren finden häufig „Spezialkulturen" Anwendung, die - zumindest im Labor - über besondere Abbaufähigkeiten für Schadstoffe oder über Toxinresistenzen verfügen. Man isoliert diese Kulturen über besondere Selektionstechniken. Beispielsweise wird mit Extrakten aus schadstoffbelasteten Proben ein synthetisches Selektionsmedium beimpft. Diese Medien enthalten gegebenenfalls als einzig verfügbare Kohlenstoff- oder Stickstoffquelle ein abzubauendes organisches Toxin. Auf diese Weise können zum Beispiel Boden- oder Wasserproben nach Spezialkulturen abgesucht werden. Diese Suche wird als Screening bezeichnet. Dem Ort der Probennahme sollte bei dieser Vorgehensweise größte Beachtung beigemessen werden, da an entsprechend kontaminierten Standorten durch die natürliche Selektion in der Regel bereits eine Anreicherung von Spezialisten stattgefunden hat. Bei richtiger Wahl der Probennahmestelle - man sollte hier nicht vor extrem belasteten Orten zurückschrecken - besteht eine hohe Wahrscheinlichkeit für ein erfolgreiches Screening. Bestimmte Screeningverfahren beschränken die Zahl geeignet erscheinender Stämme durch folgende Kriterien, wobei sich sehr selten ein Stamm findet, der all diesen Kriterien auf Anhieb genügt:

1. Eignung für den Einsatz in umwelttechnischen Anlagen,

2. hohe Abbauraten,

3. Bildung ungefährlicher Endprodukte oder Intermediate,

4. geringe Anfälligkeit gegen Fremdkeime,

5. hohe Stabilität und

6. Nichtpathogenität

Über den Sinn und die Erfolgsaussichten des Einsatzes von Spezialkulturen gibt es unterschiedliche Ansichten. Ob eine Beimpfung mit Spezialisten erfolgversprechend ist, hängt zunächst vom Anwendungsgebiet ab. So gibt es generell immer dann einen Einsatzbedarf für Spezialisten, wenn von vornherein keine leistungsfähigen standorteigenen Kulturen vorhanden sind. Dies gilt besonders dann, wenn starke Belastungen mit organischen Rückständen oder Gemische aus toxischen und nichttoxischen Substraten vorliegen.

Kommen Substratgemische vor, werden von den standorteigenen Kulturen meist die leichter abbaubaren Stoffe „favorisiert", da dies energetisch günstiger ist. Die persistenten Schadstoffe werden nicht umgesetzt. Eine Spezialkultur kann indes bereits so auf die Metabolisierung eines bestimmten Schadstoffes optimiert werden, daß sie quasi von diesem Substrat abhängig ist. In einem Substratgemisch erfolgt durch diese Spezialkultur - wenn sie über einen gewissen Mindestzeitraum stoffwechselaktiv gehalten werden kann - dann auch die selektive Metabolisierung des Toxins im Stoffgemisch. In vielen Bereichen der Industrieabwasserbehandlung, der Bodensanierung und der biologischen Luftbehandlung erreicht man ohne den Einsatz speziell adaptierter Mikroorganismen keinen effektiven Abbau. Einschränkend muß allerdings gesagt werden, daß eine langfristige Etablierung der Kulturen meist nicht gelingt. Es muß daher periodisch nachgeimpft werden.

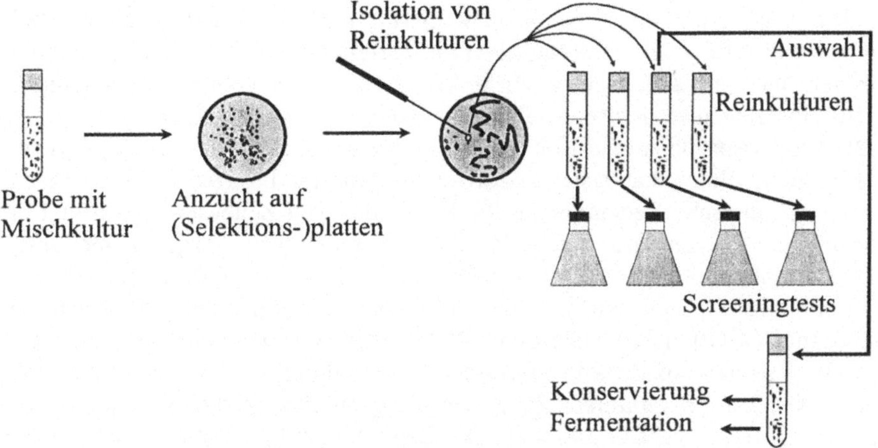

Abb. 3.23. Schema zur herkömmlichen Isolierung und Charakterisierung von Reinkulturen

Ein weiteres Einsatzgebiet von Spezialkulturen liegt in der schnellen Regeneration biologischer Systeme. So kann ein schneller Wiederaufbau mikrobieller Biozönosen und eine Reaktivierung von biologischen Prozessen durch Animpfung mit Spezialisten erreicht werden. Derartige Maßnahmen sind besonders nach störfallbedingten Vergiftungen biotechnischer Behandlungsanlagen oder natürlicher Areale sinnvoll und notwendig.

Mögliche weitere Vorteile des Einsatzes von spezialisierten Mikroorganismen sind die Steigerung der Abbauleistung einer Biozönose, die Verkürzung von Anfahrzeiten von Systemen, die Schaffung höherer Toxintoleranzen sowie die Massenreduzierung von Restschlamm oder Schwebstoffen.

Wegen der genannten möglichen Vorteile setzen im Bereich der Umweltbiotechnik zahlreiche Anwender Spezialkulturen ein. Entsprechend gibt es eine Reihe von Institutionen, die speziell gezüchtete Keime kommerziell anbieten. Um einen erfolgreichen Einsatz von Spezialkulturen zu gewährleisten, müssen aber die „Zuchtmethoden" bestimmten Kriterien genügen. Sollen die Mikroorganismen nicht nur als Katalysatoren mit begrenzter Einsatzmöglichkeit und geringer

Lebensdauer verwendet werden, sondern sich im System anreichern, kann dies nur über Wachstumsprozesse geschehen. Das Wachstum wird aber nicht nur durch die chemische Zusammensetzung des Mediums, sondern durch alle Milieubedingungen beeinflußt. Die Stammzucht sollte daher nicht nur auf einen optimalen Schadstoffabbau in einem idealen Reaktionsgefäß abzielen, sondern unter möglichst authentischen, wachstumsrelevanten Anwendungsbedingungen erfolgen. Hierdurch werden der später notwendige Adaptationsprozeß der Mikroorganismen an die Anwendungstechnik minimiert und die Chancen einer erfolgreichen Etablierung erhöht. Das Ziel sollte also sein, daß die Spezialisten nach einer Beimpfung möglichst nicht wieder aus dem beimpften System ausgetragen werden, absterben oder von anderen Mikroorganismen überwachsen werden. Die Erfolgswahrscheinlichkeit hierfür kann zusätzlich dadurch erhöht werden, daß für die Spezialorganismen im Vorfeld optimale Verfahrensparameter ermittelt werden und realiter auch zur Anwendung kommen. Die Zugabe wachstumsrelevanter Zusatzstoffe kann hier sinnvoll sein.

Die Stoffwechselcharakteristik von Mikroorganismen ist ein zentrales Thema dieses Buchs. Enzymkatalysierte Stoffwechselprozesse besitzen im wesentlichen zwei physiologische Bedeutungen: die Produktion von Zellbestandteilen und die Konversion von Energie. Nach Art der metabolischen Energiequellen unterscheidet man phototrophe Organismen, die Lichtenergie nutzen können, von chemotrophen Organismen, die das universale „Energiekleingeld" Adenosintriphosphat (ATP) durch chemische Redoxreaktionen gewinnen. Organotrophe Mikroorganismen oxidieren organische Verbindungen, während lithotrophe Keime Anorganika veratmen. Zu diesen anorganischen Reduktionsäquivalenten zählen H_2, NH_3, H_2S, CO und Fe^{2+}. Der Zellkohlenstoff stammt bei autotrophen Organismen aus der CO_2-Assimilation und bei Heterotrophen aus dem Abbau organischer Verbindungen. Aerobe Mikroorganismen benötigen Sauerstoff zum Leben und anaerobe Mikroorganismen existieren durch Reduktion anderer Elektronenakzeptoren. Fakultativ anaerobe Organismen können vom aeroben auf den anaeroben Stoffwechsel umschalten, wie auch für bestimmte Lebewesen der Wechsel von der Autotrophie zur Heterotrophie möglich ist. Man spricht von mixotrophen Organismen. Diese mikrobiellen Charakterisierungsmerkmale des Stoffwechsels sind, wie viele andere „typische" Reaktionen, häufig fließend (Tabelle 3.5.).

Allen Mikroorganismen ist dagegen gemeinsam, daß die Nährstoffe auf katabolischem Weg zunächst in relativ kleine Moleküle, wie organische Säuren oder Phosphatester, umgewandelt und in den Intermediärstoffwechsel eingeschleust werden. Hier können sie entweder durch energieliefernde Redoxreaktionen vollständig mineralisiert oder zur Synthese von primären Zellgrundbausteinen und weiter zu polymeren Makromolekülen verwendet werden.

Mikroorganismen können sich nicht nur durch bestimmte katabole, sondern auch durch anabole Prozesse an extreme Situationen anpassen. Bestimmte Gruppen bilden bei Nährstoffmangel und anderen Streßsituationen Überdauerungsstadien, wie zum Beispiel Sporen. Während derartiger Überlebensperioden besitzen sie in der Regel sehr robuste Zellwände und zeichnen sich daher durch eine hohe Stabilität gegenüber Temperatur, pH, Trockenheit, Desinfektionsmitteln oder Antibiotika aus. Weitere Schutzreaktionen sind zum Beispiel die „Flucht" vor Toxinbelastungen - Mikroorganismen verfügen über spezielle chemotaktische Sensoren und Fortbewegungsorganellen - oder die Ausbildung von Zellaggregaten oder Immobilisaten. Zu diesen Aggregaten zählen Zellflocken und Biofilme. Wie weit derartige Adhäsionsprozesse fortschreiten können, zeigt das Wachstum bestimmter Pilze, wie *Aspergillus* oder *Penicillium*, die mit ihren Hyphen sogar in mikroporöse Glasstrukturen eindringen können. Eine regulatorische Abschirmung vor Belastungen kann sich auch dadurch äußern, daß Mikroorganismen bestimmte Stoffwechselprozesse einstellen oder selektiv Nährstoffe nicht mehr einschleusen. Bestimmte Arten sind sogar in der Lage, schädigende Biochemikalien (Killerfaktoren) auszuschleusen, um sich vor konkurrierenden Mikroorganismen zu schützen.

Tabelle 3.5. Beispiele für spezielle mikrobiologische Ernährungstypen. (nach Schubert, 1991)

Ernährungstyp	Kohlenstoffquelle	Reduktionsmittel
Chemoorganotroph	Organische Verbindungen	H_2O
Chemolithotroph	CO_2	NH_4^+, NO_2^-, H_2S, S, $S_2O_3^{2-}$, H_2, Fe^{2+}
Photoorganotroph	CO_2	z.B. organische Säuren
Photolithotroph	CO_2	H_2O, H_2S
Methanogen	CO_2	H_2, Acetat
Methylotroph	CH_4, CO_2	CH_4

Mikroorganismen verfügen über verschiedene Strategien, sich Nahrungsquellen zu erschließen, das heißt bioverfügbar zu machen. So gelten zum Beispiel Polymere auf Zellulosebasis - hierzu zählen Textilfasern, Holz oder Leder - im allgemeinen als stabile Stoffe und werden daher zur Herstellung zahlreicher Produkte verwendet. Dennoch gibt es eine Reihe von Mikroorganismen, insbesondere Pilze der Gattungen *Trichoderma, Fusarium* und *Verticillium*, die Exoenzyme ausschleusen und hiermit Polymerstrukturen aufbrechen. Die sog. Stockflecken auf Textilien sind ein sichtbares Zeichen derartiger mikrobiologischer Aktivität. Eine weitere mikrobiologische Strategie zur Erschließung von Nahrungsquellen ist die Sekretion von natürlichen Tensiden, wie Glyko- und Phospholipiden, um wasserunlösliche, hydrophobe organische Materialien, etwa langkettige Kohlenwasserstoffe, zu emulgieren.

Werden Substanzen durch Organismen zwar aufgenommen und resorbiert, aber nicht biologisch abgebaut, kommt es zur Anreicherung von Verbindungen in der Biomasse. Diese Fähigkeit zur Bioakkumulation ist bei verschiedenen Organismen unterschiedlich stark entwickelt. Einige Spezies sind fähig, selbst geringste Konzentrationen eines Stoffes aus ihrem Umgebungsmedium anzureichern. Problematisch werden solche Akkumulationen dann, wenn sie in die Nahrungskette gelangen. Am Ende der Kette steht nicht selten der Mensch, der auf diese Weise durch Schadstoffe vergiftet wird. Naheliegenderweise läßt sich die Bioanreicherung auch zur Elimination von Gefahrstoffen aus der Umwelt nutzen. Diese Verfahren spielen besonders bei der Kontamination durch nicht abbaubare Schwermetallsalze eine besondere Rolle.

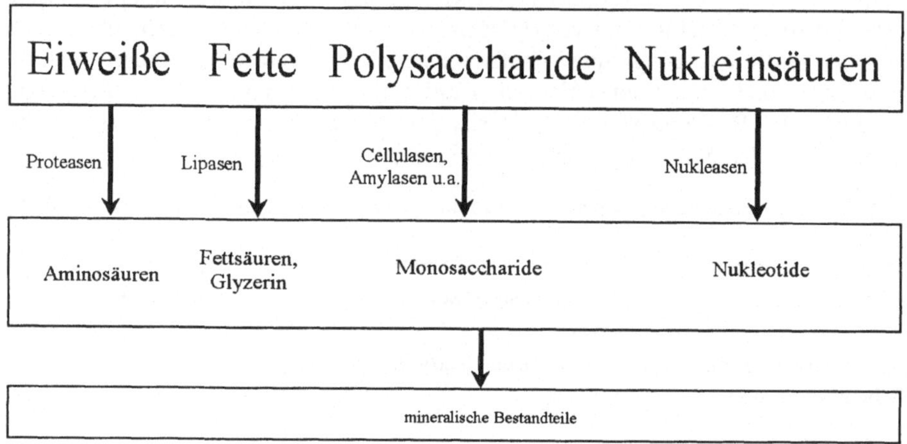

Abb. 3.24. Stufen des mikrobiologischen Abbaus polymerer organischer Matrix. (nach Schluttig, 1990)

Am Ende dieses Abschnitts wollen wir auf einige ungewöhnliche und biotechnisch interessante Mikroorganismengruppen hinweisen, die gleichzeitig als besonders gute Beispiele für die mikrobielle Adaptationsfähigkeit gelten können.

Das Bakterium *Pseudomonas aeruginosa* ist fähig, bestimmte Nitroverbindungen abzubauen. Da zu den Nitroverbindungen auch der Sprengstoff Trinitrotoluol (TNT) zählt, werden solche Keime bei der Sanierung von ehemaligen Truppenübungsplätzen eingesetzt. Die Arbeiten von Knackmuß (1995) auf diesem Gebiet sind wegweisend.

Bestimmte chemolithotrophe Bakterien, wie zum Beispiel *Thiobacillus*, können schwerlösliche Metallsulfide in lösliche Metallsulfate umwandeln. Im biotechnischen Maßstab wird diese Fähigkeit zur Erzlaugung bei der Gewinnung von Kupfer-, Zink-, Nickel-, Blei-, Cadmium-, Eisen- und Uranerzen genutzt. Man bezeichnet diesen Vorgang als leaching. Umwelttechnische Bedeutung erlangen diese Mikroorganismen bei der Bodenwäsche von schwermetallbelasteten Böden. Aufgrund ihrer Schwermetallresistenz sind sie zudem für den Abbau organischer Verbindungen in schwermetallbelastetem Milieu interessant.

Eine weitere Gruppe, die Archaebakterien, gewinnt zunehmend Bedeutung in der Biotechnik. Hierzu zählen die salzliebenden Halobakterien oder die thermophilen Bakterien der Gattung *Sulfolobus*. Einige *Sulfolobus*-Arten tolerieren Temperaturen von bis zu 110°C und bestimmte Halobakterien leben vorzugsweise in gesättigten Salzlösungen von 4,5 M NaCl! Man findet Vertreter dieser Gruppe vor allem an Extremstandorten. So lebt der Keim *Acidojanus infernus* in unmittelbarer Nähe submariner Vulkane, da er an eine Vielzahl extremer Bedingungen (Salz, Temperatur, pH) angepaßt ist. Unter den Archaebakterien findet man neben Zellen mit extremer Thermo- und Salztoleranz auch azidophile und alkalinophile Mikroorganismen. Die jeweiligen pH-Optima liegen bei 2-3 (*Thiobacillus thiooxidans*) beziehungsweise 9,0-10,5 (*Bacillus alcalophilus*). Der maximale mikrobielle pH-Toleranzbereich liegt damit zwischen 0,8 und 11,5! Psychrophile Mikroorganismen, wie *Raphidonema nivale* oder *Vibrio marinus* sind an ein Leben bei tieferen Temperaturen adaptiert. Die Stoffwechseloptima dieser Mikroorganismen liegen in einem Temperaturbereich zwischen 5-15°C. Archaebakterien weisen gegenüber anderen Mikroorganismen zahlreiche strukturelle Unterschiede im Erbmaterial, den Zellwänden und den Proteinen auf. So bestehen die Zellwände von Archaebakterien nicht aus Murein, sondern aus einer Glykoproteinhülle. Die Organismengruppe ist zudem in der Lage, schützende und stabilisierende Stoffe - wie beispielsweise Ectoin - adaptiv zu produzieren. Von großem technischen Interesse ist es, diesen „Extrembakterien" zusätzlich Schadstofftoleranzen und -abbaufähigkeiten anzuzüchten und dann in kombinierten, physikochemisch-mikrobiologischen Umweltschutzverfahren oder während ungünstiger Sanierungszeiträume einzusetzen. Interessant sind neuere Erkenntnisse, nach denen durch gezielten milieubedingten Streß der Schadstoffabbau durch Mikroorganismen angeregt werden kann. So führen kurzzeitige periodische Wechsel zwischen aeroben und anaeroben Bedingungen zu einem höheren Substratumsatz bei gleichzeitig reduzierter Biomassebildung.

3.5.4 Technische Ökologie

Die lebenden Organismen eines bestimmten Areals und ihre unbelebte chemische und physikalische Umwelt sind miteinander verbunden und beeinflussen sich gegenseitig. Solche Ökosysteme wurden in Kap. 2.4 vorgestellt.

In der biologischen Schadstoffeliminierung werden meist Mischkulturen von Organismen mit teilweise unterschiedlichen und sich ergänzenden Fähigkeiten eingesetzt, für die ökologische Gesetzmäßigkeiten gelten. Derartige Zweckgemeinschaften haben wir bereits als Biozönosen näher beschrieben. Häufig muß in offenen, insterilen und kontinuierlichen Systemen gearbeitet werden, die aufgrund wechselnder Verfahrensparameter und Schadstoffzuführung eine bestimmte Populationsdynamik aufweisen. Daher ist es in der Umweltbiotechnik nicht sinnvoll, Mikroorganismen ausschließlich isoliert zu betrachten. Vielmehr sollten deren Wechselwirkungen untereinander und mit dem technischen System berücksichtigt werden.

An einem konkreten Beispiel aus der Abwassertechnik wollen wir verdeutlichen, wie biozönotische Abhängigkeiten in der Anwendung genutzt werden können. Anaeroben und fakultativ anaeroben Mikroorganismen dient nicht Sauerstoff als Oxidationsmittel, sondern häufig ein eigenes Stoffwechselintermediat als Elektronenakzeptor. Man spricht dabei von Gärung. In der anaeroben Abwasserreinigung kann der dreistufige methanogene Abbau von organischen Verbindungen nur durch ein sequentielles Zusammenwirken aus fermentativen, azetogenen und methanogenen Bakterien erreicht werden. In einer ersten azidogenen Stufe werden biologische Polymere wie Fette, Proteine und Kohlenhydrate durch extrazelluläre Enzyme hydrolysiert. Die Hydrolyseprodukte werden dann zu organischen Säuren, Alkoholen, Kohlenhydraten, Wasserstoff und Kohlendioxid vergoren. In der zweiten azetogenen Stufe werden die drei erstgenannten Gärungsprodukte zu Azetat umgebaut. In der dritten methanogenen Phase werden schließlich die entstandenen Abbauprodukte zu Methan und Kohlendioxid umgewandelt. In der technischen Anwendung ist es wichtig, für alle diese Prozesse optimale Bedingungen zu finden, um eine hohe Effizienz des Verfahrens zu erreichen (Abb. 3.25.).

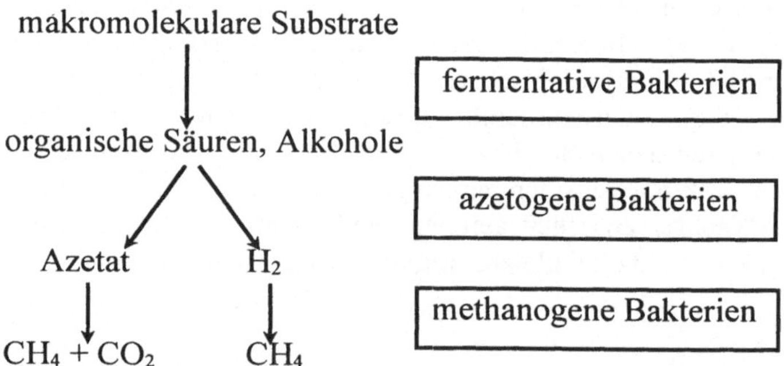

Abb. 3.25. Kooperation verschiedener Mikroorganismen bei der anaeroben Abwasserreinigung

Schadstoffe wirken sich auf jeden Keim einer Biozönose unterschiedlich aus. Darüber hinaus stehen Mikroorganismen miteinander in Konkurrenz um Nährstoffe. Das kann zu einem Selektionsdruck und dadurch zu unterschiedlichen Adaptationen an ökologische Nischen führen. Mikroorganismen können dabei grundsätzlich miteinander kooperieren oder ein Stamm kann den anderen überwachsen.

Zu den kooperativen Wechselwirkungen zählt man die Symbiosen. Sie beruhen auf gegenseitigen Adaptationsvorgängen, während der sich die beteiligten Mikroorganismen gemeinsam entwickeln. So können unter anderem Stoffwechselsymbiosen entstehen, in denen verschiedene Mikroorganismen jeweils einen bestimmten Teil der Synthese- oder Abbauleistung übernehmen. Ein wesentliches Kennzeichen von Symbiose liegt darin, daß unterschiedliche Zellen mit spezialisierten Möglichkeiten zu einer insgesamt leistungsfähigeren Überstruktur zusammenfinden. So haben unterschiedliche Zellen eventuell unterschiedlich eingeschränkte Enzymspektren. Bei einem komplexen Substratangebot oder bei aufwendigen und komplizierten Abbauwegen müssen sich die verschiedenen Zellen dann über ihre Enzymspektren gegenseitig ergänzen. Es wird sozusagen ein gemeinsamer Enzympool gebildet, der einen Abbau durch die Biozönose ermöglicht.

Oft stehen die Symbionten in enger räumlicher Nähe zueinander, was zur Zellaggregation sowie Differenzierung führen kann. Ein Beispiel dafür stellt die einzellige Mikroalge *Volvox* dar. Viele dieser Einzeller bilden ein Aggregat, in dem eine Aufgabenteilung der Zellen erfolgt. Diese Symbiose ist so eng, daß man das Aggregat fast schon als vielzelligen Mikroorganismus bezeichnen kann. Auch im Darmtrakt vieler Tiere und des Menschen sind symbiontische Mikroorganismen zu finden, ohne deren Zusammenwirken ein Nahrungsaufschluß nicht möglich ist. Beim methanogenen Abbau organischer Verbindungen stehen acetogene Bakterien mit Methanbakterien in einer Symbiose und bilden stabile Zellaggregate.

Zellflocken sind freischwimmende Zellaggregate, und ein Biofilm ist ein flächiger, heterogener Bewuchs auf einer Trägerstruktur. Das Anhaftungsverhalten der Mikroorganismen hängt von der biologischen Komponente, der Trägermatrix und vom Milieu ab. Beachtenswert für den biotechnischen Einsatz derartiger Zellaggregate ist, daß der Stofftransport in der biologischen Matrix eingeschränkt ist. Dies hat zur Folge, daß es zu einer differentiellen Substratversorgung der Zellen und damit zu Wachstumsbeschränkungen kommen kann. Ein weiterer Effekt ist, daß die teilweise symbiontisch lebenden Mikroorganismen besser vor toxischen Metaboliten geschützt sind. In der Regel überleben nach einer vorübergehenden Vergiftung in einer derartigen Zellaggregation immer einige Mikroorganismen und können wieder anwachsen. Biofilme und Zellflocken sind aufgrund dieses „Gedächtnisses" gut geeignet, große Schwankungen in der Substrat- und Schadstoffzusammensetzung abzupuffern, ohne daß es zum Exitus des biologischen Gesamtsystems kommt. Häufig reichern sich in der Matrix auch besonders schwer abbaubare Substanzen an, wodurch ein Selektionsvorteil für entsprechend angepaßte Mikroorganismen entsteht, die sich daher anreichern. Durch die räumliche Nähe verschiedener Spezialisten können Diffusionsbehinderungen, wie sie zwischen isoliert im Medium befindlichen Zellen auftreten, umgangen werden. Verschiedene Stoffwechselspezialisten können sich so in ihrer Abbauleistung besser ergänzen.

Isoliert man einzelne Mikroorganismen aus einer Biozönose und setzt sie in technischen Prozessen als Reinkultur an, kann es zur Bildung von toxischen Verbindungen kommen, die in der Mischkultur nicht auftreten. Dies liegt daran, daß in einer Mischkultur kometabolische Abläufe eine wichtige Rolle spielen: Ein Organismus benötigt hierbei zum Umsatz eines Substrats eine zweite Substanz, die hierdurch zwar modifiziert, aber nicht abgebaut wird. In der Mischkultur gibt es einen weiteren Mikroorganismus, der dieses Kosubstrat abbauen kann. In der Reinkultur fehlt diese Spezies jedoch, so daß sich der gegebenenfalls toxische Kometabolit anreichert (Abb. 3.26.).

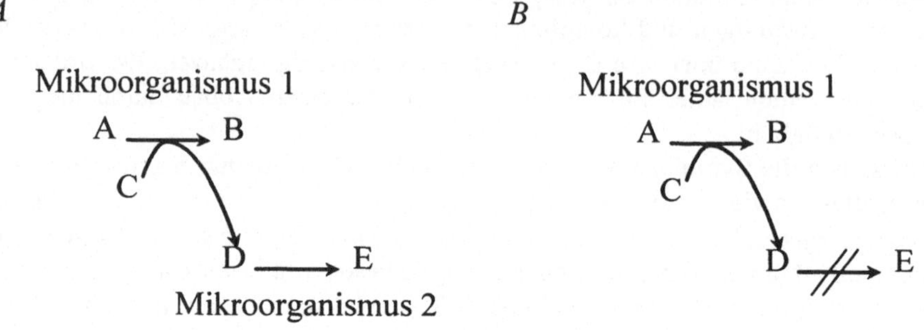

Abb. 3.26. Anreicherung eines toxischen Kometaboliten D bei Anwendung einer Reinkultur B anstelle einer Mischkultur A

Viele Mikroorganismen sind entweder an extrem niedrige oder aber an hohe Substratkonzentrationen adaptiert. Zeichnen sich Organismen durch eine hohe Substrataffinität und eine geringe Wachstumsrate aus, so bezeichnet man sie als K-Strategen. Entsprechend sind schnell wachsende Organismen mit geringerer Substrataffinität R-Strategen. Kommen Mikroorganismen beider Gruppen in einer Mischkultur vor, dominiert jeweils die Gruppe, für welche ideale Wachstumsbedingungen vorliegen (Abb. 3.27.).

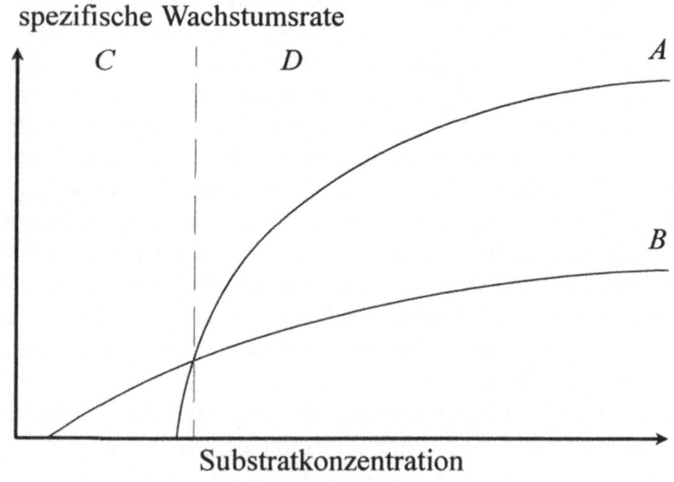

Abb. 3.27. A Unterschiedliches Verhalten von R-Strategen und B K-Strategen. C Dominanz von K-Strategen, D Dominanz von R-Strategen

Aus der mikrobiologischen Zusammensetzung eines Ökosystems können bereits erste Schlußfolgerungen auf dessen stoffliche Zusammensetzung und die hier herrschenden Umweltbedingungen gezogen werden. Mikroorganismen stellen Bioindikatoren dar. Wenn nur wenige verschiedene Spezies in einer Mischkultur gefunden werden, deutet dies häufig auf einen extremen Selektionsdruck, zum Beispiel durch eine Vergiftung, hin. Befinden sich viele heterotrophe Keime in der Probe, läßt dies auf hohe Konzentrationen verwertbarer organischer Verbindungen schließen. Phototrophe Mikroorganismen weisen auf anorganische Stoffe hin. Die Bestimmung des mikrobiologischen Bewuchses ist daher eine wichtige Bewertungsgrundlage für den Zustand eines Ökosystems.

4 Umwelttechnik

...wenn wir die Erhaltung der Erde nicht als
unser neues Organisationsprinzip begreifen können,
ist das nackte Überleben
unserer Zivilisation in Frage gestellt.

Al Grove in *„ Wege zum Gleichgewicht"*

4.1 Biotechnik

Mikrobiologische Stoffwechselleistungen werden von der Menschheit seit altersher genutzt. So wurde bereits 4000 Jahre vor Christus Teig mit Hilfe von Mikroorganismen zu Sauerteig vergoren. Etwa 2000 Jahre später kamen dann Verfahren der Alkohol- und Essigsäuregärung hinzu. Zur biotechnischen Nutzung von Mikroorganismen *in-vivo,* aber auch einzelner biologischer Komponenten (Zellen, Enzymen) *in-vitro,* wird in der Regel ein besonderes Reaktionsgefäß eingesetzt. Anfänglich handelte es sich hierbei um primitive Gärbottiche, die im Laufe der Zeit technisch immer weiterentwickelt wurden. Heutzutage setzt man für viele biotechnische Anwendungen hochmoderne Bioreaktoren ein. Daß man heute oft - eigentlich fälschlicherweise - den Begriff Fermenter synonym zu der Bezeichnung Bioreaktor benutzt, rührt daher, daß in der Tat die ältere Biotechnik bevorzugt Gärprozesse nutzte.

In einem Bioreaktor kann man für den angestrebten biotechnischen Ablauf ideale und effektive Katalysebedingungen einstellen. Biologische Vorgänge sind, wie bereits mehrfach beschrieben, sehr komplex und durch Variation vieler verschiedener verfahrenstechnischer Parameter beeinflußbar. Welche Verfahrensprinzipien, Reaktionsparameter und Reaktortypen in der Biotechnik grundlegend sind, wollen wir zunächst einmal vorstellen. Anschließend gehen wir auf die konkreten umweltbiotechnischen Anwendungen näher ein.

Mikrobiologische Prozesse finden idealerweise in wäßrigem Milieu statt, da hier eine mehr oder weniger homogene Substratverteilung, gute Durchmischung, ausreichend Reaktionswasser und guter Stoffübergang gewährleistet sind. Die ersten biotechnisch eingesetzten Reaktoren waren daher Flüssigreaktoren. Am Beispiel des klassischen Rührkesselreaktors - dem ältesten Chemiereaktor - wollen wir eine einfache und typische Fermenterausstattung beschreiben (Abb. 4.1.).

Das Reaktorgehäuse ist aus einem chemisch inerten, glatten und temperaturstabilen Material, wie Edelstahl, Glas oder inertem Kunststoff, gefertigt. Glatte

Oberflächen und runde Formen sind wichtig, damit sich keine Kontaminationsherde oder Zellrasen bilden können. In Toträumen, in denen die Bewegung des Reaktorinhalts gering ist, tritt häufig eine unerwünschte Zellsedimentation auf. Derartige Sedimentationsprozesse verringern die Reaktoreffektivität und erhöhen die Kontaminationsgefahr.

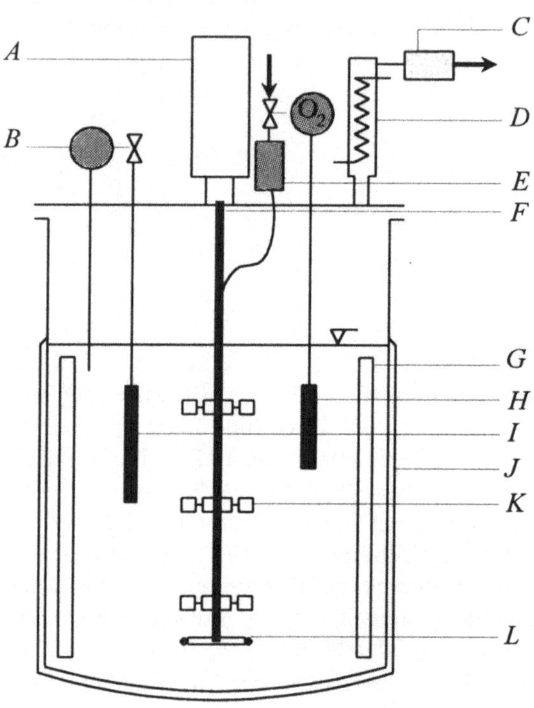

Abb. 4.1. Schema eines Rührkesselreaktors (in Anlehnung an Chmiel 1991). *A* Rührermotor, *B* Temperaturregelung, *C* Abluftfilter, *D* Abluftkühler, *E* Zuluftfilter, *F* Rührwelle, *G* Strömungsbrecher, *H* Sauerstoffelektrode, *I* Heizstab, *J* Heiz-Kühlmantel, *K* Scheibenrührer, *L* Begasungsdüse

Die Geschwindigkeit von biologischen Prozessen verläuft temperaturabhängig. Daher ist der Temperaturverlauf im Bioreaktor sehr wichtig. Die Überwachung erfolgt *in-line* über Sensoren, meistens einfache Thermoelemente. Zur Thermostatisierung - oder zur *In-situ*-Dampfsterilisation - ist der Rührkesselreaktor mit einem Heiz-Kühlmantel versehen. Alternativ kann die Wärmeübertragung über geeignete Heizstäbe geschehen. Um möglichst homogene Reaktorbedingungen und eine optimale Versorgung der Biokatalysatoren mit löslichen Substraten und Gasen zu erreichen, ist eine gute Durchmischung des Fermenterinhalts notwendig. Grundsätzlich wird zwischen radial und axial fördernden Rührern unterschieden, wobei es eine Vielzahl verschiedener Rührertypen gibt. Bei der Konstruktion der

Rührertypen ist es entscheidend, ideale Durchmischung bei gleichzeitig möglichst geringem Energieeintrag und mechanischem Scherstreß für die Mikroorganismen zu erreichen. Zur Unterstützung der Mischvorgänge werden daher zusätzlich verschiedene Typen von Strömungsbrechern verwendet. Ausreichende Versorgung von Mikroorganismen mit Sauerstoff oder Kohlendioxid erfolgt über spezielle Begasungssysteme. Prinzipiell werden selbstansaugende und fremdbegaste Rührer unterschieden. Bei der Selbstansaugung entsteht durch die Rotation ein Unterdruck, durch den Gas angesaugt wird. In der Biotechnik werden fast ausschließlich fremdbegaste, also aktive Systeme verwendet. Hierdurch können wesentlich höhere Gasvolumenströme erzielt werden. Nach Passage mikroporöser Materialien werden die Gase im Reaktor unter Ausnutzung der Suspensionsrotation fein in der Lösung verteilt. Eine Filtration der Zu- und Abluft ist dabei notwendig. Hierdurch können der Ein- oder Austrag von Stoffen oder eine Kontamination mit Mikroorganismen vermieden werden. Um den Flüssigkeitsverlust über die Abluft gering zu halten und ein Verstopfen des Filters zu verhindern, sollten Kondensatabscheider, besonders im Gasauslaß, zwischengeschaltet werden.

Ein derart ausgestatteter, einfacher Bioreaktor kann als Basisversion verstanden und durch zahlreiche Sonderaustattungen erweitert werden. So stehen für die *In-* und *On-line*-Messung von Reaktionsparametern zahlreiche fermentertaugliche Sensoren - beispielsweise für Sauerstoff, pH, Trübung oder Fluoreszenz - zur Verfügung. Neben diesen „klassischen" Meßwertaufnehmern gibt es mittlerweile eine Reihe neuerer Entwicklungen. So werden Enzymsensoren für bestimmte Medienkomponenten oder chromatographische und spektroskopische Analyseinstrumente direkt an Bioreaktoren gekoppelt. Zu diesem Zweck können die Probennahme und Probenaufbereitung automatisiert über *On-line*-Fließinjektionsapparaturen (FIA) oder automatische Probennehmer erfolgen.

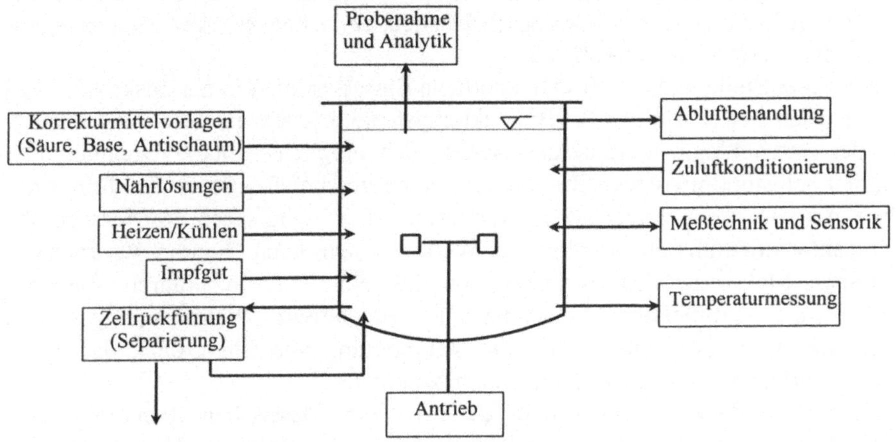

Abb. 4.2. Schema zur Peripherie eines Bioreaktors

Ein Schwerpunkt der biotechnischen Forschung zielt derzeit darauf ab, Bioreaktionsprozesse besser zu verstehen, um sie dann entsprechend optimieren zu können. Trotz der Fülle an bereits kommerziell erhältlichen Produkten gibt es weiterhin einen hohen Entwicklungsbedarf für die Reaktormeßtechnik. Oft zeigt die Praxis jedoch, daß einige dieser Neuentwicklungen den harten Anforderungen eines länger dauernden biotechnischen Prozesses noch nicht genügen. Selbst wenn man zuverlässige Meßdaten erhält, sind sie oft aufgrund der Komplexität biologischer Vorgänge schwer interpretierbar. Um die anfallenden Daten besser einordnen zu können, besteht die Möglichkeit, im Vorfeld mathematisch zu modellieren. Eine sehr elegante Zusammenfassung dieses Fachgebiets findet sich in dem Buch „Biological Reaction Engineering" von Dunn et al. (1992). Soll ein Prozeß nicht nur meßtechnisch erfaßt, sondern auch gezielt gesteuert werden, muß eine entsprechende Regeltechnik etabliert werden. Zur zentralen Datenerfassung und zur Steuerung von Verfahrensparametern kann auf den Computer nicht mehr verzichtet werden. Spezielle Computerprogramme zur Datenerfassung erleichtern hier die Aufnahme und Verwertung von Meßdaten und daher die Regelung der Meßdaten.

Besonders während kontinuierlicher Prozesse droht ständig eine Kontamination mit Fremdkeimen. Dies gilt besonders für die Substratzugabe, die Produktentnahme und den Biomasseabfluß. Um Kontaminationen zu verhindern, sind von uns Verfahren zur sterilen und dynamischen Medienaufbereitung, zur keimfreien Probennahme und zum kontaminationsfreien Medienabfluß entwickelt worden. Da derartige Ausstattungen in der Regel teuer sind, ist im Vorfeld genau zu prüfen, ob ein steriler Betrieb des Reaktors überhaupt notwendig ist. Besonders bei einer umweltbiotechnologischen Applikation lastet auf dem System häufig bereits ein ausreichend hoher Selektionsdruck, so daß eine mikrobielle Kontamination weitgehend verhindert wird. Es lassen sich an dieser Stelle, unabhängig vom eigentlichen Reaktortyp, noch viele periphere Erweiterungen auflisten, die aus der „Basisversion" des oben beschriebenen, einfachen Rührkesselreaktors eine „Luxusversion" machen (Abb. 4.3.).

An dieser Stelle wollen wir eine deutliche Einschränkung in der Diskussion von technischen Erweiterungen für Bioreaktorsysteme machen. Es wird zwar intensiv an der Entwicklung computergesteuerter, sich möglichst autark regelnder oder partiell selbstoptimierender Bioreaktorsysteme gearbeitet. Unsere Erfahrung mit dem ArtEv-System zeigt jedoch, daß trotz aller technischen Raffinessen der Bioreaktor allenfalls ein intelligentes Werkzeug sein kann. Blindes Vertrauen in ablesbare Meßwerte wird mit hoher Sicherheit zum Mißerfolg führen. Vielmehr sollten die anfallenden Meßdaten ein subjektives Wahrnehmungs- und Erfahrungsfilter durchlaufen, um die Veränderung von Stellgrößen durch das System auf ihren Sinngehalt kontrollieren zu können.

Es gibt mittlerweile außer dem beschriebenen klassischen Reaktortyp eine Vielzahl verschieden modifizierter Reaktortypen, die sich mehr oder weniger vom Rührbehälter ableiten lassen (Abb. 4.4.). Mit den Konstruktionen wird für die jeweilige Anwendung immer eine möglichst optimale Versorgung der biologischen Katalysatoren mit ihren Substraten unter gleichzeitig höchstmöglicher Stabilität des biologischen Systems angestrebt. Dem Erfindungsreichtum der Konstrukteure ist hier keine Grenze gesetzt. So existieren unterschiedlichste Ausführungsformen für den Energie- und Gaseintrag, die Durchmischung, die Immobilisierung von Biokatalysatoren oder den Aggregatzustand der Substrate und Reaktoroberflächen. Durch das vielfältige Reaktordesign ist letztendlich keine saubere Differenzierung zwischen idealen Misch- und Rohrreaktoren mehr möglich.

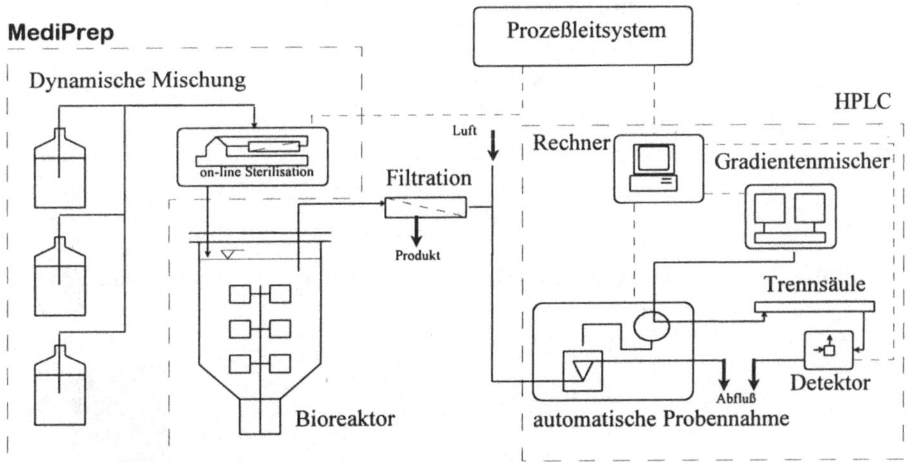

Abb. 4.3. Computergesteuertes, kontinuierliches Bioreaktorsystem mit *On-line*-HPLC und Aufbereitungsanlage für sterile Medien. Mittels HPLC wird die Aminosäurenzusammensetzung des Mediums permanent bestimmt. (nach Rosenthal et al., 1994)

Bezüglich der Versorgung mit Substraten und der Abgabe von Produkten und Biomasse werden diskontinuierlich (batch), zyklisch oder kontinuierlich betriebene Reaktoren unterschieden. Im Batch-Betrieb werden die Reaktoren einmalig vor Beginn der Kultivierung mit allen notwendigen Substraten versorgt und anschließend angeimpft. Während des Zellwachstums nimmt die Substratkonzentration im Batch-Betrieb über die Zeit zwangsläufig ab, während die Konzentrationen an Produkten und Biomasse zunehmen. Dies gilt solange, wie keine Substratlimitierung oder andere Wachstumsbegrenzungen eintreten. Erreicht der Wachstumsprozeß eine optimale Phase oder eine Limitierung, wird die Fermentation beendet und die Produkte oder die Biomasse werden aufgearbeitet. Bei einer solchen Verfahrensweise herrschen zu keinem Zeitpunkt der Kultur stationäre Bedingungen (Abb. 4.7.). Für ein Batch-System braucht man im einfachsten Fall lediglich ein Behältnis, in dem ein spontaner Wachstums- oder Produktbildungsprozeß ablaufen kann. Dies kann zum Beispiel ein einfacher Schüttelkolben sein.

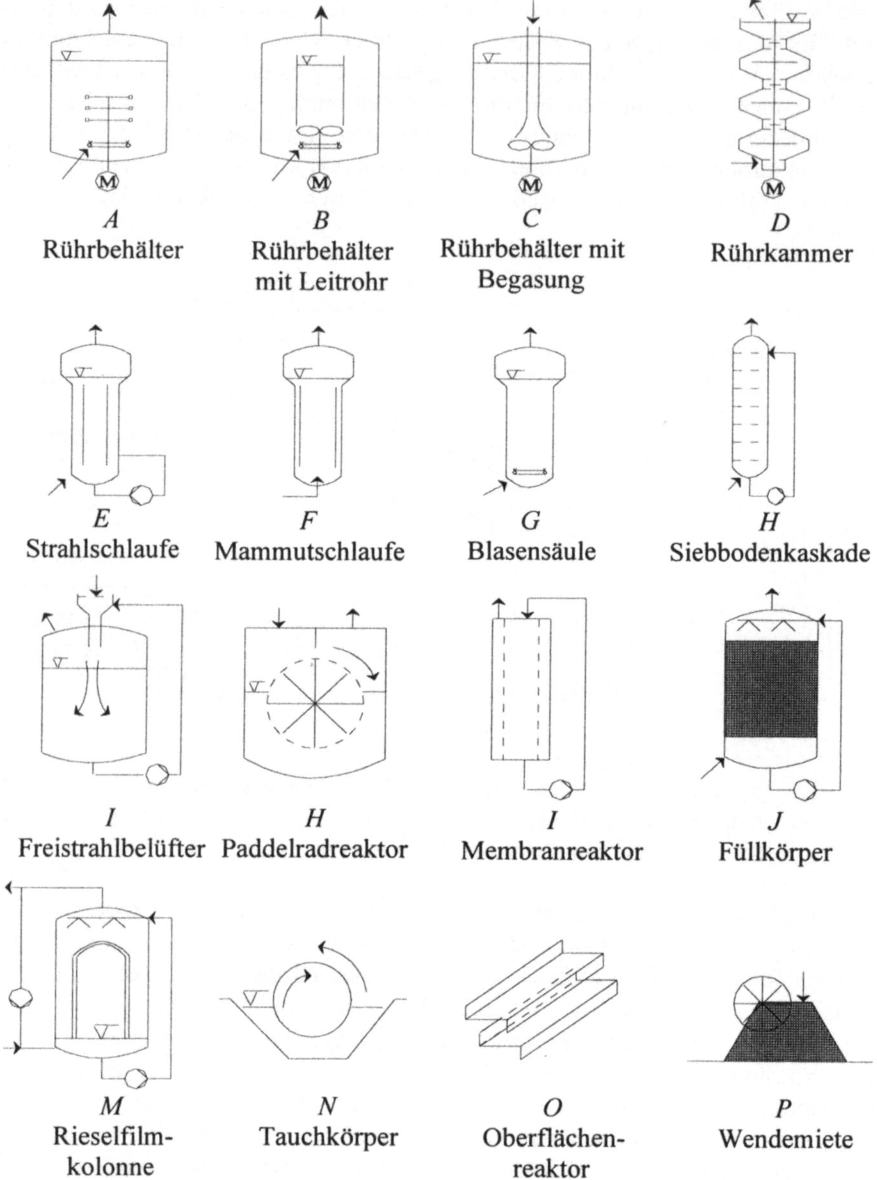

Abb. 4.4. Prinzipschaubilder verschiedener Reaktortypen mit Bedeutung in der Umwelt-
bioverfahrenstechnik. (nach Kunz 1992 und Buchholz 1992)

Wird während des Zellwachstums Substrat zugefüttert, so spricht man von einer
Fed-batch-Kultur beziehungsweise von einem Zulaufverfahren. Diese Verfahrensweise wird häufig bei Hochzelldichtefermentationen gewählt, um eine

Substratlimitierung zu verhindern. Die permanente Wiederholung einer Batch-Fermentation unter jeweiliger Zurückhaltung einer Animpfkultur und Zugabe frischer Substratlösung wird als repetitive Fed-batch-Kultur bezeichnet.

In einer kontinuierlich betriebenen Kultur werden permanent Substrate ein- beziehungsweise Produkte und Biomasse ausgetragen. Die Regulation des Zellwachstums oder der Metabolitenkonzentration ist - im Gegensatz zu den anderen beschriebenen Verfahren - in der kontinuierlichen Fermentation gut möglich. Dies bringt eine Reihe von Vorteilen. Wird die Zelldichte des kontinuierlich betriebenen Bioreaktors durch Begrenzung eines im konstanten Zufluß enthaltenen Substrates erreicht, so spricht man vom Chemostaten. Da hier wachstumsbeschränkende Bedingungen vorliegen, muß ein Chemostat nicht extern geregelt werden. Die chemostatische Fermentation regelt sich sozusagen selbst und ist daher das technisch einfachste kontinuierliche Verfahren (Abb. 4.5.). Das limitierende Substrat ist aufgrund der oft sehr hohen Substrataffinität der Mikroorganismen in den meisten Fällen über weite Bereiche der dynamischen Verdünnungsrate nicht nachweisbar. Im turbidostatisch betriebenen Fermenter wird die Zelldichte kontinuierlich gemessen. Über diesen Wert wird der Zufluß von Substraten so geregelt, daß die Zelldichte möglichst konstant bleibt. Diese Fermentationsführung ist technisch sehr aufwendig und damit auch anfälliger gegen Störungen. Sie ermöglicht jedoch hohe Zelldichten und geringe Generationszeiten im Fermenter. Für den Fall, daß eine bestimmte Schadstoffzusammensetzung im Medium derart geregelt wird, daß ihre Konzentration im Reaktor konstant ist, haben wir den Begriff der toxinostatischen Betriebsweise eingeführt. Es handelt sich dabei im Grund genommen nicht um eine neue Form der Fermentationsführung im engeren Sinne, da der toxinostatische Zustand meistens durch einen chemo- oder turbidostatischen Betrieb überlagert ist.

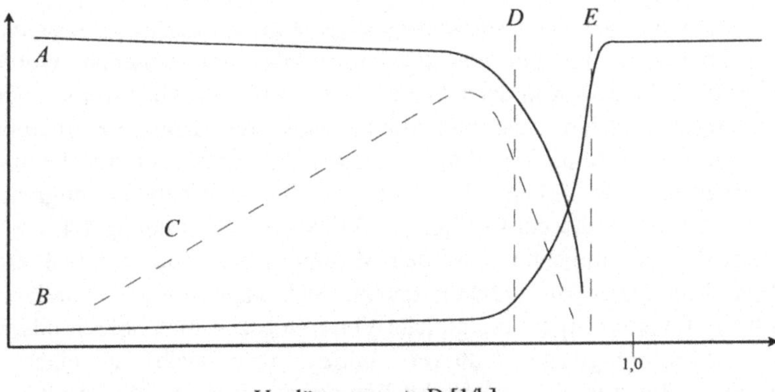

Abb. 4.5. Verdünnungsdiagramm einer kontinuierlichen Fermentation. Der Turbidostat wird im Bereich der optimalen Verdünnungsrate geregelt, während die Verdünnungsrate *D* des Chemostaten weit unterhalb der kritischen Grenze konstant gehalten wird. *A* Zellkonzentration, *B* Substratkonzentration, *C* Produktivität, *D* optimale Verdünnung, *E* kritische Verdünnung

Im kontinuierlichen Betrieb ist es manchmal notwendig und effektiv, die Biomasse zurückzuhalten. Einerseits ist sie als Katalysator für den Prozeß wertvoll und andererseits darf der Produktstrom häufig nicht verunreinigt werden. Also ist der Austritt pathogener oder gentechnisch veränderter Keime unbedingt zu vermeiden. Zur Separation der Keime vom Produktstrom werden semipermeable Membranen als physikalische Barrieren benutzt oder eine Biomasserückführung integriert. Eine Alternative stellt die unmittelbare Bindung der Mikroorganismen an eine Trägermatrix dar (Tabelle 4.1). Gezielte Immobilisierungsverfahren sind häufig nicht notwendig. So adsorbieren bestimmte Zellen durch eine Reihe noch nicht vollständig verstandener chemischer und physikalischer Wechselwirkungen von selbst an verschiedene Matrizes und bilden dort sehr stabile, reaktive Biofilme.

Tabelle 4.1. Trägermaterialien für chemische bzw. physikalische Kopplung von Mikroorganismen

Chemisch	Physikalisch
Aktiviertes mikroporöses Glas	Blähton
Aktivierte Kunststoffperlen	Sinterkeramik
Aktivierte Membranen	Grobkörniger Sand
	Aktivkohle
	Membranen
	Polyacrylamidgele
	Alginat
	Torf

In bezug auf die Art des Sauerstoffeintrags während aerober Fermentationen werden Submersreaktoren von Oberflächenreaktoren unterschieden. Werden die Biokatalysatoren homogen in der Lösung verteilt und wird gleichzeitig Sauerstoff aktiv eingetragen, spricht man von Submersreaktoren. Konkrete Ausführungsbeispiele sind *A-G* in Abbildung 4.4. Immobilisierte Zellen oder aufschwimmende Zellen werden im Oberflächenreaktor direkt mit Sauerstoff aus der angrenzenden Gasphase versorgt. Zu diesem Reaktortyp zählen *L-P* in Abbildung 4.4.

Nach Art der Durchmischung werden Mischreaktoren und Rohrreaktoren unterschieden. Ein idealer Mischreaktor zeichnet sich dadurch aus, daß an jedem Ort innerhalb des Reaktorkörpers die gleiche Verteilung von Metaboliten oder Zellen herrscht. Mikrobiologische Kulturen bilden aber auch in einem ideal durchmischten Reaktor nie ein absolut homogenes System. Man muß selbst in einem Mischreaktor von einer heterogenen Verteilung der Zellen, der Nährstoffe oder des Sauerstoffes ausgehen. Abbildung 4.6. verdeutlicht diese Inhomogenität anhand der Sauerstoffverteilung in einem einfachen Rührkesselreaktor. Im Gegensatz zum Mischreaktor existieren im Rohrreaktor längs der Flußrichtung des Mediums definierte Zonen, sogenannte Pfropfen oder plugs, die nur bezüglich ihrer lokalen Querschnittsverteilung ideal durchmischt sind. Zu den typischen Rohrreaktoren gehören die Festbett- und Wirbelschichtreaktoren.

Für eine erfolgreiche biotechnische Anwendung muß eine aktive und stabile mikrobielle Kultur im System integriert und etabliert werden. Ein Bioreaktor ist zunächst eine künstliche und unter Umständen lebensfeindliche Umgebung für Mikroorganismen. Es ist also notwendig, daß sich Mikroorganismen an die naturfremden Bedingungen anpassen. Dies gilt ebenfalls für spezielle Lebensräume, wie schadstoffbelastete Bodenzonen oder Industrieabwassertümpel, die man in der Ökologie auch als ökologische Nischen bezeichnet. Der zunächst unbelebte Bioreaktor stellt für Mikroorganismen ebenfalls eine ökologische Nische dar. Die Adaptation erfolgt über - häufig sehr lang andauernde - regulatorische und evolutionäre Prozesse. Aber nur nach optimaler Anpassung können die Lebensräume effektiv genutzt werden.

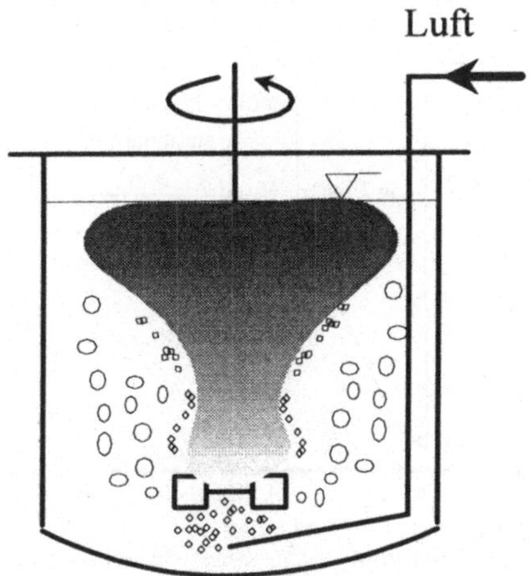

Abb. 4.6. Sauerstoffverteilung in einem begasten Rührtankreaktor mit gasblasenfreier Rührthrombe

Die Qualität der mikrobiellen Adaptation an ein biotechnisches Verfahren läßt sich aus der Wachstumskinetik ableiten. Die Anlaufphase einer Fermentation (lag-Phase) wird in ihrer Dauer durch biologische Adaptationsprozesse bestimmt (Abb. 4.7.). Je mehr sich biotechnische Verfahren von den natürlichen Lebensbedingungen der Mikroorganismen unterscheiden, um so tiefgreifendere biologische Umstellungsprozesse müssen erfolgen.

Wenn eine Anwendung in der Biotechnik scheitert, kann das auf mangelnde mikrobielle Adaptation zurückzuführen sein. In solchen Problemfällen kann zunächst die Bioreaktortechnik beziehungsweise die Verfahrenstechnik den natürlichen Lebensbedingungen der Mikroorganismen angepaßt werden. Eine Veränderung des Verfahrens kann natürlich eventuell die Effektivität senken, wenn es nicht mehr gelingt, die optimalen verfahrenstechnischen Reaktionsparameter einzuhalten.

Eine Alternative hierzu ist der umgekehrte Weg, nämlich die Adaptation von Mikroorganismen an die Biotechnik. Obwohl die natürlichen Möglichkeiten hierzu begrenzt und unter Umständen zeitlich aufwendig sind, mag eine derartige Strategie durchaus günstiger sein als das Verfahren zu modifizieren.

Darüber hinaus können durch eine Medienoptimierung günstigere Lebensbedingungen geschaffen werden. Eine derartige Optimierung beinhaltet unter anderem die Ermittlung optimaler Substratkonzentrationen oder essentieller Stoffe. Idealerweise wird sie in kontinuierlich betriebenen Reaktoren durchgeführt. Diese sind dann mit einer aufwendigen *On-line*-Analytik und Regeltechnik versehen. Diese gestattet es, wichtige Metabolitenkonzentrationen und Reaktorbedingungen in Abhängigkeit vom Zellwachstum zu erfassen. Dadurch wird eine rechnergesteuerte Optimierung über mathematische Algorithmen ermöglicht.

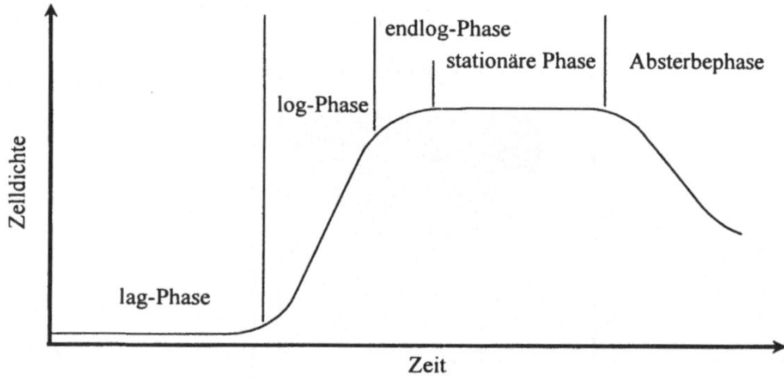

Abb. 4.7. Idealisierte Wachstumskurve einer Batch-Kultur mit einem Substrat

4.2 Biologische Abwasserklärung

Allein in Deutschland fallen jährlich circa 11 Mrd. Kubikmeter belastete Abwässer an. Damit ist dynamisch betrachtet 1/8 des Wassers unserer Flüsse Abwasser. Darin sind ungefähr 2,5 Mio. verschiedene organische Verbindungen enthalten. Nach Herkunft der Abwässer unterscheidet man häusliches und gewerbliches Schmutzabwasser. Häusliche Abwässer sind unter anderem wegen ihres hohen Fäkaliengehaltes stark mit Keimen, organischen und anorganischen Bestandteilen belastet. In Gewerbe und Industrie fallen vor allem spezielle Abwässer an. Diese enthalten oft große Mengen organischer und synthetischer Stoffe mit teilweise hoher Toxizität und Persistenz. Produktionsbedingt sind zeitlich stark schwankende Belastungen, die zu zusätzlichen Problemen bei der Aufarbeitung führen. Wird Wasser zur Kühlung eingesetzt, stellt die Erwärmung eine weitere Umweltbelastung dar. Auch Grundwasser kann durchaus - besonders im Zusammenhang mit Bodenkontaminationen - zu einem problematischen Abwasser werden (Tabelle 4.2.). Das in Altlastdeponien anfallende Deponie-sickerabwasser ist häufig ebenfalls stark belastet und muß aufbereitet werden.

Tabelle 4.2. Belastungsspektrum industrieller und gewerblicher Abwässer. (in Anlehnung an Knoch, 1991)

Industrie / Gewerbe	Belastung
Beizereien	Schwermetalle, Nitrit
Bergwerke	Chlor, Schwermetalle
Brauereien	Organische Stoffe, Schlammstoffe, Desinfektionsmittel
Brennereien/Hefefabriken	Organische Stoffe
Chemische Industrie	Rohstoffe, Zwischen-, Neben- und Hauptprodukte
Chemische Reinigung	Leichtflüchtige Halogenkohlenwasserstoffe
Färbereien/Farbstoffindustrie	Farbstoffe, Säuren, Tenside, chlorierte KW, Phenole
Galvanisierbetriebe	Chrom, Nickel, Silber, Zink, Zyanid
Gerbereien	NaCl, organische Stoffe (Eiweiße), Chrom
Kokereien/Teerverwertung	Zyanid, Rhodanid, Thiosulfate, Ammoniak, Phenole
Milchindustrie	Organische Stoffe, Tenside, Waschmittel
Raffinerien/Petrochemie	Chlorierte, nitrierte, aliphatische, aromatische KW
Schlachthöfe	Proteine, Fette
Stahlindustrie	Nitrit, Nitrat, Zyanid, Tenside, KW
Tankstellen/KFZ-Betriebe	Benzine, Schmierfette, Öle
Viehaufzucht	Harnstoff, Ammoniak, Schwefelwasserstoff, Jauche
Wollindustrie	Wollfett, Wasch-und Reinigungsmittel
Zellstoff-/Papierindustrie	Sulfit, Lignin-Derivate, organische Säuren, Chlor

Ohne die heutigen Möglichkeiten zur biologischen Klärung von Abwässern käme es sicher zu einer ökologischen Katastrophe. Viele Gewässer wären nur noch stinkende Kloaken. Trinkwasser wäre nicht nur in trockenen und warmen Regionen unserer Erde ein knappes Lebensmittel. Die kommunale Abwasser-behandlung kann als das Paradebeispiel für die Möglichkeiten biologischer Schadstoffeliminierung angesehen werden.

In kommunalen Anlagen wird ein Gemisch aus häuslichen und gewerblichen Abwässern sowie Niederschlagswasser auf immer gleiche Weise behandelt: Zu-nächst werden ungelöste, größere und kleinere Partikel über mechanische Reini-gungsstufen wie Rechen, Sandfänge und Absetzbecken physikalisch abgetrennt. Im Belebungsbecken erfolgt dann die Aktivierung des biologischen Abbaus gelö-ster organischer Verunreinigungen. Nach Trennung des derart partiell geklärten Abwassers vom mikrobiellen Schlamm werden häufig noch anorganische Komponenten durch Fällung oder Flockung abgetrennt. Der Klärschlamm muß weiterbehandelt werden. In einer aeroben oder anaeroben „Schlamm-stabilisierung" soll durch eine abschließende mikrobiologische Behandlung und ein Ausgasen von Stoffen erreicht werden, daß der Schlamm nicht weiter faulen und damit gesundheitsgefährdend oder geruchsbelästigend wirken kann. Bei der Schlammstabilisierung kann mit Spezialkulturen gearbeitet werden. Gleichzeitig erfolgt eine Mengenreduzierung des Schlamms, die durch Trocknung oder Filtration noch gesteigert werden kann. In Abhängigkeit von der verbleibenden Schadstoffbelastung kann die Schlammasse dann zum Beispiel als Dünger oder Heizstoff wiederverwendet werden. In Abb. 4.8. ist schematisch das Funktionsprinzip einer kommunalen Abwasserreinigungsanlage mit abschließender Schlammaufarbeitung dargestellt.

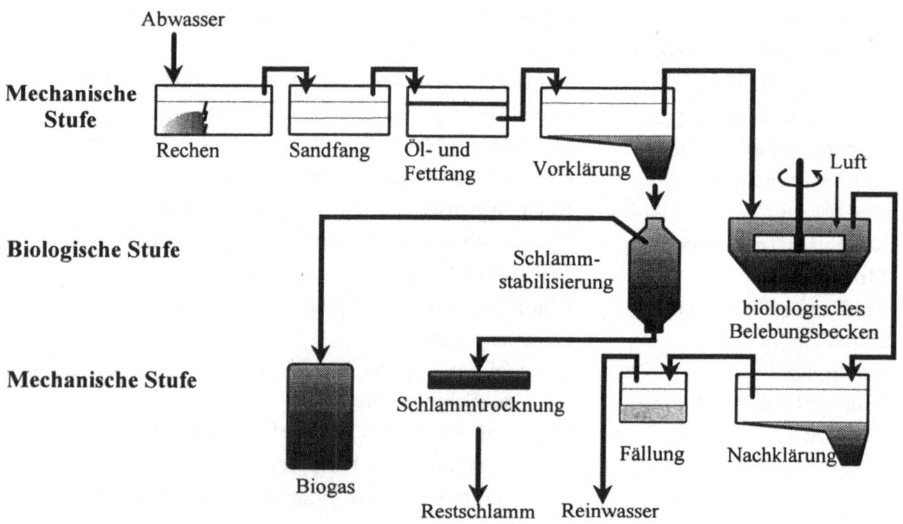

Abb. 4.8. Verfahrensschema der kommunalen Abwasserbehandlung

Die neueren Entwicklungen zur Optimierung der kommunalen Abwasserbe-handlung haben vor allem verfahrenstechnischen Charakter. Sie zielen darauf ab, bestehende Anlagen effektiver auszunutzen und neue Anlagen günstiger aus-zulegen. Weiterhin ist die Behandlung und Entsorgung der verbleibenden Klär-schlammasse verbesserungsbedürftig. Dies gilt besonders dann, wenn sie einen zu hohen Restschadstoffgehalt - beispielsweise in Form von Schwermetallen oder persistenten organischen Verbindungen - hat. Oft bleibt heute nur die Möglich-keit, kontaminierten Klärschlamm zu deponieren oder zu verbrennen. Weiterhin ist man bestrebt, die Geruchs- und Keimemissionen sowie den Energieeintrag der Anlagen zu verringern.

Nicht zu unterschätzen sind hingegen auch Verbesserungsmöglichkeiten hin-sichtlich der biologischen Prozesse. Kommunale Reinigungsanlagen funktionieren solange zufriedenstellend, wie sie mit einer nahezu konstanten Schadstoffzusammensetzung und -menge beschickt werden. Probleme bereiten plötzliche starke Schwankungen im Zufluß. Diese Situation tritt ein, wenn beispielsweise nach längeren Trockenperioden plötzlich viel Regen fällt. Während der Trockenperiode gibt es einen regelrechten Nährstoffmangel für die Klärschlammkulturen, dem ein schlagartig großer Eintrag an Schadstoffen in die Anlagen folgt. Die Abbaukapazitäten reichen nun nicht mehr aus oder die etablierten Kulturen werden sogar vergiftet. Gleiches gilt, wenn es zu störfallbedingten Schadstoffeinleitungen kommt. Um diesen Fällen vorzubeugen, können im Vorfeld bereits spezialisierte Mikroorganismen mit entsprechenden Resistenzen oder der Fähigkeit zu speziellen Abbauleistungen in der Biozönose etabliert werden. Kommt es trotzdem zu einem Zusammenbruch der Biologie, ist ein schneller Wiederaufbau der Biozönose durch Animpfung mit Spezialkulturen möglich. Durch Etablierung von biologischen Testverfahren im Zufluß der Anlagen kann zusätzlich ein Frühwarnsystem eingerichtet werden.

Die direkte biologische Reinigung spezieller Industrieabwässer vor einer Einleitung ins kommunale Abwassernetz oder in ein Gewässer bereitet im Moment noch weitaus größere Probleme als die Reinigung kommunaler Mischabwässer. Trotzdem ist es sinnvoll und auch gesetzlich erforderlich, diese häufig hochbelasteten Abwässer nicht direkt einzuleiten, sondern vorher zu reinigen. Eine Vermischung mit anderen Toxinen und eine Verunreinigung schwächer belasteter Abwässer wird so vermieden. Da die zu erwartenden Schadstoffbelastungen besser bekannt sind, kann die erforderliche Verfahrenstechnik und Biologie wesentlich gezielter und spezieller etabliert werden. Ein wesentlicher umweltökonomischer und -rechtlicher Aspekt ist, daß das Verursacherprinzip sinnvoll angewendet werden kann.

Anfänglich wurde die aerobe industrielle Abwasserbehandlung in großen, flachen, oberflächenbelüfteten Becken durchgeführt. Diese ähnelten den beschriebenen kommunalen Anlagen. Die wesentlichen Nachteile dieses Oberflächenreaktorverfahrens liegen in dem großen Platzbedarf, dem relativ schlechten Sauerstoffeintrag, den nicht immer optimalen Temperaturbedingungen und auftretenden Geruchsemissionen. Daher wurden geschlossene Bioreaktorverfahren entwickelt, die heute zusammenfassend als Turmbiologie bezeichnet werden. Herkömmliche Rührreaktoren eignen sich aufgrund der notwendigen Reaktorgröße nicht. Turmbiologieanlagen halten Volumina von mehr als 10.000 Kubikmetern und sind zwischen 15 und 20 m hoch. Wichtige Verfahren sind die Turmbiologie der Bayer AG, der Biohochreaktor der Hoechst AG und der Deep-Shaft-Reaktor der ICI AG. In Abb. 4.9. sind diese wichtigen Reaktortypen schematisch dargestellt. Der Bayer-Reaktor funktioniert nach dem Blasensäulenprinzip, wobei die Entwicklung der Zweistoffdüsen am Boden mitentscheidend für den Erfolg des Verfahrens ist. Die Düsen sind so konstruiert, daß der eingeleitete Abwasserstrahl die Luft zur Begasung mitreißt und in den Reaktor einträgt. Gleichzeitig sind die Düsen so positioniert, daß eine Schlammablagerung am Boden verhindert wird.

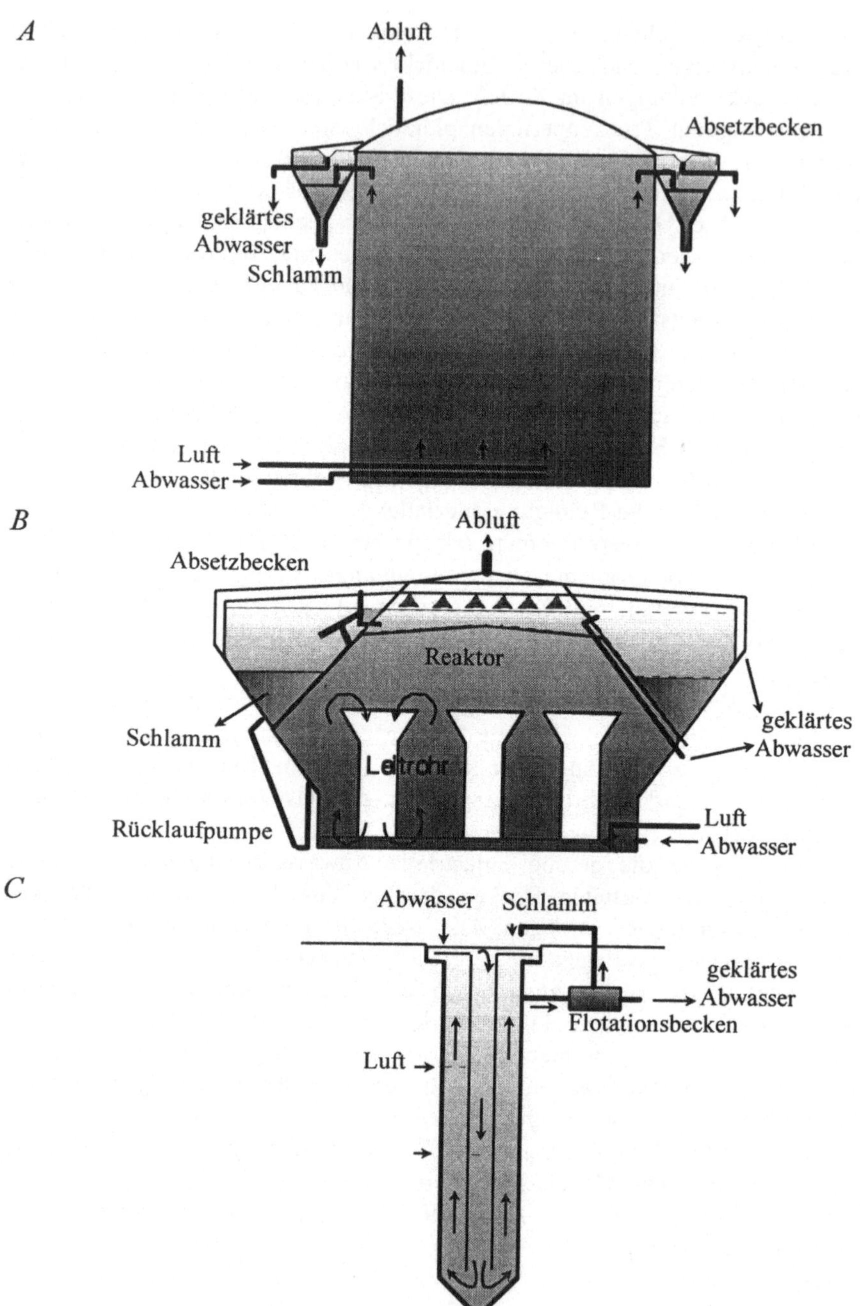

Abb. 4.9. Schemazeichnung verschiedener Turmbiologie-Reaktoren zur aeroben Abwasserbehandlung. *A* Bayer-Turmreaktor, *B* Biohochreaktor von Hoechst, *C* Deep-shaft-Reaktor von ICI

Der Biohochreaktor von Hoechst ist ein Mehrschlaufensystem, in das der Sauerstoff über eine Radialstromdüse eingetragen wird. Die eingetragene Luft steigt über Leitrohre auf, wobei der Dichteunterschied innerhalb und außerhalb der Leitrohre eine Konvektionsströmung bewirkt und die Biomasse auf diese Weise durchmischt. Ebenfalls ein Schlaufenreaktor ist die ICI-Anlage, bei der ein Vorteil darin liegt, daß sie in die Erde eingelassen und nicht in die Höhe gebaut wird. Dies ist platz- sowie energiesparend und verursacht weniger Geruchsprobleme. Die Schlaufenbewegung des Reaktorinhaltes erfolgt um ein konzentrisches Innenrohr und wird durch die eingeblasene Luft angetrieben.

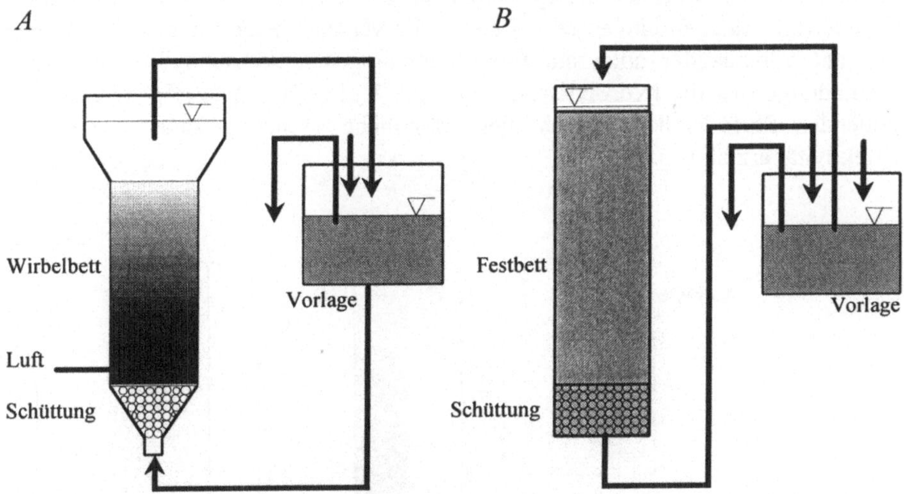

Abb. 4.10. Prinzipien der Funktionsweisen des Wirbelschichtreaktors *A* und des Festbettreaktors *B*

Eine Alternative zu Suspensionsverfahren ist die Anwendung trägerfixierter Biomasse in diversen Wirbelschichtfermentern und Festbettreaktoren. Der Vorteil dieser Reaktortypen liegt darin, daß sie die fixierte Biomasse zurückhalten und daher weniger anfällig für Schadstoffschwankungen sind. Kombinationen von Wirbelschicht- und Schlaufenreaktoren sind ebenfalls möglich. In der anaeroben Abwasserbehandlung setzen sich Festbettfermenter, beispielsweise der Tropfkörper, immer mehr durch. Festbettfermenter sind mit Trägermaterial befüllt, auf welchem Mikroorganismen siedeln können. Sie sind besonders für Abwässer geeignet, die nicht mit sedimentierenden Feststoffen verunreinigt sind. Bei feststoffhaltigen Abwässern kann der Reaktor nämlich schnell verstopfen. Der Festbettreaktor ist gut zur Behandlung homogener Industrieabwässer geeignet. Fallen jedoch feststoffhaltige Abwässer an, ist eine Vorfiltration nötig. Der Tauchkörper ist ebenfalls ein Festbettreaktor, der allerdings in einer Flüssigphase bewegt wird. An der Oberfläche des Tauchkörpers herrschen vorwiegend aerobe

Bedingungen, während in der Flüssigphase und in den tieferen Bewuchsschichten anaerobe Zustände herrschen. Es handelt sich um ein kombiniertes Verfahren.

Die Vorzüge anaerober gegenüber aerober Verfahren liegen in deren geringeren Sauerstoffbedarf und der damit verbundenen Energieeinsparung, sowie in der reduzierten Bildung von Klärschlamm. Die Schlammbildung ist geringer, weil ein wesentlich kleinerer Teil des verfügbaren Kohlenstoffes in Biomasse umgewandelt wird. Vielmehr entstehen durch Vergärungsprozesse Biogase, hauptsächlich Methan und CO_2, die den Kohlenstoff enthalten. Die Wachstumsrate der Mikroorganismen ist in anaeroben Prozessen allerdings deutlich geringer als in aeroben Abläufen. Häufig werden in der anaeroben Abwasserbehandlung mehrstufige Anlagen eingesetzt, in denen die verschiedenen Stadien des Abbaus getrennt voneinander ablaufen. Beim methanogenen Abbau von Kohlenstoffverbindungen ist die hydrolytische/azidogene Stufe von der azetogenen/methanbildenden Stufe isoliert. Durch diese räumliche Trennung kann eine höhere Effektivität erzielt werden.

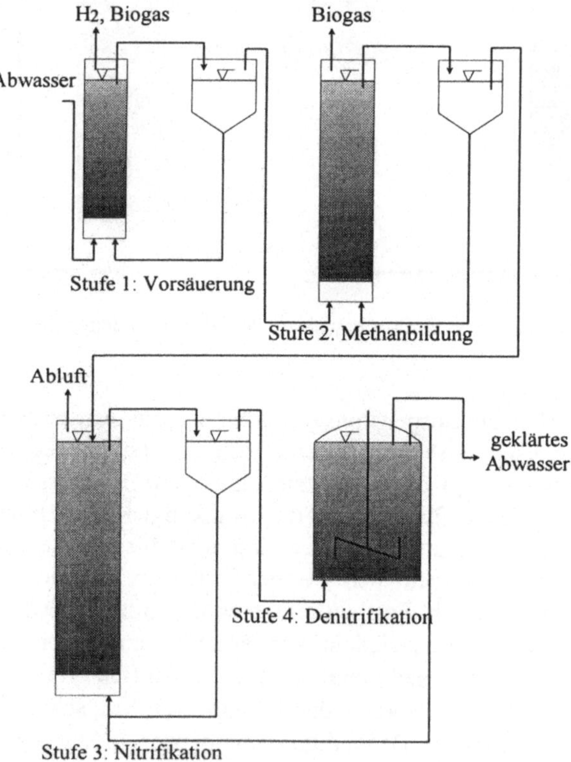

Abb. 4.11. Vierstufige anaerobe Abwasserbehandlungsanlage mit Nitrifikation und Denitrifikation

In organischen Abwässern fallen nicht nur Kohlenstoff- sondern auch Stickstoffverbindungen in großen Mengen an. Diese Stoffe, hauptsächlich Ammonium und Nitrat, führen zur Überdüngung von Gewässern und damit zu einer Umweltschädigung. Stickstoffverbindungen können ebenfalls mikrobiologisch umgebaut werden. Ammonium wird hierbei durch nitrifizierende Bakterien über zwei Schritte zunächst zu Nitrit und anschließend zu Nitrat oxidiert. Die dafür spezialisierten Bakterien, wie *Nitrosomonas* oder *Nitrobacter*, sind chemolithotroph und werden in ihrem Wachstum durch organischen Kohlenstoff gehemmt. Daher führt man die Nitrifikation von Abwässern in einer gesonderten Klärstufe durch, in die bereits vorgeklärte, kohlenstoffarme Abwässer eingeleitet werden. Die anschließende Denitrifikation von Nitrat über Nitrit zu molekularem Stickstoff wird durch fakultativ anaerobe Mikroorganismen unter sauerstoffarmen Bedingungen katalysiert. Da Nitrat anstelle von Sauerstoff reduziert wird, spricht man hier von „Nitratatmung". Der biologische Abbau von Ammonium erfolgt also über zwei separat ablaufende Schritte: Nitrifizierung und Denitrifikation. In Abb. 4.11. ist das Schema einer kombinierten Anlage zur Behandlung von kohlenstoff- und stickstoffhaltigem Abwasser dargestellt. Austretende Abgase und Schlämme sollten in der Regel bei allen Verfahren einer biologischen oder konventionellen Nachbehandlung unterzogen werden.

4.3 Biologische Bodensanierung

Die Fähigkeit von Mikroorganismen, in einer statischen oder bewegten Bodenmatrix organische, auch toxische Verbindungen abzubauen und anorganische Verbindungen anzureichern oder zu oxidieren, wird in der biologischen Bodensanierung genutzt. Mikrobiologische Bodensanierungsverfahren haben gegenüber konventionellen Verfahren den grundsätzlichen Vorteil, daß die „biologische Funktionsfähigkeit" des Bodens nur geringfügig gestört wird. Das natürliche Bodengefüge bleibt weitgehend erhalten, das natürliche Selbstreinigungspotential wird unterstützt, und die natürlichen Stoffkreisläufe bleiben bestehen. Je nach Restbelastung ist der gereinigte Boden weiterhin ein „Wertstoff" und kann zum Beispiel in der Landwirtschaft, im Gartenbau, zur Deponieabdeckung, in Lärmschutzwällen oder zur Bodenverfüllung wiederverwendet werden. Ein derartiges Wertstoffrecycling entspricht dem eigentlichen Umweltschutzgedanken und sollte demnach von jedem auch als umweltverträglich akzeptiert werden. Abbildung 4.12. gibt eine Übersicht über die möglichen mikrobiologischen Sanierungsverfahren.

Im Vergleich zur Abwasserreinigung zeichnet sich mikrobiologische Bodensanierung durch eine wesentlich höhere Komplexität aus. Hierdurch treten zusätzliche Schwierigkeiten auf. Die Probleme werden deutlich, wenn man den natürlichen Boden einmal anhand von Reaktorparametern charakterisiert. So gesehen handelt es sich bei Böden um eine Art Festbettreaktor mit teilweise

extrem heterogener Zusammensetzung, Körnung und Schichtung. Die Wasser-
und Gasdurchlässigkeit im Festbett ist aufgrund unterschiedlicher Porosität und
Kapillarität sehr unterschiedlich, so daß aerobe und anaerobe Bereiche gebildet
werden und eine heterogene Substratversorgung die Regel ist. Hierdurch entstehen diverse ökologische Nischen, die von unterschiedlichen Biozönosen besiedelt werden. Aber auch eine „ausgekofferte" und homogenisierte Bodenmatrix
ist häufig noch zu trocken oder zu grobkörnig, enthält zu wenig Sauerstoff, bindet
irreversibel Schadstoffe oder ist mit Verbindungen kontaminiert, die nicht
bioverfügbar sind. Die Schadstoffzusammensetzung ist in der Regel ebenfalls
nicht homogen, und es ist schwer, notwendige Additive gleichmäßig zuzu-
mischen. Manchmal fehlen in der Bodenmatrix Mikroorganismen, die vorhandene
Schadstoffe vollständig mineralisieren.

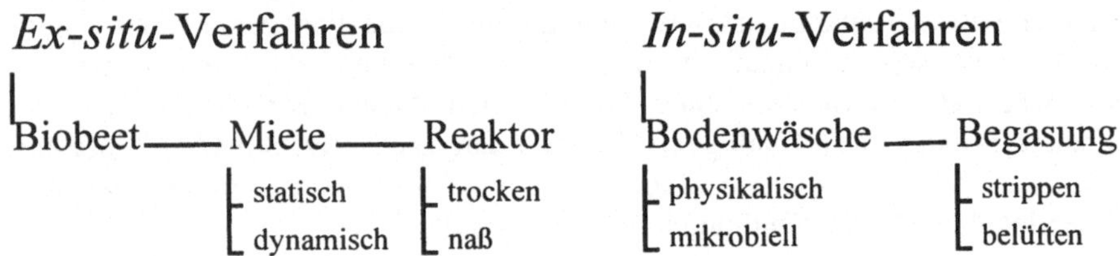

Abb. 4.12. Die gängigen mikrobiologischen Bodensanierungsverfahren

Die genannten Faktoren führen dazu, daß der Erfolg einer biologischen Behandlung schwer vorhersagbar ist. Für jede Schadenssituation muß ein spezielles
Untersuchungsprogramm durchgeführt werden, um Dauer und Erfolg einer
Sanierung einigermaßen zuverlässig prognostizieren zu können. Dies liegt daran,
daß jeder Schadensfall individuellen Charakter hat. Die Aufstellung allgemein-
gültiger Handlungsanweisungen für biologische Sanierungsmaßnahmen wird zwar
häufig gefordert, ist aber aufgrund der Komplexität der Schadenssituation ohne
die Untersuchung authentischer Bodenproben nicht möglich.

Die Forderung in der Umweltbiotechnik ist es, die mikrobiologischen Abbauprozesse in einem eigentlich nicht idealen Milieu gezielt zu steuern, zu unterstützen und zu beschleunigen. Dazu gibt es unterschiedliche Möglichkeiten.
Während einer biologischen *In-situ*-Bodensanierung werden die Schadstoffe
direkt im Boden abgebaut, ohne das Erdreich abzutragen und damit die Boden-
struktur zu verändern. Dies kann unmittelbar oder erst im Anschluß an eine
physikochemischen *In-situ*-Behandlung, durch Bodenwäsche, Bodenluftabsaugung oder Schadstoffausblasung („Strippung") geschehen. Voraussetzung für
einen *In-situ*-Ansatz sind Milieubedingungen, die einen zügigen mikrobiologischen Schadstoffabbau ermöglichen. Da häufig keine idealen Anfangsbedingungen vorliegen - es kann an Nährstoffen, Wasser, Sauerstoff oder stoffwechsel-
aktiven Mikroorganismen fehlen - muß der Boden entsprechend konditioniert
werden. Eine Kombination mit hydraulischen Verfahren erlaubt eine Sauer-
stoffbegasung über Bodenlanzen oder den Eintrag von Nährsubstratlösungen oder

Mikrooganismenkulturen über spezielle Berieselungsbrunnen. Für die Durchführung derartig kombinierter Verfahren sind allerdings genaue geophysikalische Kenntnisse über die Grundwasserfließrichtung oder die Schichtung des Erdreichs erforderlich. Damit keine Mikroorganismen oder Schadstoffe in das Grundwasser gelangen, sind natürliche oder künstliche Sperrschichten notwendig. Über Entnahmebrunnen werden solubilisierte Schadstoffe entfernt, wobei das anfallende Spülwasser weiter aufgearbeitet werden muß. Eine externe mikrobiologische Aufarbeitung der Schadstoffe in den Spülwässern ist deshalb günstig, weil gerade hier geeignete Reaktorbedingungen realisierbar sind. Während die Sanierung *in situ* durchgeführt wird, vollzieht sich der eigentliche mikrobiologische Abbau *on site* in einem angekoppelten Bioreaktor. Vor der Rückführung der gereinigten Spülwässer können erneut Additive wie Nährstoffe, Mikroorganismen oder Lösungsvermittler zugegeben werden. Bei leicht flüchtigen Verbindungen ist eine zusätzliche Behandlung der Bodenluft notwendig. Insgesamt läßt sich so ein kombiniertes und zyklisches *In-situ- /Ex-situ*-Verfahren zur mikrobiologischen Reinigung des Bodens durchführen (Abb. 4.14.).

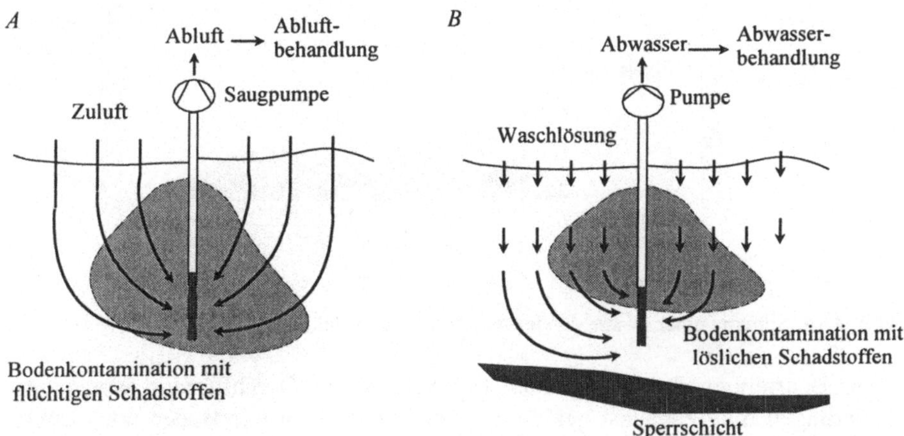

Abb. 4.13. Prinzipien der *In-situ*-Bodenluftabsaugung *A* und der *In-situ*-Bodenwäsche *B*

Der wesentliche Vorteil einer *In-situ*-Behandlung ist, daß der belastete Boden direkt und ohne Abtragung saniert werden kann. Dies hat ökologische und ökonomische Vorteile. Oft ist eine *In-situ*-Behandlung auch die einzig praktisch durchführbare Möglichkeit zur Schadstoffeliminierung. Das trifft besonders dann zu, wenn die vergifteten Areale sehr groß sind, die Schadstoffe auch in großen Tiefen vorkommen oder die Flächen überbaut sind. Alternativ zu einer *In-situ*-Sanierung verbleibt häufig nur die Möglichkeit einer sehr aufwendigen Abschottung oder Bodenabtragung.

Die *In-situ*-Technik ist indes zugleich die schwierigste Form der biologischen Bodensanierung. Obwohl meist *In-situ*-Sanierungen angestrebt werden, sind die Möglichkeiten im Vergleich zu *Ex-situ*-Maßnahmen momentan noch beschränkt. Bislang werden hauptsächlich Kohlenwasserstoffverunreinigungen wie Mineral-

oder Altöle *in situ* dekontaminiert, obwohl prinzipiell alle mikrobiologisch abbaubaren Schadstoffe derart beseitigt werden könnten. Besonderes Interesse findet hier derzeit die *In-situ*-Sanierung von Böden, welche mit polyzyklischen aromatischen Kohlenwasserstoffen (PAK)-kontaminiert sind. Die Ursachen für die eingeschränkte *In-situ*-Anwendungsmöglichkeit liegen häufig in den ungünstigen Randbedingungen. Hierzu zählen: inhomogene Schadstoffverteilung, unzureichende Bioverfügbarkeit der Schadstoffe, mangelnde Durchlässigkeit des Untergrunds sowie ungünstige Feuchtigkeits-, Sauerstoff- Temperatur- und pH-Wert-Bedingungen.

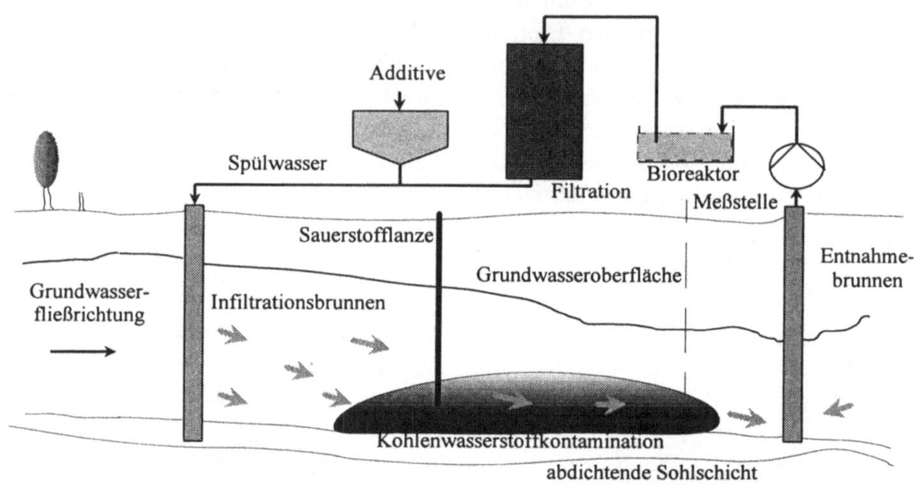

Abb. 4.14. Schema einer *In-situ*-Bodensanierung. (in Anlehnung an Franzius, 1988)

Zur Beurteilung der prinzipiellen Möglichkeit zur Durchführung von *In-situ*-Sanierungen muß zunächst geklärt werden, ob der belastete Boden noch mikrobiell besiedelt ist. Wenn dies der Fall ist, muß darüber hinaus festgestellt werden, ob diese standorteigenen Mikroorganismen in der Lage sind, die Kontaminationen abzubauen. Ist dies nicht der Fall, besteht die Möglichkeit, mit Hilfe der oben genannten physikochemischen Maßnahmen lebensfreundlichere Milieubedingungen zu schaffen oder Spezialorganismen einzubringen, die bereits an die gegebenen Bodenbedingungen adaptiert sind. Derartige Spezialisten müssen zunächst unter Laborbedingungen selektiert, optimiert und angereichert werden. Vor dem Einsatz der Mikroorganismen ist sicherzustellen, daß keine gesundheitliche Gefahr von den Keimen ausgeht.

Für die Zucht geeigneter Mikroorganismen ist es unerläßlich, die geologischen, physikalischen und chemischen *In-situ*-Bedingungen des Bodens im Labormaßstab möglichst exakt simulieren zu können. Als ideale Selektionsapparatur bietet sich hier der von Kunz vorgeschlagene Perkolator an (Abb. 4.15.). Dieses Konzept geht davon aus, daß die Bodenmatrix im wesentlichen einem heterogenen und geschichteten Reaktorfestbett entspricht. Der Boden wird in seiner Orginalschichtung in eine Säule eingebracht und den *In-situ*-Bedingungen, wie Grund- und Sickerwasserströmungen, Bodenspannungen und -drücken oder Bodenfeuchte, unterworfen. In dem System können gleichfalls periodische Schwankungen der Temperatur oder Feuchte simuliert werden. Je näher sich die Simulation den *In-situ*-Bedingungen annähert, um so höher wird die Wahrscheinlichkeit, daß sich die selektierten und optimierten Mikroorganismen in der Anwendung erfolgreich einsetzen lassen. Nachteilig bei diesem Verfahren ist, daß in der Regel keine gleiche Schichtung und homogene Schadstoffverteilung auf dem gesamten Bodenareal vorliegt. Im Perkolator kann daher nur ein lokaler Bereich des gesamten Areals ausreichend exakt simuliert werden.

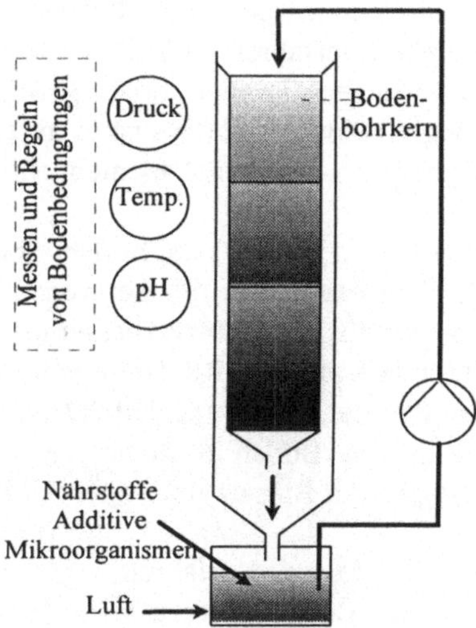

Abb. 4.15. Prinzip einer einfachen Perkolationsapparatur zur Simulation bodenähnlicher Bedingungen

Sanierungen, die den Boden nicht in seiner ursprünglichen Lage und Schichtung behandeln, sondern diesen zunächst abgetragen und gesondert bearbeiten, bezeichnet man als *Ex-situ*-Verfahren. Wird der Boden unmittelbar vor Ort oder aber in weiter entfernt liegenden Anlagen dekontaminiert, so differenziert man zusätzlich in *On-* beziehungsweise *Off-site*-Sanierungsmethoden.

Biologische Methoden stehen in wirtschaftlicher Konkurrenz zu konventionellen Maßnahmen wie Bodenaustausch, Deponierung oder Verbrennung. Daher ist zu Beginn einer Bodensanierung immer eine Machbarkeits- und Kostenuntersuchung auf der Basis experimenteller Programme, Referenzlisten und logistischer Betrachtungen notwendig. Die Entscheidung für eine *On-* oder *Off-site*-Sanierung und über die konkret anzuwendende Technik hängt unter anderem von den räumlichen und zeitlichen Gegebenheiten, und von der Menge und der stofflichen Zusammensetzung des zu dekontaminierenden Erdreiches ab. Hier spielen der zur Verfügung stehende Platz, notwendige Genehmigungen, Transportmöglichkeiten und die zu erwartende Sanierungsdauer eine Rolle. Erst wenn die notwendigen Voruntersuchungen ausgewertet sind, kann sinnvoll über die konkret anzuwendende Technik und Verfahrensweise entschieden werden.

Die ausgekofferte Bodenmatrix muß für ein *Ex-situ*-Verfahren optimal vorbereitet werden. Wenn ein sortierter und zerkleinerter Boden ausreichend homogen ist, können gleichmäßige Milieubedingungen in dem Material eingestellt und die besten Abbauerfolge erzielt werden. Allerdings tötet diese Aufarbeitung des Bodens viele standorteigene Bodenorganismen ab. Oberhalb einer bestimmten minimalen Bodenfeuchte sind eine ausreichende Wasserversorgung der Mikroorganismen sowie die Schadstoffsolubilisierung gewährleistet. Bei schwer bioverfügbaren beziehungsweise schlecht wasserlöslichen Substanzen kann der notwendigerweise zu fordernde Wassergehalt des Bodens aber so hoch sein, daß im Schlamm- oder Suspensionsverfahren gearbeitet werden muß. Um die Dekontamination zu unterstützen, können dem Boden verschiedene Additive zugesetzt werden. Vor Beginn einer Sanierung ist es in jedem Fall vorteilhaft, den Boden einmalig mit Substraten, Spurenelementen, Emulgatoren oder Mikroorganismen anzureichern.

In stark komprimierten Böden lassen sich Bodenorganismen nicht mehr ausreichend mit Sauerstoff, Nährsalzen oder Wasser versorgen. Um die Matrix entsprechend aufzulockern, werden strukturverbessernde organische und anorganische Zuschlagsstoffe, wie Kompost, Rindenmulch, Stroh, Sand oder Blähton, hinzugegeben. Es werden darüber hinaus spezielle Depotstoffe verwendet, welche die Nährstoffe langsam in den Boden dosieren. Je nach Sanierungsziel oder späterer Bodenverwendung ist der Einsatz derartiger Additive freilich nicht immer gestattet.

Eines der einfachsten *Ex-situ*-Verfahren ist die Biobeetbehandlung (landfarming) von belastetem Boden. Hierzu wird der Boden großflächig ausgebracht und mit herkömmlichen Agrargeräten aufgelockert, mit Additiven versorgt und umgesetzt. Die in der Regel offenen Biobeete können auch auf Rosten ausgebracht und von unten mit Luft begast werden. Nachteil des Biobeetverfahrens ist der sehr große Flächenbedarf, da der Boden nicht zu hoch (0,3-0,5 m) aufgeschüttet werden sollte. Ebenfalls nachteilig ist die schwere Kontrollierbarkeit eventuell auftretender Schadstoffemissionen durch Ausgasungen.

Eine weitere, zur Zeit häufig angewandte *Ex-situ*-Sanierungsmethode ist die Bodenbehandlung in Regenerationsmieten. Man unterscheidet zwischen statischen und dynamischen Aufschüttungen (Abb. 4.16.). In der statischen Mietensanierung erfolgt keine Umsetzung des 1,5 - 2 m hoch aufgeschütteten Erdreichs. Für den Abbau notwendige Additive werden auf die Miete geregnet und sickern durch die Aufschüttung. Gegebenenfalls kann die Miete über Begasungslanzen oder von unten über einen Begasungsrost mit Sauerstoff versorgt werden. Sind das anfallende Abwasser und die Abluft schadstoffbelastet, müssen sie separat gereinigt werden. In der dynamischen Mietensanierung wird die Miete (Höhe 0,8 - 1 m) durch ganz spezielle Umsetzmaschinen regelmäßig bewegt. Man spricht auch von Wendemieten. Während dieses Vorgangs wird die Erde belüftet und mit Additiven versetzt. Um Schadstoffemissionen zu vermeiden und günstigere Reaktionsparameter einstellen zu können sowie witterungsunabhängiger zu sein, werden Biobeet- und Mietenverfahren häufig *off site* in stationären oder *on site* in mobilen Anlagen durchgeführt, die überdacht sind.

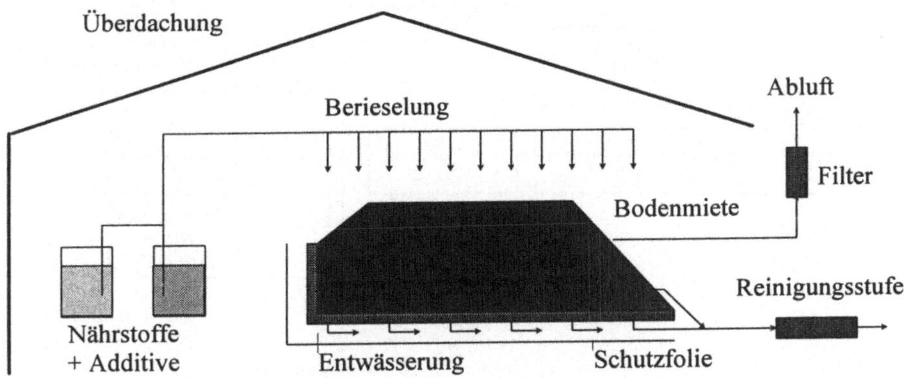

Abb. 4.16. Schematische Darstellung einer statischen Mietensanierung. (nach Fischer und Köchling 1994)

Um die Erfolgsaussichten einer Mietensanierung im Vorfeld besser abschätzen zu können, schlägt Alef (1994) die Simulation des Verfahrens mit Labortestmieten vor (Abb. 4.17.). Wir arbeiten mit einem Laborsystem, in welchem die Einflüsse unterschiedlicher Verfahrensparameter auf eine Sanierung gleichzeitig untersucht werden können. Variiert werden die Begasung, die Bodenfeuchte oder die Zusammensetzung der abbauenden Mikroorganismenkultur. Wichtig ist vor allem das richtige geometrische Verhältnis von Höhe zu Oberfläche, da so die Bodenkompression oder der Gasaustausch relativ genau simuliert werden können.

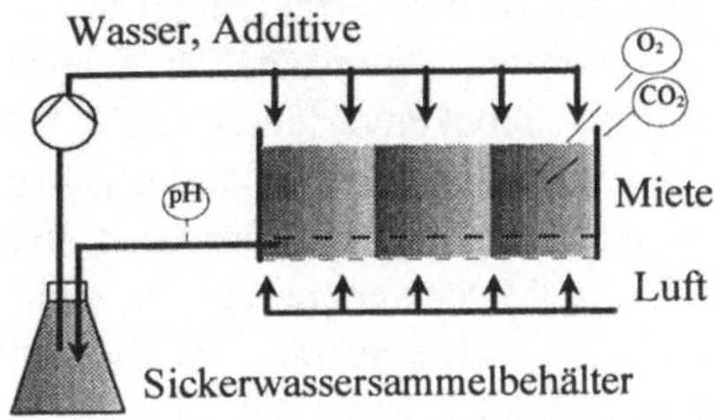

Abb. 4.17. Laborsystem zur Simulierung des mikrobiologischen Schadstoffabbaus im Mietenverfahren

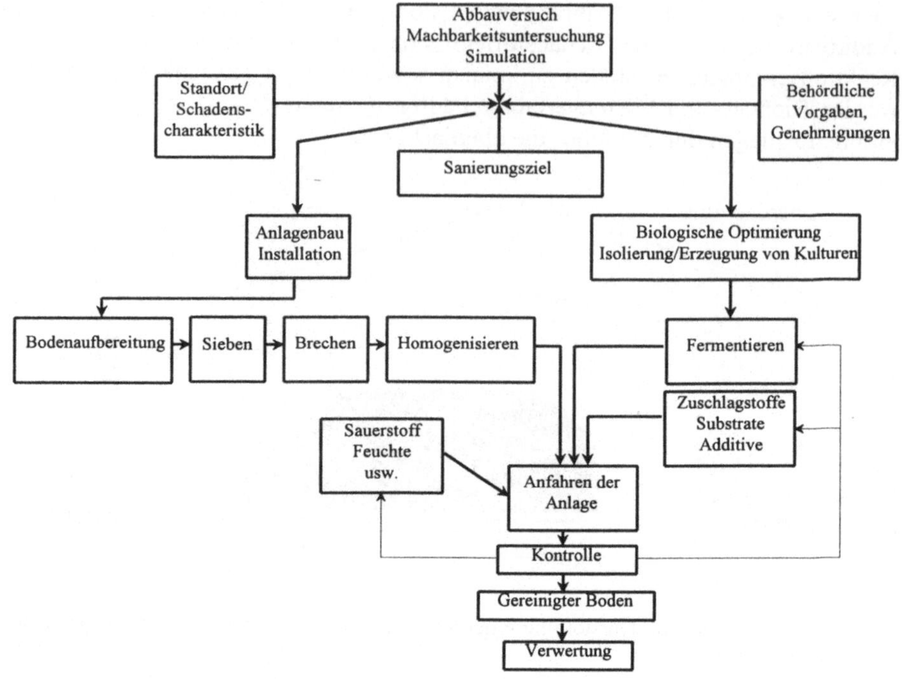

Abb. 4.18. Arbeitsschritte bei der biologischen *Ex-situ*-Sanierung von Böden unter Zugabe von mikrobiologischen Kulturen

Wie bereits erwähnt, müssen Bodenabwasser und Abluft separat aufgearbeitet werden. Häufig werden die Schadstoffe mit speziellen Waschverfahren aus dem Boden ausgetragen und anschließend im Reaktor abgebaut. In besonderen Fällen lohnt es sich auch, den Boden unmittelbar in einem Bioreaktor zu sanieren. Immer dann, wenn die Flächen oder der Zeitaufwand einer Mieten- bzw. Biobeet-sanierung zu groß werden, bieten sich Bioreaktoren als Alternativen an. Die höheren Betriebskosten von Bioreaktorverfahren müssen durch eine effektivere Prozeßführung kompensiert werden. Grundsätzlich unterscheidet man Trocken- und Suspensionsverfahren. Im Trockenverfahren stellt man eine Bodenfeuchte von 50-70 % der maximalen Wasserhaltekapazität des Bodens ein und bewegt den zu sanierenden Boden durch Drehung des gesamten Reaktors (Drehtrommel-reaktor) oder durch spezielle Mischwerkzeuge. In den Suspensionsverfahren werden Bodenschlämme in klassischen Rührkesselreaktoren oder in Wirbelschichtfermentern behandelt. Zur Zeit befinden sich viele Boden-reaktorverfahren noch in der Entwicklungsphase. Wir gehen aber davon aus, daß man in der Zukunft mit zunehmenden Sanierungsproblemen, besonders bei schlecht bioverfügbaren und persistenten Schadstoffen, vermehrt auf Reaktor-verfahren zurückgreifen wird. In Abb. 4.18. sind die notwendigen Arbeitsvor-gänge bei biologischen *Ex-situ*-Bodensanierungen im Überblick dargestellt.

4.4 Biologische Müllbehandlung

Die biologische Behandlung von organischem Müll wollen wir getrennt von der Bodensanierung behandeln. Die Notwendigkeit effektiver biologischer Eliminierungs- und Rückgewinnungsverfahren machen folgende Zahlen deutlich: 1984 fielen in der Bundesrepublik Deutschland ca. 2,3 10^8 Tonnen fester Haus-, Gewerbe- und Sondermüll an. Hiervon wurden ca. 14 % wiederverwertet, 5 % verbrannt und 73 % deponiert. Das Deponieren von Reststoffen kann nur eine Zwischenlösung sein, weil die Kapazität des zur Verfügung stehenden Deponieraumes limitiert ist. In den letzten 10 Jahren wurden daher zahlreiche Abfallvermeidungs- und Rückführungsstrategien entwickelt, wobei den biotechnischen Ansätzen eine immer größere Bedeutung zukommt. Sehr wichtige Verfahren sind die aerobe Kompostierung und die anaerobe Müllvergärung.

Etwa die Hälfte des anfallenden Hausmülls ist biologisch verwertbar. Eine relativ alte und klassische Technik zur biologischen Entsorgung dieses Abfalls ist die Kompostierung. So besitzen viele Haushalte eigene Kompostierer, um organische Reststoffe zu organischem Dünger aufzubereiten. Aus hygienischen Gründen sollten hier allerdings ausschließlich pflanzliche Rückstände entsorgt werden. Im großtechnischen Maßstab werden mittlerweile ebenfalls biologische Verfahren eingesetzt. In der Industrie fallen größere Mengen „sortierter" organischer Rückstände an, die unmittelbar biologisch aufgearbeitet werden können. Hierzu zählen zum Beispiel Gülle, Trester, Sägemehl oder Papier. Selbst an der direkten Kompostierung von Rückständen aus der Produktion von Pharmazeutika wird zur Zeit gearbeitet. Eine dritte Müllfraktion setzt sich aus den zentral gesammelten organischen Reststoffen aus Haushalt und Gewerbe zusammen.

In der klassischen aeroben Kompostierung wird der Müll zunächst zerkleinert, homogenisiert und anschließend zu einer offenen Miete aufgeschüttet. Die Zersetzung kann durch regelmäßige Belüftung und Umschichtung der Miete beschleunigt werden. Im großtechnischen Maßstab kommen anaerobe Müllvergärungen und aerobe Rottetechniken zum Einsatz. Bei der Kompostierung werden die organischen Bestandteile des Naßmülls durch aerobe Mikroorganismen und Kleinlebewesen zu CO_2, H_2O, mineralischen Bestandteilen und einem organischen Rest, dem Humus, abgebaut. Primär wichtig ist hier nicht der Schadstoffabbau - ein Großteil der Müllfraktion ist im Prinzip nicht toxisch - sondern die Massenverminderung. Alternativ zur Mietentechnik wurden spezielle Verfahren in geschlossenen Systemen entwickelt, um die Kompostierzeit zu reduzieren. Rotteboxen funktionieren nach dem Füllkörperprinzip, während die Rottetrommel ein Drehtrommelreaktor ist.

Da am Kompostierprozeß auch höherorganisierte Kleinlebewesen beteiligt sind, ist der Kompost besonders empfindlich gegenüber mechanischen Belastungen. Ein weiterer Unterschied zur Bodenmiete ist, daß aufgrund exothermer Oxidationen während der Endphase einer Kompostierung häufig Temperaturen von 70-75°C erreicht werden. Eine relativ hohe Thermoresistenz der biologischen Systeme ist daher erforderlich.

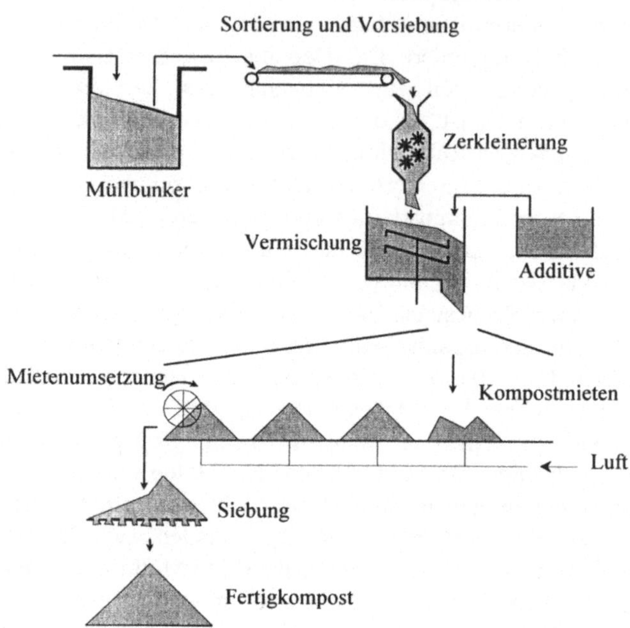

Abb. 4.19. Schematische Darstellung der Vorgehensweise bei einer großtechnischen Müllkompostierung im Mietenverfahren

Persistente Schadstoffe können sich in der verbleibenden organischen Fraktion anreichern. Eine besondere Art der Akkumulation stellt die Humifizierung dar. Hierbei handelt es sich um den mikrobiologischen Einbau von Schadstoffen in eine polymere organische Matrix. In der Analytik stellt sich dieser Einbau als Abbau dar, obwohl Toxine noch vorhanden sind. Da der Prozeß der Humifizierung unter Umständen reversibel ist, besteht die Gefahr, daß man mit dem Humus das Umweltgift nach der Reinigungsmaßnahme wieder in die Umwelt zurückbringt. Weiterhin werden auch generell nicht abbaubare Elemente und Verbindungen, wie zum Beispiel Schwermetalle oder Kunststoffe, im Humus angereichert.

Aerobe Prozesse sind durch eine schnelle Kinetik, aber auch durch große Biomassebildung gekennzeichnet. Da aber Masse- und Volumenreduzierung wichtige Ziele der biologischen Müllbehandlung sind, werden gegenwärtig verstärkt Verfahren der anaeoben Müllvergärung entwickelt und angewendet. Anaerobe Verfahren verlaufen zwar langsamer, aber auch mit einer deutlichen Biomassereduzierung gegenüber aeroben Prozessen. Eine Kombination aus aerober und anaerober Technik erscheint ideal, da so hohe Abbaugeschwindigkeit mit idealer Volumen- und Massenreduktion vereint werden kann.

4.5 Biologische Abluftreinigung

Die biologische Abluftbehandlung zielt hauptsächlich auf eine Beseitigung von Geruchsemissionen und die Eliminierung toxischer Verbindungen ab. In der Luftbehandlung finden biologische Wasch- und Filterverfahren eine immer breitere Anwendung. Schon heute gibt es neben kleinsten biologischen Filtern in Schuhsohlen, Kanaldeckeln oder Biotonnen zugleich große Industrieanlagen, die lösungsmittelhaltige Abluft mikrobiologisch reinigen.

Die meisten gasförmigen Verbindungen sind für Mikroorganismen aufgrund ihres Aggregatzustandes nicht bioverfügbar. Gelingt es, diese Verbindungen in Lösung zu bringen, können die Stoffe durch Mikroorganismen aufgenommen werden. Die Wahrscheinlichkeit einer erfolgreichen biologischen Schadstoffeliminierung durch Abbau, Transformation oder Anreicherung wird durch den Phasenübergang also deutlich erhöht.

Technisch realisiert wird die biologische Luftbehandlung beispielsweise in biologischen Luftwäschern. Hier wird das Prinzip der Gaswaschkolonne mit dem des aeroben Bioreaktors kombiniert. Die gelösten Schadstoffe werden in den Reaktor gebracht und dort biologisch eliminiert. Im Idealfall entspricht die Abbaurate im Reaktor genau der Lösungsrate der Schadstoffe im Wäscher. Mikroorganismen finden gleichwohl in der Waschkolonne mehr oder weniger ideale Wachstumsbedingungen, so daß sich auch hier bereits aktive Kulturen etablieren können. Aufgrund der Konstruktion des Wäschers wachsen dort bevorzugt biofilmbildende Mikroorganismen. Nachteilig ist dieser Bewuchs deshalb, weil es durch die Biofilmbildung zu einer Verstopfung des Wäschers kommen kann. Gelingt es, die Verstopfungsproblematik zu lösen, lassen sich Wäsche und Abbau sogar in einem gemeinsamen Behälter durchführen.

Befinden sich die schadstoffabbauenden Mikroorganismen nicht in Suspension, sondern werden auf Trägermaterialien fixiert, spricht man von einem Biofilter. Ein ideales Trägermaterial hat nicht nur die Eigenschaft adsorptiver Bindung für Mikroorganismen, sondern stellt zugleich ein Nährstoffdepot dar. Da das Biofilter eine feste, luftdurchströmte Matrix ist, muß zusätzlich darauf geachtet werden, daß es nicht zu Verstopfungen durch eingetragene Staubpartikel kommt. Eine erhöhte Porosität des Filter- und Trägermaterials kann zu schnelles Verstopfen verhindern. Selbstverständlich muß eine gleichmäßige und homogene Luftverteilung in der gesamten Matrix gewährleistet bleiben und eine Kanalbildung im Filter verhindert werden. Bei der Filtration trockener Luft wird dem Biofilter Wasser entzogen, und es trocknet aus. Daher sollte die eingeblasene Luft möglichst mit Wasser abgesättigt werden. Vorteilhaft sind feuchtigkeitsspeichernde Eigenschaften der Trägermatrix. Verwendet man Trägermaterialien mit reversibler Adsorbtionsfähigkeit für die eingetragenen Schadstoffe, können

Schwankungen in der Luftbelastung besser abgepuffert werden. Geeignete Träger sind organische Materialien wie Kompost, Heidekraut, Reisig, Rindenschrot oder Torf. Aber auch chemisch inerte Materialien wie Styropor, Blähton oder Lava sind verwendbar.

Ein wichtiges zukünftiges Entwicklungsziel bei der biologischen Luftreinigung wird die Reduzierung der Keimbelastung in der ausgetragenen Luft sein. In Abb. 4.20. sind die Funktionsprinzipien von Biowäscher und Biofilter dargestellt.

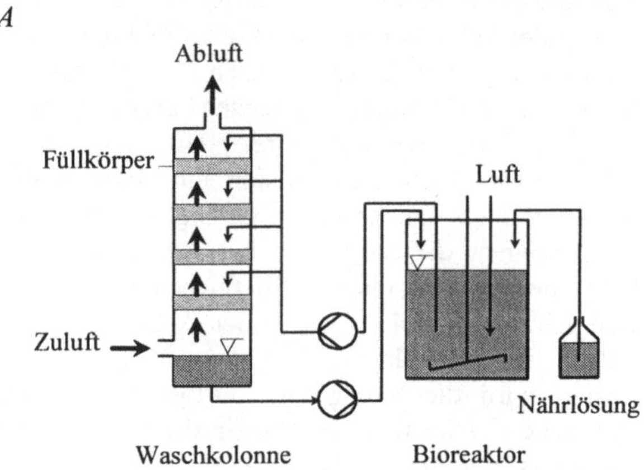

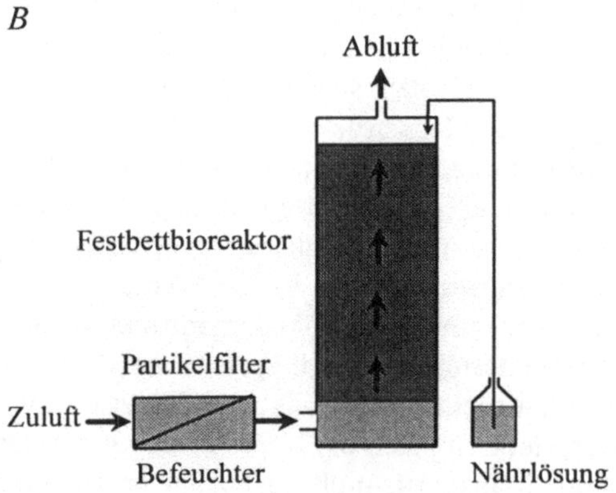

Abb. 4.20. Funktionsprinzipien von Biowäscher *A* und Biofilter *B*

In der praktischen Anwendung werden häufig lange Adaptationszeiten von Mikroorganismen an Biowäscher und Biofilter beobachtet. Schwankt die Konzentration und Zusammensetzung der Luftschadstoffe, führt dies wegen der permanent schwankenden Medienzusammensetzung zu weiteren Anpassungsproblemen der Biozönosen. Darüber hinaus gibt es die gleichen Schwierigkeiten wie bei herkömmlichen Abwasserbehandlungen, zum Beispiel durch übermäßige

Schlammbildung oder Temperaturschwankungen. Spezialkulturen sind zur Animpfung von Biofiltern gut geeignet. Hierdurch können die Anfahrzeiten der Anlagen drastisch reduziert werden.

Wasser ist das natürliche Lösungsmittel für viele organische Verbindungen. Zweifellos ist mittlerweile der biologische Abbau zahlreicher unpolarer, hydrophober organischer Verbindungen beschrieben, die weniger gut in Wasser, dafür aber besser in hydrophoberen Organika löslich sind. Um trotzdem einen effektiven biologischen Abbau im Luftfilter zu gewährleisten, müssen Mikroorganismen an das organische Lösungsmittel adaptiert werden. Alternativ kann ein Zwei-Phasen-System etabliert werden. Der Schadstoff wird in einem hydrophoben Mittel gelöst und an der Phasengrenzfläche biologisch abgebaut. Derartige Zwei-Phasen-Systeme zum mikrobiologischen Abbau von Schadstoffen werden in neueren Entwicklungen zum Beispiel unter Einsatz von Membranen etabliert. So werden in Membranreaktoren spezielle Hohlfasern aus Polydimethylsiloxan eingesetzt, in denen sich bestimmte organische Lösungsmittel gut lösen lassen. Die Hohlfasern werden innen mit schadstoffhaltiger Luft durchströmt, während auf der Außenseite der Membranen eine Nährlösung entlanggepumpt wird. Der organische Schadstoff wird in der organischen Phase der Membran gelöst, diffundiert quer durch die Membranschicht und wird auf der nach außen gewandten Membranseite von Mikroorganismen aufgenommen und abgebaut.

4.6 Konventionelle Verfahren

Zum Abschluß dieses Kapitels über die technischen Möglichkeiten der Schadstoffbeseitigung wollen wir kurz die derzeit in der Umwelttechnik angewendeten konventionellen (nichtbiologischen) Verfahren abhandeln. Grundsätzlich lassen sich die nichtbiologischen Verfahren der Schadstoffbehandlung in eliminierende und sichernde Maßnahmen unterteilen.

Häufig vergeht bis zum Beginn einer möglichen Sanierung durch notwendige Genehmigungs-, Finanzierungs- und Projektierungsverfahren viel Zeit, in der weiterhin eine Gefährdung der Umwelt durch die Schadstoffkontamination besteht. Daher sollte unmittelbar nach der Schadensfeststellung in Abhängigkeit vom Gefährdungspotential immer eine Sicherungsmaßnahme zur unmittelbaren Gefahrenabwehr stehen. Zur Sicherung gibt es einerseits verschiedene Einkapselungstechniken, die die geringer oder nicht belastetete Umwelt vor den Gefahren durch die Kontamination *in situ* abschirmen sollen. In besonders problematischen Fällen muß möglichst eine vollständige Einkapselung des Schadstoffs von allen Seiten erfolgen. Künstliche Dichtungssohlen und natürliche Barrieren, wie undurchlässige Erd- oder Gesteinsschichten, können dazu beitragen, den kontaminierten Standort von unten zu sichern. Seiten- und Oberflächenabdichtung sorgen für die vollständige Isolierung des Schadens. Die Oberflächenabdeckung soll darüber hinaus den unmittelbaren Kontakt mit den Schadstoffen unterbinden und das Eindringen von schadstofflösendem Wasser verhindern. Ist die Sicherung langfristig geplant, muß bei der Oberflächenabdeckung wenigstens auf „landschaftskosmetische" Aspekte geachtet werden. Zur Abdichtung sollten natürliche Materialien verwendet werden.

Wenn die *In-situ*-Sicherung eines Schadenfalles technisch oder finanziell nicht möglich ist, oder wenn feststeht, daß eine *In-situ*-Sanierung nicht durchführbar ist, wird häufig eine Deponierung des kontaminierten Materials an einem sicheren Ort bevorzugt. Die belasteten Bodenschichten werden abgetragen und an besonders geeignete und dafür vorbereitete Standorte gebracht. Hier werden auch Materialien wie kontaminierte Klärschlämme, Abwässer oder Filtermaterialien eingelagert. Mittlerweile wird die Entsorgung auftretender Deponiesickerabwässer zu einem immer größeren Problem.

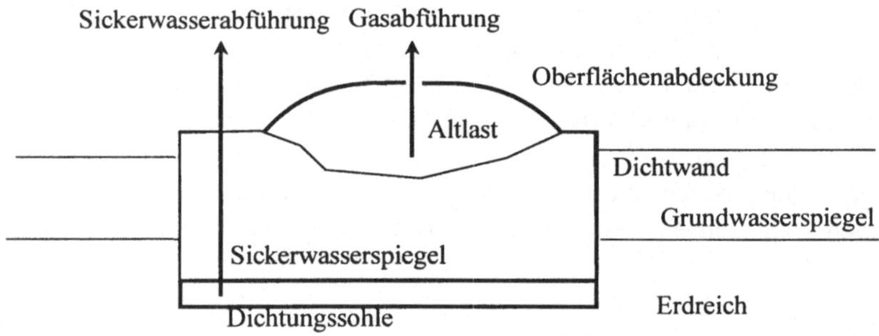

Abb. 4.21. Querschnitt durch die Einkapselung einer Altlast (nach Beier 1994)

An dieser Stelle wollen wir die Gelegenheit wahrnehmen, eine grundsätzliche Betrachtung der derzeit gängigen Sicherungspraxis vorzunehmen. Eine Sicherungsmaßnahme sollte - solange eine Sanierung technisch möglich ist - immer nur provisorisch sein. Die Deponierung von Schadstoffen wird jedoch häufig von einigen Institutionen so betrieben, als ob sie eine endgültige Lösung der Umweltprobleme wäre. Dabei verlagert sie die Schadstoffgefährdung nur an andere - gegenwärtig sicherer erscheinende - Orte. In der Praxis stellen wir leider immer wieder fest, daß Sicherung und Sanierung als Methoden mit gleicher ökologischer Qualität betrachtet werden und ausschließlich wirtschaftliche Gründe den Ausschlag bei der Auswahl der Methoden geben. In die Kalkulation der Deponiekosten gehen die später einmal anstehenden Sanierungskosten häufig nicht ein. Für dieses Fehlverhalten werden zukünftige Generationen - wie wir an der heutigen Altlastenproblematik sehen - bezahlen müssen. Daß diese Kritik berechtigt ist, zeigt zum Beispiel die steigende Anzahl notwendiger Deponierückbaumaßnahmen.

Eine oft geäußerte Kritik an biologischen Verfahren lautet, daß sie zu lange dauerten. Da das Zeitargument bei der Deponierung eine eher untergeordnete Bedeutung hat, liegt es nahe, mit biotechnischen Methoden den Schadstoffabbau während der Deponierung zumindest zu unterstützen. So gibt es Anwendungsvorschläge, kontaminierte Böden zur Aufschüttung von Lärmschutzwällen zu verwenden. Hier werden dann über spezielle Begasungs- und Bewässerungssysteme gute Bedingungen für biologische Abbauprozesse geschaffen (Abb. 4.22.).

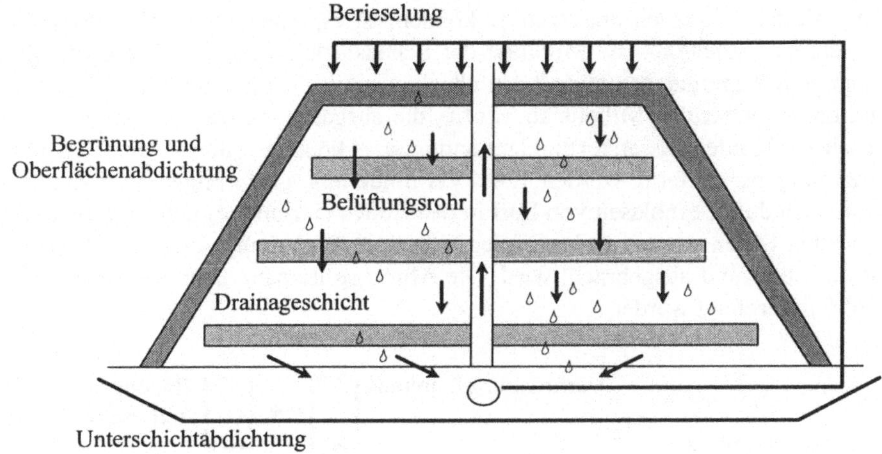

Abb. 4.22. Begasungs- und Bewässerungssystem in einem partiell umkapselten Lärmschutzwall aus kontaminiertem Erdreich

Als Sanierungsverfahren werden die Methoden bezeichnet, mit denen sich eine Schadstoffreduzierung in dem kontaminierten Medium erzielen läßt. Diese Definition berücksichtigt weder die biologische Qualität des verbleibenden sanierten Materials noch eine eventuelle Verlagerung der Belastung in ein anderes Medium. Am Beispiel der thermischen „Sanierung" wird aber die Fragwürdigkeit dieses weit gedehnten Sanierungsbegriffes besonders deutlich. Während der thermischen Behandlung eines kontaminierten Materials werden die Schadstoffe durch Oxidationsprozesse abgebaut oder entweichen über die Gasphase. Spezielle Filtersysteme reinigen die Abluft von den ausgasenden Giften, wobei die anfallenden Filterstäube in der Regel hoch belastet sind und adäquat entsorgt werden müssen. In der Filterabluft besteht aufgrund von Temperatureffekten zudem die Gefahr, daß unschädliche Stoffe erneut zu toxischen Verbindungen reagieren können. Im Moment wird vor allem die mögliche Dioxinbildung in der Abluft thermischer Anlagen diskutiert. Ökologisch nicht zuträglich ist zudem, daß ein relativ hoher Energieeintrag für die Durchführung thermischer Verfahren notwendig ist. So wurde in älteren Verfahren der Boden regelrecht ausgeglüht. Zur Zeit werden vermehrt solche Verfahren eingesetzt, die bei niedrigeren Temperaturen (450 - 600°C) arbeiten. Die wesentliche Frage ist: Welche biologische Qualität besitzt das verbleibende, sanierte Material überhaupt noch? Es werden durch die Behandlung alle organischen Komponenten des Bodens zerstört. Was übrigbleibt, ist eine mineralische Schlacke, vermischt mit graphitischem Kohlenstoff, die als Thermosol bezeichnet wird. Die Verwendbarkeit des Thermosols ist ohne eine nachträgliche Anreicherung mit organischen Komponenten äußerst eingeschränkt.

Wesentlich umweltverträglicher, besonders wenn sie mit biologischen Verfahren kombiniert werden, sind hier die hydraulischen Sanierungsverfahren. Um diese Verfahren gezielt einsetzen zu können, ist es, ebenso wie bei biologischen Verfahren, notwendig, die Mobilität der Schadstoffe zu kennen. Diese Mobilität hängt vom Aggregatzustand und den physikochemischen Eigenschaften der Stoffe und des umgebenden Milieus ab. Stoffe, die ausgasen, beispielsweise bestimmte flüssige Kohlenwasserstoffkontaminationen, können über eine Bodenluftabsaugung entfernt werden. Die Verminderung gasförmiger Verbindungen kann auch durch Einblasen von Luft in den Boden (Strippung) unterstützt werden. In beiden Fällen werden Rohre in den belasteten Boden abgesenkt, durch welche die Luft ein- und ausgebracht wird. Die Abluft sollte dann über Aktivkohle oder Biofilter gereinigt werden.

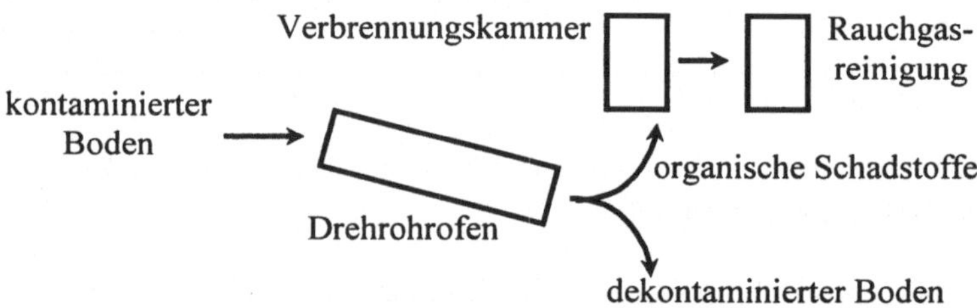

Abb. 4.23. Prinzip der thermischen Bodensanierung (nach Beier 1994)

An die Bodenmatrix gebundene Toxine können durch entsprechende Lösungsmittel - im Idealfall Wasser - eluiert und im flüssigen Aggregatzustand abgepumpt werden. Man spricht dann von einer Bodenwäsche. Durch eine zwischengeschaltete Behandlung des Wassers können zyklische Waschabläufe etabliert werden. Der Einsatz von organischen Lösungsmitteln ist kritisch, da diese Verbindungen häufig toxisch sind. Eine umweltverträgliche Alternative ist hier der Eintrag biologisch abbaubarer Emulgatoren. Die Waschlösungen werden über spezielle Infiltrationsbrunnen in den Boden eingebracht. Bei der Bodenwäsche muß aber unbedingt verhindert werden, daß eine Ausbreitung der Schadstoffe auf unbelastete Zonen, insbesondere Grundwasserleiter, stattfindet. Eluieren Schadstoffe trotz durchgeführter Sicherungsmaßnahmen ins Grundwasser, kann man dieses gegebenenfalls über spezielle Brunnen auffangen und zur Behandlung ableiten.

Die Bodenwäsche wird nicht nur *in situ*, sondern auch *ex situ* in zentralen Bodenwaschanlagen durchgeführt. Hier gibt es verschiedene Anlagen, die sich in der Prozeßführung, beispielsweise der Wäsche unter hohem Druck oder Zugabe von emulgierenden Hilfsstoffen, unterscheiden.

Häufig werden konventionelle Techniken, wie die Bodenwäsche und die thermische Sanierung, miteinander kombiniert. Wie wir bereits geschildert haben, ist der kombinierte Einsatz von Bodenwäsche und der Bodenluftabsaugung mit einem biologischen Verfahren sehr interessant.

Im Rahmen dieses Buchs war nur ein kurzer Exkurs in die konventionelle Umwelttechnik möglich. Es gibt eine Vielzahl von Verfahren, die sich im Prinzip immer an den oben geschilderten grundlegenden Möglichkeiten orientieren und auf die einzelnen Schadstoffsituationen spezifisch zugeschnitten sind. Viele Kontaminationen im Boden können nur mit Hilfe physikochemischer Methoden erfolgreich behandelt werden. Dies liegt nicht nur daran, daß viele Kontaminationen prinzipiell nicht biologisch abbaubar oder zu toxisch sind. Oft lassen auch das Schadstoffmilieu oder der Standort keine biologische Behandlung zu. Trotzdem sind wir der Meinung, daß biologische Maßnahmen zumindest in vielen Fällen physikochemische Verfahren sinnvoll unterstützen können. Sie sollten daher in der Zukunft vermehrt eingesetzt werden!

5 ArtEv-Verfahren

> Wissenschaft schreitet selten, wie es sich Außenstehende
> gern vorstellen, auf direkte, logische Weise fort.
> Nein, ihre Fortschritte (und gelegentlichen Rückschritte) sind oft sehr
> menschliche Ereignisse, bei denen die Persönlichkeit der Beteiligten und
> bestimmte kulturelle Traditionen eine bedeutende Rolle spielen.
>
> *James D. Watson* in „*Die Doppel-Helix*"

5.1 Idee

In Kap. 2.1 haben wir die Voraussetzungen zur erfolgreichen strukturellen Koppelung zwischen Organismen und ihrer Umwelt ausführlich beleuchtet. Es ist dabei deutlich geworden, daß bei drastischen Umweltänderungen immer dann eine destruktive Wechselwirkung stattfindet, wenn die Plasitizität des Genoms eines Lebewesens nicht ausreicht, um sich unter Erhalt der notwendigen Autopoiese auf die neuen Bedingungen einzustellen. Ist jedoch das bis dahin noch nicht genutzte Repertoire an Möglichkeiten zum strukturellen und funktionellen Driften hinreichend groß, dann wird der Organismus einen neuen Zustand der Anpassung erreichen und damit erfolgreich überleben. Das in Abb. 2.26. beschriebene klassische Experiment hat gezeigt, daß in der Tat nicht erst die Änderung von Umweltbedingungen (der Selektionsdruck) eine entsprechende genomische Flexibilität hervorruft, sondern daß diese ungerichtet und ungesteuert durch spontane Variation im Erbgut (Mutation) bereits vorher angelegt ist. Die Frage der Mutationsrate (Mutationshäufigkeit pro Zeiteinheit) ist dann von entscheidender Bedeutung, wenn die durchschnittliche Änderungsrate für ausschlaggebende Umweltbedingungen merklich steigt. Es kann der Fall eintreten, daß sich die Umweltbedingungen so stark im Fluß befinden, daß die spontane Mutationshäufigkeit nicht schritthalten kann und infolgedessen die strukturelle Koppelung zusammenbricht. Eine solche Situation ist wahrscheinlich auch für die wenigen aber dramatischen Extinktionsperioden der Erdgeschichte verantwortlich (Abb. 5.1.). Es wird diskutiert, daß solche „Einbrüche" in der Gesamtzahl an Arten zugleich Chancen für das Auftreten neuer Organismen mit sich bringen.

Da wir hier und in den vorangegangenen Kapiteln wiederholt den Vorgang der Mutation erwähnt haben und in Kap. 2.3 schon ein wenig näher auf zugrundeliegende molekulare Mechanismen eingegangen sind, wollen wir uns an dieser Stelle mit der Frage nach Möglichkeiten zur merklichen Erhöhung von Mutationsraten auseinandersetzen.

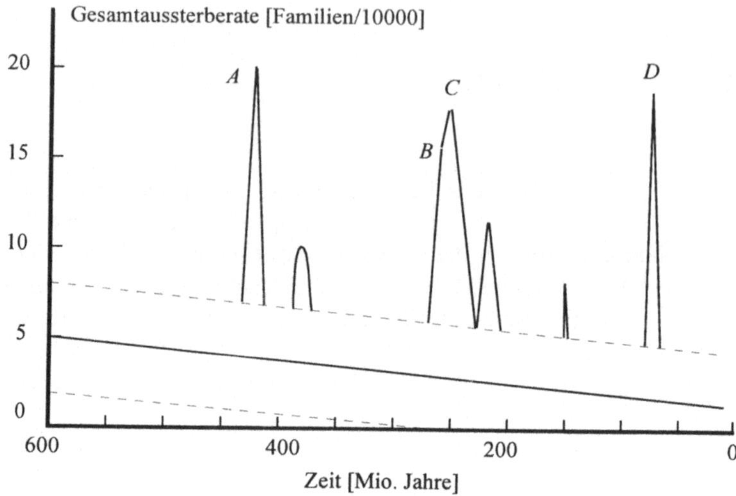

Abb. 5.1. Aussterberate für Meerestierfamilien bis zur Gegenwart. Die Normalraten liegen innerhalb der gestrichelten Linien. Es sind 4 Kulminationspunkte (*A-D*) zur Zeit von Massenaussterben zu erkennen. *D* zeigt das Aussterben der Dinosaurier am Ende der Kreidezeit

Wir haben festgestellt, daß Mutation einerseits durch seltene aber dennoch mit einer definierbaren Fehlerhäufigkeit auftretende „Replikationsirrtümer" auf der Genebene geschehen kann. Die Größenordnung dieser Vorgänge wird einzig und allein durch die Effizienz der in jedem Lebewesen angelegten Korrekturmechanismen festgelegt. Es ist dabei zu beobachten, daß biochemisch gesehen grundsätzlich eine noch bessere als die ohnehin schon verwirklichte hohe Genauigkeit erreicht werden könnte. Diese wäre aber nur um den Preis eines erhöhten Zeitaufwandes und Energieverbrauches zu realisieren. Das würde bedeuten, daß sich Zellen nicht mehr so schnell teilen könnten und daß sie mehr Nahrung allein für die innere „Qualitätskontrolle" verbrennen müßten. Was also zunächst wie ein erzwungener Kompromiß aussieht, erweist sich am Ende als nützlich für die Variabilität des Organismus. Wie bereits angedeutet, kommt es im Endeffekt darauf an, daß ein exakt ausgewogenes Gleichgewicht zwischen „Variationschaos" und „Vererbungsrigidität" realisiert wird. Daß auch auf der Ebene der Proteinbiosynthese Übersetzungsfehler zu Strukturabweichungen in Eiweißmolekülen führen können, spielt in unserem Betrachtungsrahmen keine Rolle, da solche „Strukturdrifts" nicht vererbt werden.

Die zweite wichtige Möglichkeit zur Erzeugung von Mutation auf DNA-Ebene ist die Wirkung energiereicher Strahlung. Sie tritt innerhalb der Ökosphäre zum Beispiel durch natürlich auftretende oder künstlich freigesetzte Radioaktivität hauptsächlich in Form von γ-Strahlung auf oder entsteht im extraterrestrischen Raum durch Kernverschmelzungsvorgänge im Inneren unserer Sonne und anderer Sterne. Diese extrem intensive Strahlung, die einen weiten Spektralbereich überdeckt, wird durch die Filterwirkung der Erdatmosphäre mit ihrer Ozonschicht auf ein erträgliches Maß herabgemildert (Abb. 5.2.). Wir befinden uns jedoch hier in einem Grenzbereich der Strahlungstoleranz - insbesondere für den ultravioletten Spektralanteil - die zumindest im Hinblick auf die Transformationshäufigkeit von ursprünglich physiologisch gesunden, somatischen Zellen mit Sicherheit zunehmend überlastet ist. Glücklicherweise werden auch strahleninduzierte Tumoren nicht vererbt.

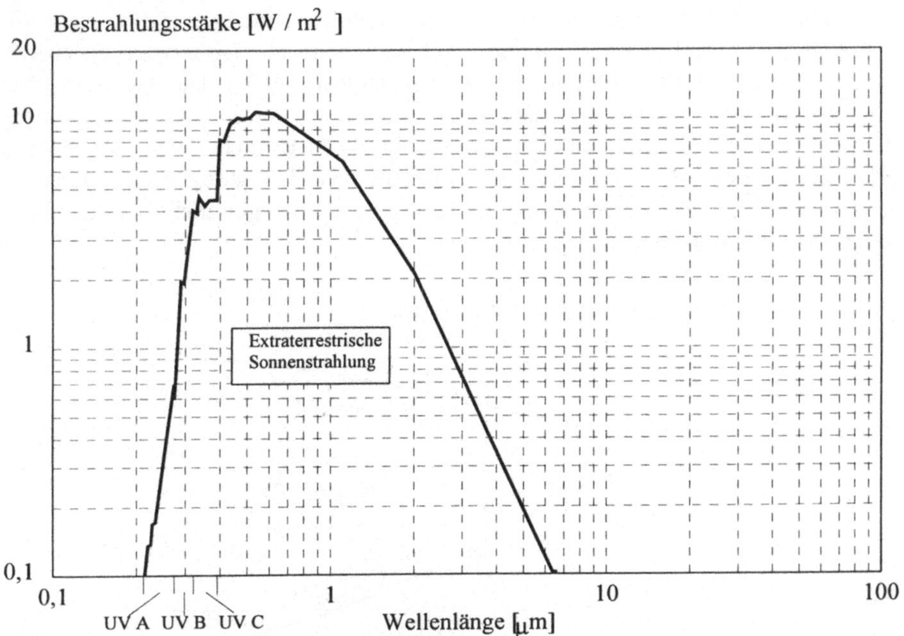

Abb. 5.2. Spektralverteilung der auf der Erdoberfläche auftreffenden Sonnenstrahlung. (nach Kiefer 1977)

Es liegt nahe, daß die Intensität der effektiv auf der Erdoberfläche auftreffenden UV-Strahlung während langer geologischer Zeiträume nicht immer konstant war. Dies mag ebenso an Änderungen der Zusammensetzung der Gashülle unserer Erde wie an Schwankungen der solaren Strahlungsintensität gelegen haben. Man denke hier nur an Änderungen in der Aktivität von Sonnenflecken. Somit gehen namhafte Evolutionsbiologen sicher nicht zu Unrecht davon aus, daß die bekannten großen Evolutionsschübe, welche die Paläontologie beschreibt, durch eine veränderte Strahlungsintensität ausgelöst wurden.

Bestrahlt man ein System mit UV-Licht, so kann sich in ihm nur dann eine Wirkung zeigen, wenn die Quanten tatsächlich absorbiert werden. Diese Absorption ist selektiv, das heißt eine jede Wirkung von ultraviolettem Licht setzt das Vorhandensein von Substanzen voraus, die bei der eingestrahlten Wellenlänge absorbieren. Man bezeichnet diese als Chromophoren. Es liegt nahe, aus der

Wellenlängenabhängigkeit einer bestimmten Wirkung durch Vergleich mit den Absorptionsspektren bekannter Substanzen auf die für eine bestimmte Wirkung verantwortlichen Chromophoren zu schließen. Man bezeichnet dieses Verfahren als Aktionsspektroskopie. Das Aktionsspektrum für die Mutationsauslösung durch ultraviolette Strahlung ist weitgehend identisch mit dem Absorptionsspektrum der DNA. Die Dosisabhängigkeit hat im allgemeinen eine Form, wie sie durch Abb. 5.3. dargestellt ist: Bei niedrigen Dosen findet man einen starken Anstieg, der stärker als exponentiell verläuft, bis zum Erreichen eines Maximums, dem häufig ein scharfer Abfall folgt. Es gibt experimentelle Hinweise dafür, daß die ausschlaggebenden Initialänderungen durch die chemische Dimerisierung zweier Pyrimidinbausteine (Thymin) in der DNA ausgelöst werden. Da Bakterien über ein Reparatursystem verfügen, das diese Dimere wieder in intakte monomere Bausteine zurückführen kann, geschieht in Wildstämmen eine sogenannte „Photoreaktivierung", wodurch die Ausbeute an UV-induzierten Mutanten verringert wird. Diese Verringerung beobachtet man hingegen nicht bei Stämmen, welche das Reparaturenzym nicht besitzen.

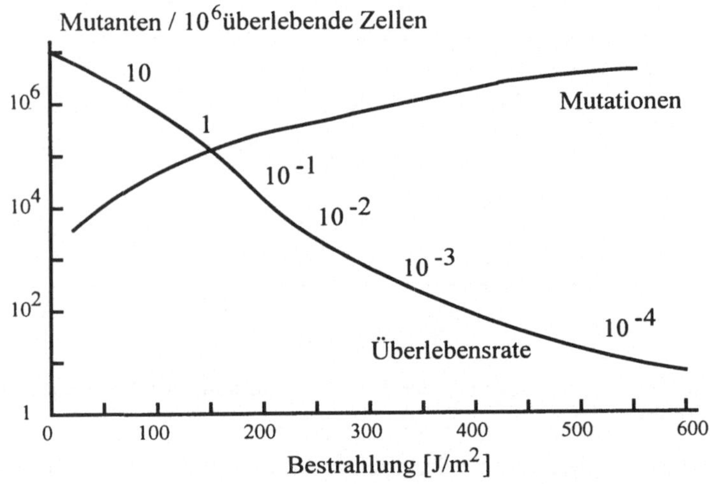

Abb. 5.3. Mutationsauslösung durch UV-Bestrahlung: Mutation zur T1-Phagenresistenz bei *E. coli.* (nach Demerec und Latarjet 1946)

Ein weiterer enzymatischer Reparaturmechanismus schneidet die nämlichen Thymindimeren großräumig heraus und ersetzt den Schadensbereich durch ein korrektes DNA-Stück (Abb. 5.4.). Diese Exzisionsreparatur, die nur etwa einem Fehler/Million Bausteine macht, führt ebenfalls zu einer starken Abnahme von UV-induzierten Mutanten. Daraus ist der Schluß zu ziehen, daß nicht die Primärschäden die Mutation darstellen, sondern daß sie nur die notwendige Vorbedingung sind und es zur Ausprägung weiterer Prozesse bedarf. Man spricht daher von ihnen auch als „Prämutationen", die erst eine komplexe „Fixierung" durchlaufen müssen, bis sie permanent wirksam werden.

Für die angestrebte Erhöhung der Mutationsrate in umweltrelevanten Mikro-organismen haben wir für unser ArtEv-System aus Umweltentlastungs- und Personenschutzgründen auf die Verwendung hocheffizienter mutagener Chemi-kalien verzichtet und uns für den Einsatz von UV-Strahlung entschieden. Dies nicht zuletzt auch aus einem technischen Grund, da ein UV-Strahler mühelos geregelt werden kann, während eine Chemikalie bei kontinuierlichem Fermenterbetrieb nur langsam aus dem System auswaschbar ist.

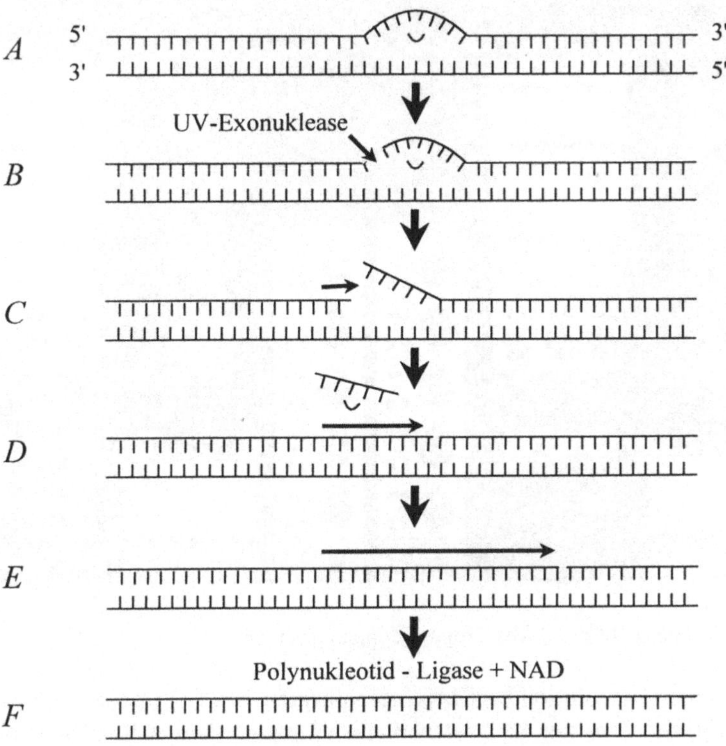

Abb. 5.4. Schema der Exzisionreparatur. *A* Schadenserkennung, *B* Inzision, *C* Ersatz der Schadensstelle (Reparaturreplikation, *D* Exzision, *E* und *F* Schließen des letzten Bruches). (nach Kelly et al. 1969)

Um die Erzeugung von Mutationen in unserem System nicht zusätzlich durch die Anwesenheit des nachfolgend abzubauenden Umweltschadstoffes zu beein-flussen, haben wir uns für eine gekoppelte Doppelfermenteranordnung entschie-den. In einem Fermenter wird UV-Strahlung appliziert, im zweiten Fermenter werden die überlebenden Mutanten erst hochgezüchtet und nachfolgend steigen-den Mengen des untersuchten Toxins exponiert. Dieser Vorgang kann zyklisch so lange wiederholt werden, bis hinreichende Toleranz für das Toxin, sodann die höchstmöglichen Abbauleistung für das Toxin und schließlich, im besten Fall, eine exklusive Abhängigkeit vom Toxin als C-Quelle erreicht sind.

5.2 Werkzeug

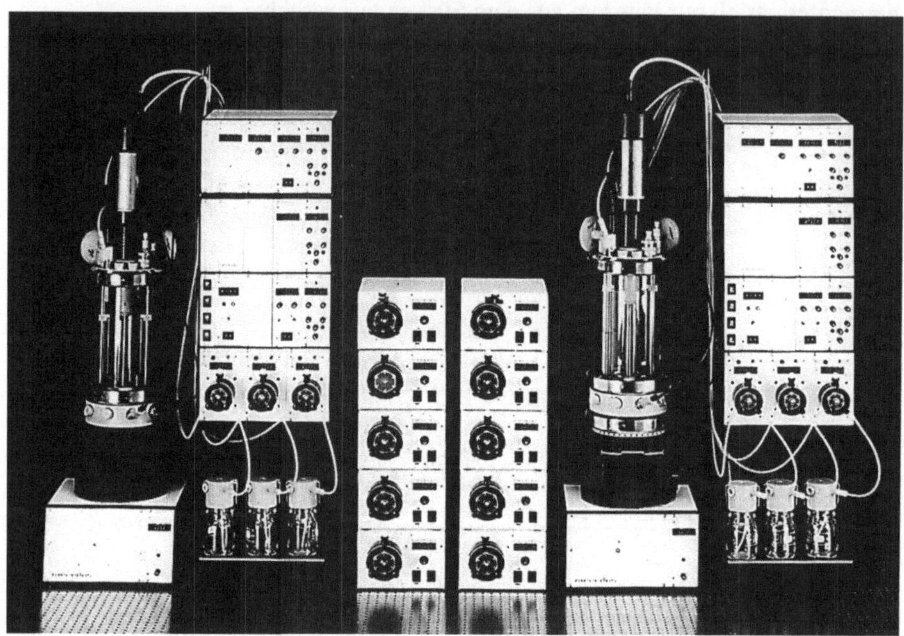

Abb. 5.5. Frontansicht des ArtEv-Doppelfermentersystems

Die gesteuerte Evolution von Mikroorganismen ist als Prinzip zunächst völlig unabhängig von dem zur konkreten Realisierung gewählten Verfahren und dem damit verbundenen technischen Aufbau zu sehen. ArtEv läßt sich also bezüglich der jeweils gewählten Anlagenkomponenten auf vielfältigste Art und Weise verwirklichen. Entscheidend für den Erfolg ist lediglich die effiziente Entkopplung und individuelle Optimierung von Variation (Mutation, Rekombination etc.) und Selektion. Die Wahl der biotechnischen Komponenten zur Durchführung von ArtEv hängt dann im wesentlichen vom jeweiligen Optimierungsziel ab. Das können beispielsweise die in der Anwendung des optimierten Organismus angestrebte Verfahrenstechnik oder auch bestimmte physikochemische Eigenschaften des Giftes beziehungsweise der toxinhaltigen Umgebung sein. Der jeweils gewählte Aufbau einer Anlage ist also für eine erfolgreiche Durchführung von ArtEv nicht fest vorgeschrieben. Das modulare System kann dem Zweck entsprechend immer unterschiedlich zusammengestellt werden. Dennoch ist die genauere Beschreibung einer konkreten Ausführungsform sinnvoll, da sie in hohem Maß zum Verständnis der prinzipiellen Abläufe und Probleme von ArtEv beitragen kann. Es wird daher an dieser Stelle beispielhaft die von den Autoren konzipierte und in Betrieb genommene Doppelfermenteranlage ausführlich beschrieben.

Bei der Planung legen wir besonderen Wert auf eine funktionell flexible, und zugleich preisgünstige Lösung. Die Erfahrung mit unserem System zeigt, daß Modifikationen im technischen Aufbau bei jeder neuen mikrobiologischen Optimierung nötig sind. Wichtig ist daher der modulare Aufbau sowohl der biotechnischen Fermentationsanlage als auch der zum Betrieb erforderlichen Soft- und Hardware. So können einzelne Systemkomponenten jederzeit entsprechend den durch das Optimierungsziel definierten Erfordernissen angepaßt oder ausgetauscht werden.

5.2.1 Arbeitsplatz

Da im Zusammenhang mit dem ArtEv-Verfahren der Umgang mit toxischen und teilweise flüchtigen chemischen Verbindungen unerläßlich ist, steht am Anfang der Planung die gesundheitliche Sicherheit des Personals im Vordergrund. Mit Ausnahme des zentralen Rechners wurden daher von Anfang an sämtliche Komponenten des ArtEv-Systems innerhalb eines großzügig dimensionierten und leistungsfähigen Luftabzugs installiert (Abb. 5.6.). Der Luftabzug wurde zentral und damit von allen Seiten gut zugänglich im Laborraum plaziert. Jeweils drei voneinander unabhängig verschiebbare Plexiglastüren, sowohl auf der Abzugsvorder- als auch auf der Abzugsrückseite, gewährleisten bei optimaler Arbeitssicherheit eine gute Einsicht in die gesamte Anlage durch das technische Personal. Es können nicht nur von vorne Manipulationen am Aufbau vorgenommen werden, sondern auch die Rückseite - von der die meisten Verbindungen, wie Stromversorgung, Datenleitungen, Wasser- und Preßluftzufuhr, die Anlage erreichen - ist jederzeit gut sichtbar und zugänglich. Für alle erforderlichen Gefäße wie Fermentationsabfälle, Medienkonzentrate, Toxin- und Substratvorlagen wurden geeignete Stellplätze innerhalb des Abzugssystems eingerichtet. Eine feste Installation mehrerer 220 V Stromversorgungsleisten für alle Geräte im Abzug führt zu einer verbesserten Übersicht des Gesamtaufbaus. Die Leisten sind weit oben an der Rückseite des Abzugs angeordnet. Dadurch wird wirkungsvoll elektrischen Kurzschlüssen vorgebeugt, zu denen es kommen könnte, falls während des Betriebs durch Umfallen von Vorratsgefäßen, Undichtigkeiten oder abgeplatzte Schläuche hochleitfähige Flüssigkeiten auslaufen. Die Zufuhr von Kühlwasser und Preßluft erfolgt durch entsprechende Bohrungen und zuverlässige Verbindungsstücke von der Hinterseite des Abzugs. Eine gute Beleuchtung des Abzuginnenraumes wird zusätzlich zu den großzügig dimensionierten Plexiglasschiebetüren durch mehrere schaltbare Neonröhren an der Decke des Abzugs gewährleistet. Als Standfläche für die Geräte wurden breite Labortische verwendet. Sie sind weder nach vorne noch nach hinten mit dem Abzugsgehäuse verbunden. Durch den so entstehenden Spalt können Schläuche zu Vorrats- und Abfallgefäßen am Boden geführt werden.

5.2.2 Biotechnische Komponenten

Das Funktionsprinzip von ArtEv fordert generell eine große genetische Vielfalt im biologischen Gesamtsystem. Es ist daher nicht erforderlich, den Prozeß unter sterilen Bedingungen zu führen. Mikrobielle Kontaminationen von außen sind nicht nur unproblematisch, sondern sogar ausdrücklich erwünscht. Mikroorganismen, woher auch immer sie kommen, werden sich nur durchsetzen, wenn sie dem Optimierungsziel entsprechen. Die unsterile Prozeßführung bedeutet für die Praxis natürlich eine erhebliche Vereinfachung. Autoklavieren wird überflüssig, so daß die Temperatur-, Heißdampf- und Druckbeständigkeit der verwendeten Materialien nicht den hohen Anforderungen der konventionellen biotechnischen Verfahrenstechnik genügen müssen. Es ist demnach auch ohne weiteres möglich, während des Prozesses Arbeiten am System selbst, wie das Wechseln von materialermüdeten Pumpenschläuchen oder Sensoren, die von Bakterien überwachsen sind, auszuführen. Eine Gesamtübersicht des kompletten Aufbaus der Anlage ist schematisch in Abb. 5.7. dargestellt.

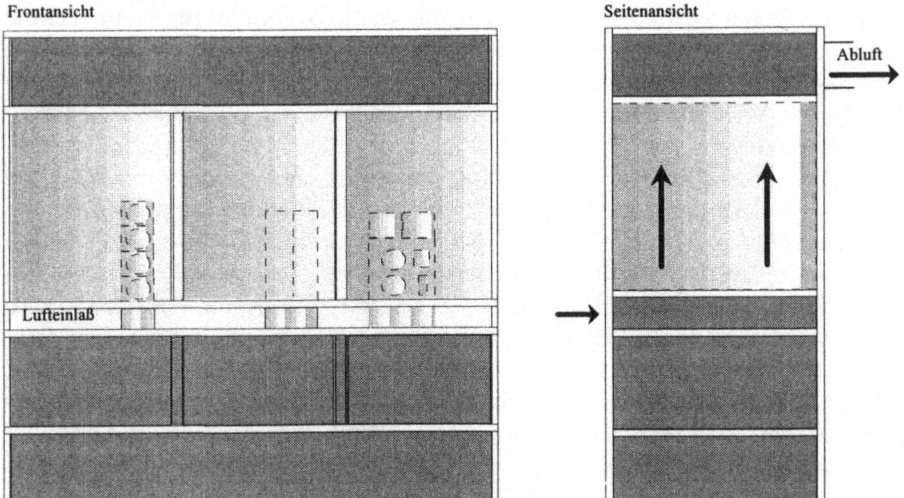

Abb. 5.6. Der Luftabzug für das ArtEv-Doppelfermentersystem. (Die Pfeile zeigen die Luftdurchströmung an)

Das „Herz" des ArtEv-Doppelfermentersystems besteht aus zwei zentralen voneinander unabhängig gesteuerten Bioreaktoren mit je einem Arbeitsvolumen von ca. 1l. Es handelt sich bei ihnen um Schlaufenfermenter. Da auch der visuelle Eindruck von der Biomasse, wie beispielsweise die Beurteilung von Agglomerationen, das Erkennen von Rasenausbildungen oder Farbveränderungen, von Bedeutung ist, wurden die Fermentationsgefäße aus Glas gefertigt. Während des Prozesses werden die beiden fundamentalen Prinzipien der Evolution entkoppelt und einzeln optimiert. Aus Gründen der Übersicht sprechen wir der Funktion entsprechend vom Mutations- und Selektionsfermenter. Der Mutationsfermenter ist mit der Möglichkeit ausgestattet, die Fermentationsbrühe ultraviolett zu bestrahlen. Dazu wurde der gesamte Fermenterboden aus UV-transparentem Quarzglas gefertigt. Direkt unter dem Boden befinden sich eine mechanisch verstellbare Lichtblende und drei UV-Lampen mit je einer Leistung von 0,1 W UV-c. Sie können einzeln über den Rechner ein- oder ausgeschaltet werden.

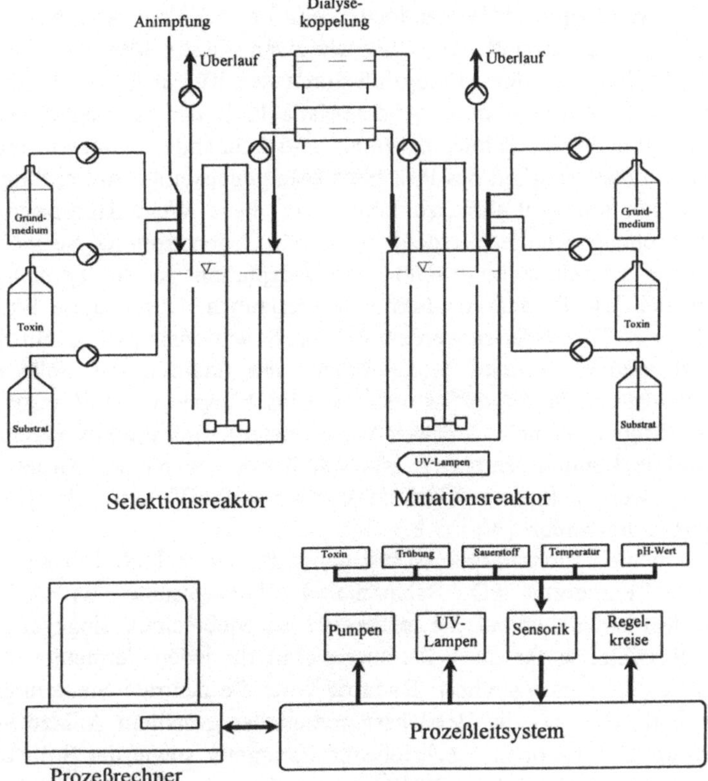

Abb. 5.7. Schematische Darstellung aller biotechnischen Komponenten des ArtEv-Doppelfermentersystems

Beide Fermenter sind speziell für den kontinuierlichen Betrieb konzipiert. Das heißt, es wird kontinuierlich Biomasse aus dem Fermenter abgepumpt und gleichzeitig individuell geeignetes Wachstumsmedium zugeführt. Die Kultur befindet sich so in einem Fließgleichgewicht, in dem geringste Generationszeiten erreicht werden können. Der Medienzufluß erfolgt dabei durch mehrere voneinander unabhängig fördernde Pumpen, deren Flüsse in einem Mischblock münden und dann in den Fermenter führen. Das ermöglicht eine dynamische Medienzusammensetzung während des Fermentationsprozesses. Das heißt, daß abhängig von den jeweiligen Erfordernissen des Optimierungsprozesses die Zusammensetzung der Einzelkomponenten des Mediums variiert werden kann. Der Überschuß an Kulturflüssigkeit im Fermenter wird durch schnelles Abpumpen an einem höhenverstellbaren Absaugstab in ein Abfallgefäß geleitet. Dadurch wird ein konstantes Volumen der Fermentationsbrühe gehalten. Dieses Niveauregelungsprinzip arbeitet jedoch nur unter zwei unbedingt einzuhaltenden Randbedingungen: Die Summe aller anderen Flüsse in bzw. aus dem Fermenter muß positiv sein. Wird diese erste Randbedingung bei der Parametrisierung des Prozesses nicht erfüllt, so läuft der Fermenter zwangsläufig leer. Die zweite Randbedingung fordert, daß der Absaugfluß durch den Rüssel größer als die Summe aller anderen Flüsse sein muß. Anderenfalls läuft der Fermenter über. Beide Fermenter sind über Schläuche und entsprechende Pumpen miteinander verbunden, so daß während des Prozesses eine gegenseitige Animpfung mit Biomasse erfolgen kann. Wahlweise können in diese Wege Hohlfasermembranmodule zwischengeschaltet werden, die durch Gegenstromdialyse während des Transfers der Biomasse eine schonende Adaptation an die Fermentationsbedingungen des jeweils anderen Fermenters erlauben. Durch diese Entkopplung kann wirkungsvoll vermieden werden, daß der Selektionsfermenter mit Substraten aus dem Mutationsfermenter kontaminiert und dadurch der Selektionsdruck vermindert wird. Auch umgekehrt wird das Einschleppen von UV-absorbierenden oder stark giftigen Substanzen in den Mutationsfermenter effektiv vermieden. Die Dialysemodule können temperiert werden, damit erstens der Austauschprozeß beschleunigt werden kann und zweitens sich der Stoffwechsel der Kultur nicht temperaturbedingt ändert (Abb. 5.8.).

Jeder der beiden Bioreaktoren ist mit der in der Biotechnik üblichen Standardsensorik für Temperatur, pO_2, Schaum und pH ausgestattet. Es wird daher an dieser Stelle nicht näher auf die entsprechende Meßtechnik eingegangen. Elektronische Regelkreise für diese Parameter sind für jeden Fermenter autark und innerhalb des Abzugs installiert. Dadurch wird die zentrale Steuerungssoftware erheblich entlastet, was die Betriebssicherheit der gesamten Anlage verbessert. Die Sollwerte für die oben beschriebenen Parameter sowie der Sollwert für die Rührerdrehzahl werden jedoch für beide Fermenter vom Prozeßleitsystem zentral errechnet und dann an die Regelkreise übergeben. Zusätzlich wichtige Meßparameter, speziell bei ArtEv, sind die Biomassekonzentration sowie die Konzentration von Substraten und Toxinen.

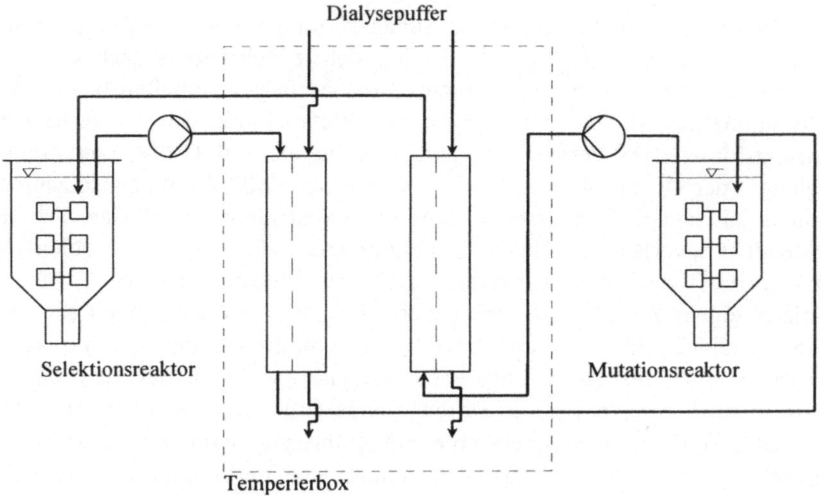

Abb. 5.8. Cross-flow-Dialysestrecken zur gegenseitigen Beimpfung von Selektions- und Mutationsreaktor. (Nach Fersterra 1994)

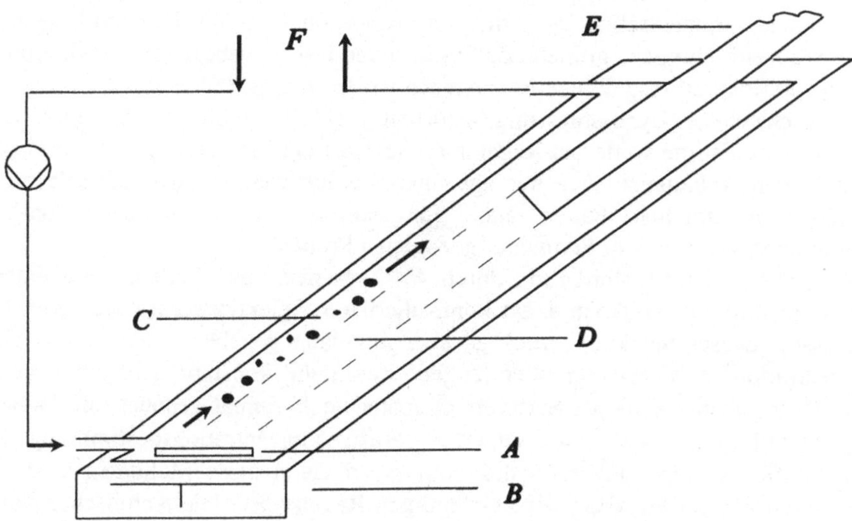

Abb. 5.9. Funktionsprinzip der externen *On-line*-Meßstrecke zur Konzentrationsbestimmung der Biomasse über Infrarotrückstreuung. *A* Magnetrührstab, *B* Magnetrührer, *C* aufsteigende Luftblasen, *D* Strahlengang der Trübungsmeßsonde, *E* Trübungsmeßsonde, *F* Fermenter. (nach Bersch, 1995)

Die Biomassekonzentration wurde zunächst im Fermenter selbst über Infrarotrückstreuungssensoren gemessen. Es hat sich jedoch bereits nach kurzer Zeit herausgestellt, daß so kein zufriedenstellendes Meßsignal erhalten werden kann. Die Hauptursache für das Versagen dieser Meßmethode waren interferierende Begasungsblasen. Da deren Verteilung, Häufigkeit und Größe von der pO_2-Regelung, der Rührerdrehzahl, der Viskosität und Zusammensetzung des Mediums sowie der Biomassekonzentration selbst abhängen, lassen sich diese Effekte nicht zuverlässig mathematisch eliminieren. Wir haben das Problem daher über eine im Bypass des Fermenters geschaltete Meßstrecke gelöst (Abb. 5.9.). Bei dieser eigens für diesen Zweck neuentwickelten Methode handelt es sich um ein 45° geneigtes, 25 cm langes Plexiglasrohr von 2 cm Innendurchmesser. Von oben ist der Infrarotrückstreuungssensor eingelassen. Im Betrieb wird das Rohr von unten nach oben bei hoher Durchströmgeschwindigkeit mit Fermentationsbrühe durchspült. Ein Magnetrührer mit Rührfisch sorgt für eine moderate Vermischung, die die stationäre Ausbildung von Verklumpungen weitgehend verhindert. Aus dem Fermenter eindringende Begasungsblasen laufen - bei adäquater Einstellung des Rührers und der Durchströmgeschwindigkeit - am oberen Rand der Röhre aufwärts, ohne dabei das Meßaufnahmefeld nachteilig zu beeinflussen. Mit dieser Anordnung ließen sich sehr gute und stabile Meßwerte für die Biomassekonzentration aufnehmen. Es ist jedoch an dieser Stelle zu erwähnen, daß das so erhaltene Signal nur bei annähernd idealen Zellsuspensionen der Biomassekonzentration im Fermenter proportional ist. Wir konnten hingegen häufig Rasenbildungen, größere Zellinseln oder fast gewebeartige Verklumpungen im Fermentationsgefäß selbst beobachten. In diesen Fällen repräsentiert die hier beschriebene Bypassmessung natürlich nicht die wirkliche Situation des Prozesses und sollte weder zu Regelungs- noch zu Quantifizierungsprozessen der spezifischen Abbauleistungen herangezogen werden. Das Gesagte gilt selbstverständlich in solchen Fällen auch für externe Biomassekonzentrationsbestimmungen von aus dem Fermenter gezogenen Proben.

Eine erfolgreiche Optimierung durch ArtEv basiert unter anderem auf einem durch ein bestimmtes Toxin exakt kontrollierbaren Selektionsdruck während des Prozesses. Dieser Selektionsdruck ist aber nur dann gegeben, wenn die Toxinkonzentration im Fermenter über längere Zeiträume konstant gehalten werden kann. Wir gehen auf diesen Sachverhalt später noch einmal genauer ein. Daraus folgt technisch die Notwendigkeit einer *On-line*-Konzentrationsbestimmung der Schadstoffe im oder außerhalb des Fermenters, denn diese Meßdaten sind die Grundlage für die Funktion der notwendigen Regelkreise. Die technischen Ausführungen der erforderlichen *On-line*-Sensorik hängen naturgemäß von den jeweils zu bestimmenden Substanzen ab und können daher an dieser Stelle nicht für alle denkbaren Fälle erläutert werden. Es hat sich jedoch herausgestellt, daß einige Anforderungen an *On-line*-Substanzbestimmungen im Zusammenhang mit dem ArtEv-System generell erfüllt sein müssen. So sind zum Beispiel bei fast jeder Analytik größere Mengen von Biomasse störend. Das gleiche gilt für Begasungsblasen. Es ist daher in den meisten Fällen schwierig bis unmöglich, die erforderlichen Meßwerte durch geeignete Sensoren im Fermentationsgefäß selbst zu erfassen. Aus diesen Gründen haben wir uns entschlossen, kontinuierlich geringe Mengen des aktuellen Fermentationsmediums durch eine miniaturisierte Cross-flow-Filtrationsstrecke im Bypass des Fermentationsgefäßes zur weiteren *on-line* Analytik zu entnehmen. Die sichere Elimination von Luftblasen wird in einem miniaturisierten, konischen und niveaugeregelten Gefäß durch langsames Abpumpen vom Boden erreicht (Abb. 5.10.). Nach Passage dieser Strecke ist die jeweils erforderliche *On-line*-Analytik möglich.

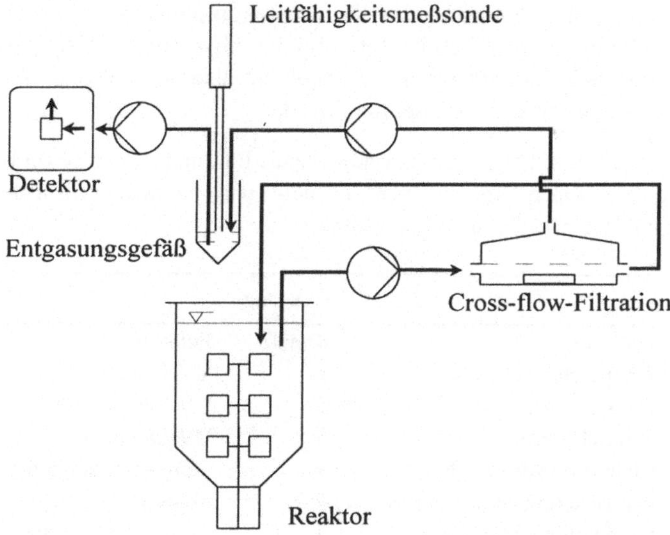

Abb. 5.10. Verfahrenstechnische Lösung zur kontinuierlichen Eliminierung von Zellen und Luftblasen für eine weitere *On-line*-Analytik der aktuellen Toxinkonzentration

5.2.3 Hardware

Der Betrieb des ArtEv-Doppelfermentersystems ist aufgrund der großen Komplexität im Zusammenhang mit den erforderlichen Regelungen nicht mehr ohne ein zentrales Steuersystem denkbar. Es war daher notwendig, sämtliche Meßdaten kontinuierlich während des Optimierungsprozesses durch einen Rechner aufzuzeichnen, zur Dokumentation und für spätere Analysen abzuspeichern sowie nach interner Datenverarbeitung zur Steuerung des Prozesses selbst heranzuziehen. In Tabelle 5.1. sind die erforderlichen Ein- und Ausgänge der zu verarbeitenden Signale beispielhaft für eine Optimierung der kombinierten Abbauleistung von Phenol und Formaldehyd zusammengefaßt.

Am Anfang der Konzeption von Soft- und Hardware zur Verwaltung und Steuerung solcher Informationen steht immer die Frage nach der Art der Datenübertragung. Die zuverlässigste, aber auch kostenintensivste Methode ist sicherlich der digitale Datentransfer. Hierbei werden analoge Meßsignale direkt am entsprechenden Sensor digitalisiert und über geeignete Protokolle dem Rechner zugeführt. In der anderen Richtung werden die Steuersignale des Rechners digital zu den biotechnischen Komponenten übermittelt und direkt am Ort der gewünschten Aktion in analoge Signale umgewandelt. Es sind demnach bei dieser Datenübertragung sämtliche Wandlerkarten am Fermentationssystem selbst lokalisiert. Nicht alle biotechnischen Hardwarekomponenten, wie Sensoren oder Pumpen, verfügen jedoch bereits serienmäßig über solche Wandlerkarten und damit über digitale Schnittstellen. Es müßten also an solchen Komponenten zusätzlich Wandlerkarten implementiert werden.

Tabelle 5.1. Vom Prozeßleitsystem zu verarbeitende Ein- und Ausgänge am Beispiel einer Optimierung auf einen kombinierten Phenol- und Formaldehydabbau. Sel-Ferm: Selektionsfermenter, Mut-Ferm: Mutationsfermenter

Eingang		Ausgang	
Kanal	Funktion	Kanal	Funktion
1	Temperatur Sel-Ferm	1	UV-Lampe 1
2	pH Sel-Ferm	2	UV-Lampe 2
3	pO_2 Sel-Ferm	3	UV-Lampe 3
4	Rührerdrehzahl Sel-Ferm	4	Temperatursoll Sel-Ferm
5	Antischaummenge Sel-Ferm	5	pH-Soll Sel-Ferm
6	Säurevolumen Sel-Ferm	6	pO_2-Soll Sel-Ferm
7	Laugevolumen Sel-Ferm	7	Rührerdrehzahl-Soll Sel-Ferm
8	Luftdurchfluß Sel-Ferm	8	Temperatursoll Mut-Ferm
9	Preßluftdruck Sel-Ferm	9	pH-Soll Mut-Ferm
10	Biomasse Sel-Ferm	10	pO_2-Soll Mut-Ferm
11	Phenol Sel-Ferm	11	Rührerdrehzahl-Soll Mut-Ferm
12	Formaldehyd Sel-Ferm	12	Medienpumpe Sel-Ferm
13	Temperatur Mut-Ferm	13	Phenolpumpe Sel-Ferm
14	pH Mut-Ferm	14	Formaldehydpumpe Sel-Ferm
15	pO_2 Mut-Ferm	15	Wasserpumpe Sel-Ferm
16	Rührerdrehzahl Mut-Ferm	16	Animpfpumpe Sel-Ferm
17	Antischaummenge Mut-Ferm	17	Gegenstrompumpe Sel-Ferm
18	Säurevolumen Mut-Ferm	18	Medienpumpe Mut-Ferm
19	Laugevolumen Mut-Ferm	19	Phenolpumpe Mut-Ferm
20	Luftdurchfluß Mut-Ferm	20	Formaldehydpumpe MutFerm
21	Preßluftdruck Mut-Ferm	21	Wasserpumpe Mut-Ferm
22	Biomasse Mut-Ferm	22	Animpfpumpe Mut-Ferm
23	Phenol Mut-Ferm	23	Gegenstrompumpe Mut-Ferm
24	Formaldehyd Mut-Ferm		

Die analoge Datenübertragung basiert hingegen auf Variationen von elektrischen Strömen oder Spannungen, die weitergeleitet werden. Sämtliche Umwandlungsprozeduren finden hierbei zentral am Rechner statt. Der analoge Datentransfer ist, verglichen mit der digitalen Datenübertragung, gegen Störungen, wie beispielsweise Fremdeinstreuungen, empfindlicher. Auch der Widerstand der Datenleitungen spielt hier eine Rolle, was die Forderung nach möglichst kurzen Leitungen impliziert.

Wir haben uns dennoch für die analoge Datenübertragung entschieden. Es werden nämlich auf dem Hardwaremarkt Multifunktionskarten angeboten, die bereits über mehrkanalige digital-analoge beziehungsweise analog-digitale Wandler verfügen. Das erspart die Installation einer Vielzahl von Wandlerkarten an den einzelnen biotechnischen Komponenten inklusive deren Stromversorgungen. Die etwas ungünstigere Übertragungssicherheit der analogen Signale muß im Zusammenhang mit den Anforderungen an die Meß- beziehungsweise Steuergenauigkeit des Gesamtsystems gesehen werden. Bei den gegebenen Meßungenauigkeiten der Sensoren und den Flußgeschwindigkeitstoleranzen der Pumpen ist unserer Auffassung nach sicherlich hier das schwächste Glied in der Übertragungskette zu sehen. Letztendlich spielte bei der Entscheidung natürlich auch das günstigere Preis-Leistungs-Verhältnis der analogen Datenübertragung eine ausschlaggebende Rolle.

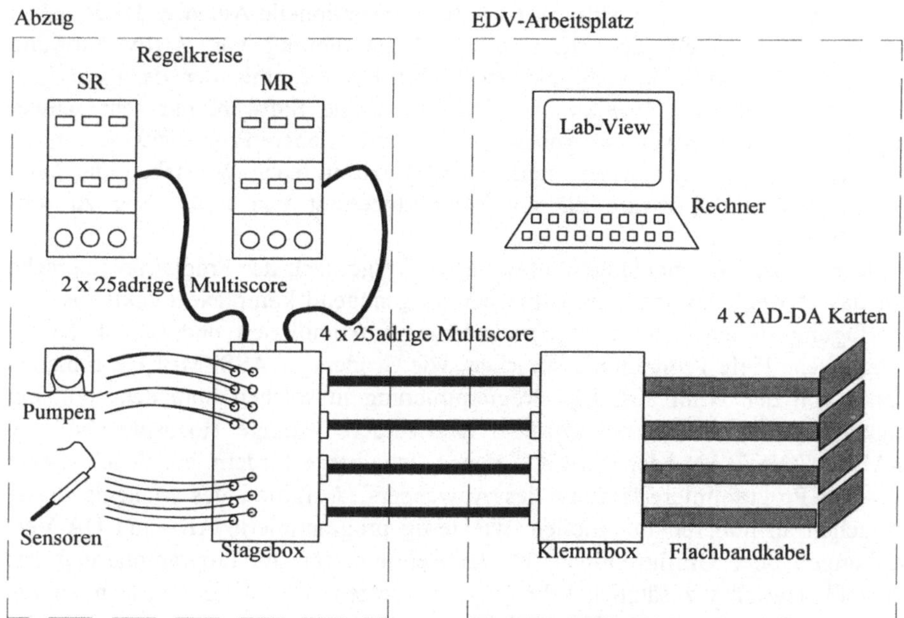

Abb. 5.11. Systematik der Leitungsführungen vom Prozeßleitsystem zu den biotechnischen Komponenten

Als Hardwareplattform für das Prozeßleitsystem wählen wir einen PC der Konfiguration INTEL 486-DX2, 50 MHz, 1 GB Festplatte und 16 MB RAM ein. Der Rechner ist aufgrund der oben definierten Anforderungen zusätzlich mit einer 32kanaligen analog-digitalen VLB-Wandlerkarte sowie drei 10kanaligen digital-analogen VLB-Wandlerkarten von National Instruments ausgestattet. Bei den Kabelführungen vom Rechner zu den biotechnischen Komponenten haben wir aus Gründen der Übersichtlichkeit und der Betriebssicherheit ein aus der Beschallungstechnik bekanntes und gut bewährtes Prinzip übernommen (Abb. 5.11.). Dabei werden sämtliche Analogleitungen von der Bühne zum Mischpult und umgekehrt zu robusten Multiscoreleitungen zusammengefaßt. Sowohl am Mischpult als auch auf der Bühne befinden sich Verteilerboxen zu den Monitoren, Mikrofonen, Instrumenten oder Mischpultkanälen. Das Mischpult entspricht in unserem Fall dem Rechner, und die Bühnenkomponenten entsprechen den biotechnischen Komponenten des ArtEv- Systems.

5.2.4 Software

Die Auswahl einer geeigneten Prozeßsteuerungssoftware ist eine wichtige und zugleich schwierige Entscheidung. Es gibt von diversen Fermenterherstellern fertig programmierte Prozeßleitsysteme für konventionelle Anlagen. Diese haben jedoch den Nachteil, daß sie sich zur Prozeßführung von ArtEv aufgrund mangelnder Flexibilität nicht eignen. Selbst bei Kenntnis der dazugehörigen Quellkodes läßt sich eine kommerziell vertriebene Software nur sehr schwer modifizieren oder erweitern. Andere größere und offenere Prozeßleitsysteme, die sich für ArtEv eignen würden, sind hingegen extrem teuer. Wir haben uns daher entschieden, die Software für die Prozeßsteuerung von ArtEv neu zu programmieren.

Nach dieser Entscheidung stellte sich die Frage nach der Programmiersprache für das Prozeßleitsystem. Sie sollte bereits genügend komplexe Funktionen zur Verfügung stellen, um die Programmierung unkompliziert und schnell zu ermöglichen. Tiefe Programmiersprachen, wie C oder gar ASSEMBLER schieden daher von der Wahl aus. Die Programmierung in solchen Sprachen stellt ein eigenes, größeres Forschungsprojekt dar. Andere gängige Hochsprachen, wie BASIC, FORTRAN oder PASCAL eignen sich eher, erfordern jedoch schon eine gewisse Programmiererfahrung des Anwenders. Aufgrund des Mangels dieser Sprachen an höheren Funktionen, wie fertig programmierte AD- und DA-Verwaltungen oder Grafikroutinen, ist der Zeitraum für die Programmierung des Prozeßleitsystems zusätzlich sehr lang anzusetzen. Die Anforderungen an die geeignete Programmiersprache sind also das Vorhandensein von fertigen, in der Meß- und Regeltechnik gängigen Funktionen sowie eine einfache intuitive Möglichkeit der Programmierung, selbst durch fachfremdes Personal. Als geeignete Programmiersprache für das ArtEv-Prozeßleitsystem ergab sich schließlich

LabVIEW von National Instruments. Diese Programmiersprache wurde speziell für Anwendungen in der Meß- und Regeltechnik entwickelt, entspricht voll den beschriebenen Anforderungen und ist bereits nach kurzer Einarbeitungszeit beherrschbar. Die Programmierung ist ausschließlich grafisch organisiert, und es gibt keine unübersichtlichen, textorientierten Quellkodes. Die Programmierung des gesamten Prozeßleitsystems für ArtEv durch einen einzigen in der Meß- und Regeltechnik sowie der Programmiersprache unerfahrenen Mitarbeiter beanspruchte insgesamt nur einen Zeitraum von wenigen Monaten. Mit dem nun vorhandenen Prozeßleitsystem haben wir weiterhin den Vorteil der jederzeit schnell möglichen Modifikation oder Erweiterung des Programms. Das Programm selbst ist, wie das gesamte ArtEv-System auch, sehr offen und flexibel gestaltet. Diese Modularität wirkt sich zwar ein wenig negativ auf den Bedienungskomfort für den Anwender aus, hat aber den großen Vorteil, daß selbst bei gravierenden Modifikationen der Verfahrenstechnik in der Regel keine umfangreichere Umprogrammierung der Software auf die Ebene der Programmiersprache erforderlich ist. Abb. 5.12. zeigt systematisch die hierarchichen Funktionsebenen des ArtEv-Prozeßleitsystems. Schematisch sind hier die Softwaremodule wiedergegeben, die nun näher beschrieben werden.

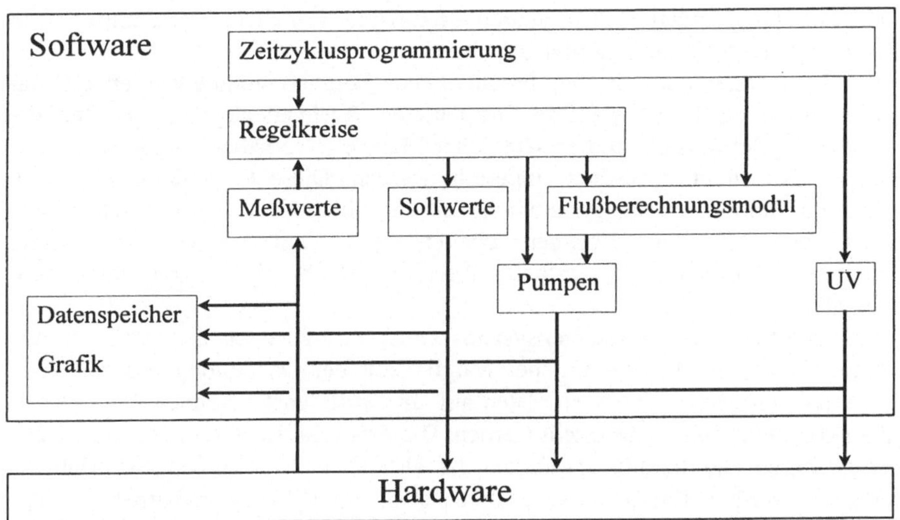

Abb. 5.12. Hierarchische Organisation der Softwaremodule des ArtEv-Prozeßleitsystems

Das *Meßwert*modul empfängt von der Hardware sämtliche Meßdaten und stellt die aktuellen Werte in Form digitaler Anzeigen dar. Jedem Wert ist ein Faktor zur Umrechnung der Spannungswerte (0 - 10 V) in die jeweiligen physikalischen Meßgrößen zugeordnet. Die Faktoren können während des Betriebs zur Nachkalibrierung geändert werden. Des weiteren hat jeder Meßwert einen Kurznamen (Label). Dieses Label dient bei der Parametrisierung in anderen Softwaremodulen zur logischen Zuordnung der Meßwerte.

Das Modul *Sollwerte* weist digitale Anzeigen für die Sollwerte der direkt am Fermentationssystem installierten Regelkreise (Temperatur, pH, pO_2) sowie für die Rührerdrehzahlen auf. Diese Sollwerte können manuell durch den Anwender oder programmgesteuert durch andere Softwaremodule verändert werden. Die gleiche Anzeige ist bei manueller Eingabe ein Kontrollelement, jedoch bei Rechnersteuerung ein Indikator. Für die Zuordnungen in anderen Modulen sind ebenfalls Labels für jeden Sollwert vorgegeben.

Das Modul *Pumpen* ist analog dem Sollwertmodul aufgebaut. Während jedoch das Sollwertmodul die Umrechnungsfaktoren von physikalischen Fermentationsparametern in Spannungen vom Meßwertmodul übernimmt (jede Sollwertgröße findet sich auch als Meßwert wieder), sind im Pumpenmodul Faktoren zur Umrechnung von Pumpenflußgeschwindigkeiten in Spannungen vorhanden. Sie können während des Betriebs verändert werden. Das ist beispielsweise zur Neukalibrierung nach dem Wechsel eines Pumpenschlauches oder gar einer ganzen Pumpe nötig.

Das *UV*-Modul weist drei Schaltknöpfe zur manuellen Aktivierung der UV-c-Lampen auf. Diese Knöpfe können jedoch auch als Boole-Variablen bei der Steuerung durch andere Softwaremodule fungieren. Der Status der Lampen ist in diesem Fall an den Schaltknöpfen abzulesen.

Sämtliche Daten der vier oben beschriebenen Softwaremodule werden automatisch während des Betriebs auf der Festplatte des Rechners abgelegt. Die Zeit, die zwischen 2 Meßwertaufnahmen sämtlicher Meßwerte vergehen soll, kann für das gesamte System übergeordnet eingestellt werden. Diese Einstellung wirkt sich jedoch nur auf die Anzeigegeschwindigkeit und die anfallende Datenmenge beim Abspeichern aus. Der Rechner arbeitet immer mit maximaler Abtastgeschwindigkeit und mittelt sämtliche Werte innerhalb eines eingestellten Meßintervalls.

Die Oberfläche des Prozeßleitsystems weist zusätzlich zu den digitalen Anzeigen 2 grafische Fenster mit der Möglichkeit der Darstellung des zeitlichen Verlaufes von Meß- oder Steuerdaten auf. Je Grafikfenster können bis zu sechs Parameter gleichzeitig dargestellt werden. Die Auswahl der darzustellenden Daten erfolgt durch die bereits erwähnten Label und kann während des Betriebs verändert werden. Für historische Daten steht ein jederzeit aufrufbares Unterprogramm zur grafischen Darstellung zur Verfügung.

Dem Pumpenmodul sind 2 *Flußberechnungsmodule* hierarchisch übergeordnet. Hier kann für jeden Fermenter eine aktuelle Gesamtdurchflußgeschwindigkeit eingestellt werden. Zusätzlich können prozentual die Zusammensetzungen der Medienkomponenten eingegeben werden. Der Rechner ermittelt aus diesen Angaben die einzelnen Pumpenflußgeschwindigkeiten der über Labels zugeordneten Pumpen. Zum besseren Verständnis dieses praktischen Zwischenglieds zu den hierarchisch höhergeordneten Softwaremodulen hier ein Beispiel: Der

Selektionsfermenter soll kontinuierlich mit einem Durchfluß von 3 ml/min arbeiten. Dabei sollen 10 % Medienkonzentrat, 5 % Phenol und 15 % Formaldehyd im Zufluß sein. Nach entsprechender Parametrisierung des Flußberechnungsmoduls werden rechnergesteuert im Pumpenmodul Flußgeschwindigkeiten von 0,3 ml/min für die Medienkonzentratpumpe, 0,15 ml/min für die Phenolpumpe, 0,45 ml/min für die Formaldehydpumpe und 2,1 ml/min für die Wasserpumpe eingestellt. Die digitalen Anzeigen dieser 4 Pumpen im Pumpenmodul können nun nicht mehr manuell geändert werden. Sie stehen unter der Kontrolle des Flußberechnungsmoduls. Die beschriebenen Parameter für den gesamten Durchfluß und die jeweils prozentualen Medienzusammensetzungen des Flußberechnungsmoduls haben ebenfalls Label und können darüber ihrerseits alternativ zur manuellen Eingabe von hierarchisch übergeordneten Softwaremodulen kontrolliert werden.

Weiter höher in der Softwarehierarchie sind vier voneinander unabhängig arbeitende Regelkreise implementiert. Es handelt sich dabei um eine einfache Umschaltfunktion, die durch Vergleich eines Meßwerts mit 2 definierten Schwellenwerten aktiviert wird. Den einzustellenden Schwellenwerten kann jeder beliebige Meßwert über das Label im Meßwertmodul zugeordnet werden. Die Schaltfunktion kennt 2 Zustände A und B, denen je 2 vordefinierte Sollwerte anderer Module entsprechen. Die Umschaltung zwischen A und B erfolgt durch Vergleich des zugeordneten Meßwerts mit den eingestellten Schwellenwerten. Überschreitet dabei der aktuelle Meßwert den eingestellten oberen Schwellenwert, wird Zustand A geschaltet. Dieser wird solange gehalten, bis der aktuelle Meßwert den unteren Schwellenwert unterschreitet. Dann aktiviert der Regelkreis Zustand B, bis wiederum der obere Schwellenwert überschritten wird. Durch die Differenz bei der Parametrisierung der beiden Schwellenwerte läßt sich das Ansprechverhalten des Reglers den Meßwerttoleranzen, den Verzögerungszeiten sowie der Effektivität der gegensteuernden Effekte gut anpassen. Ein solcher Regelkreis ist in der Meß- und Regeltechnik sicher sehr ungewöhnlich, da es sich hierbei um den einfachsten Regelkreis überhaupt handelt. Er kann auch nur innerhalb bestimmter, vom Anwender vorgegebener Parameter zuverlässig arbeiten. Trotz dieser Einschränkung haben wir bewußt auf komplexere Regelkreise verzichtet. Dies hat den einfachen Grund, daß nur so die biologischen Prozesse noch überschaubar bleiben und anhand des Ansprechverhaltens vom Anwender meist noch nachvollzogen werden können. Einige Einstellungsbeispiele führen auch hier zum besseren Verständnis und zeigen trotz der Einfachheit dieses Regelprinzips die Flexibilität der Regelung.

Turbidostatische kontinuierliche Fermentation: Dem Regelkreis wird der aktuelle Meßwert für die Biomassenkonzentration zugeordnet. Die beiden Schwellenwerte dafür liegen relativ nahe beieinander. Zustand A stellt im Flußberechnungsmodul den totalen Reaktordurchfluß auf einen so hohen Wert ein, daß das Auswaschen der Zellen garantiert ist. Zustand B hingegen stellt gegenläufig diesen Wert so weit zurück, daß unter diesen Bedingungen die Biomassenkonzentration sicher wieder ansteigt.

Repetitive Fed-batch-Fermentation: Dem Regelkreis wird wiederum die Biomassenkonzentration zugeordnet. Der hohe Schwellenwert dafür wird knapp unter die maximal erwartete Biomassenkonzentration eingestellt, der niedrige Schwellenwert knapp über den Nullpunkt. Zustand A stellt den technisch maximal möglichen Durchfluß des Flußberechnungsmoduls ein und bewirkt damit die Erntephase, während Zustand B diesen Fluß auf Null parametrisiert und damit eine erneute Phase der Batch-Fermentation einleitet.

Toxinostatische Fermentation: Die toxinostatische Fermentation ist eine speziell für das ArtEv-System entwickelte Fermentationsmethode, bei welcher die Toxinkonzentration innerhalb des kontinuierlich betriebenen Selektionsfermenters zur Aufrechterhaltung des Selektionsdruckes konstant gehalten wird. Hierzu wird dem Regelkreis der aktuelle Meßwert der Toxinkonzentration zugeordnet. Die beiden Schwellenwerte liegen im Bereich der im Fermenter konstant zu haltenden Toxinkonzentration. Die Differenz zwischen den beiden Schwellenwerten ist etwa um den Faktor 5 größer als das Grundrauschen des dafür vorgesehenen Sensors. Zustand A stellt im Flußberechnungsmodul das prozentuale Verhältnis des Toxinanteils auf Null. Zustand B stellt diesen Anteil so hoch, daß unter Berücksichtigung der Abbaurate sowie der Toxinauswaschrate ein Ansteigen der Toxinkonzentration im Fermenter gewährleistet ist.

Es sind darüber hinaus noch viele weitere Möglichkeiten des Einsatzes der Regelkreise denkbar. Es kann nämlich prinzipiell jeder Meßwert zur Regelung herangezogen und der Zugriff auf jeden beliebigen, durch ein Label gekennzeichneten Parameter in anderen Softwaremodulen durch die Zustände A und B beeinflußt werden. Als Beispiel für eine komplexere Fermentationsführung sei hier die kombiniert turbidostatisch-toxinostatische Fermentationsführung eines Fermenters erwähnt, bei der 2 Regelkreise unterschiedliche Parameter des gleichen Flußberechnungsmoduls überwachen. Die Parameter der Regelkreise selbst haben ihrerseits sogar ebenfalls Labels und können damit von der Zeitzyklusprogrammierung, dem derzeit hierarchisch höchsten Softwaremodul, kontrolliert werden.

Die Zeitzyklusprogrammierung ist ein Softwaremodul, welches in Anlehnung an die Programmarchitektur von FPLC-Anlagen konzipiert wurde. In diesem Modul können die unterschiedlichsten Parameter für den Fermentationsstatus in Abhängigkeit vordefinierter Zeiten neu eingestellt werden. Das Modul erlaubt auch eine zyklische Betriebsart. Als ein Anwendungsbeispiel dafür sei das zyklische Durchlaufen unterschiedlicher Fermentationsphasen, wie sie im Zusammenhang mit ArtEv entwickelt wurden, in Tabelle 5.2. gezeigt.

Der Einsatz des Zeitzyklusmoduls zur Kontrolle aller untergeordneter Softwaremodule im Zusammenhang mit der über Labels völlig offenen und flexiblen Zuordnungsmöglichkeit und Verarbeitung der Daten ermöglichte bislang die Automatisierung von sämtlichen, unserer Auffassung nach für ArtEv erforderlichen Prozeßführungen. Der Optimierungsprozeß selbst, zum Beispiel das sukzessive Nachparametrisieren des Selektionsdruckes, geschieht bei ArtEv nach wie vor durch den Anwender selbst. Wir denken, daß auch in Zukunft eine

Automatisierung dieser Optimierungsstrategien durch eine Software nicht sinnvoll ist. Das Prozeßleitsystem ist also zusammenfassend, wie bereits in der Überschrift dieses Kapitels erwähnt, als ein ausgesprochen gutes Werkzeug für ArtEv zu sehen - nicht mehr und nicht weniger. Viele Entscheidungen sind nach wie vor dem Anwender überlassen und sollten dies gemäß unseres Optimierungsverständnisses auch weiterhin bleiben.

Tabelle 5.2. Beispiel für einen programmierten Zeitzyklus

Phase	Dauer	Fermentationsstatus	
		Selektionsfermenter	Mutationsfermenter
1	3 h	Toxinostatisch, turbidostatisch	Batch, UV-c-bestrahlt
2	20 min	Batch, maximal angeimpft	Batch, maximal angeimpft
3	1 Tag	Toxinostatisch, chemostatisch	Toxinverschont, chemostatisch
4	5 h	Toxinostatisch, turbidostatisch	Toxinostatisch, turbidostatisch

5.3 Optimierter Prozeß

Nachdem das theoretische Konzept des ArtEv-Verfahrens erarbeitet war, stellten sich folgende praktische Fragen: Wie lassen sich die Prozesse Selektion, Mutation oder zyklische Beimpfung in einem zusammenhängenden Ablauf verfahrenstechnisch realisieren? Welche Voruntersuchungen sind im Einzelfall notwendig, damit ein Optimierungsziel formuliert und ein Erfolg abgeschätzt werden kann? Für die experimentellen Lösungswege, die wir einschlugen, um dieses Problem zu lösen, gibt es eine Analogie zu evolutionären Abläufen. Es wäre unwahr, wenn wir im nachhinein behaupteten, jedes Experiment von vornherein in allen Einzelheiten so durchdacht zu haben, daß dessen Durchführung unmittelbar erfolgreich war und uns jedesmal das erhoffte Stück weiterbrachte. Häufig war es vielmehr so, daß wir feststellten, daß ein technischer Ablauf nicht wie erwartet realisierbar war. Unsere experimentelle Vorgehensweise war ein „learning by doing", bei dem häufig erst die Mißerfolge zeigten, wie der Prozeß besser durchzuführen war.

In vielen wissenschaftlichen Veröffentlichungen stellt sich der experimentelle Lösungsweg im nachhinein immer als eine kausal begründete Aneinanderreihung gelungener Experimente und damit als sehr elegant dar. Es ist absolut unüblich und auch nicht gewünscht, den wahren Lösungsweg, der gelegentlich von ungeeigneten Hypothesen, experimentellen Pannen oder gar gänzlich vom Zufall begleitet war, vollständig darzustellen. Durch diese Veröffentlichungspraxis wird jedoch den noch in der Ausbildung befindlichen Studierenden ein falsches Bild von Wissenschaft vermittelt. Oft liefern nämlich auch mißglückte oder unter anderen Aspekten konzipierte Experimente in neuem Deutungszusammenhang durchaus wertvolle Ergebnisse.

Wir wollen zunächst eine kurze Darstellung des uns derzeit als optimal erscheinenden ArtEv-Prozesses und eine Einführung in die spezielle Problematik der von uns behandelten Schadstoffe geben. Damit greifen wir allerdings ein wenig vor, denn wir werden den experimentellen Weg dorthin exemplarisch anhand einer von uns durchgeführten ArtEv-Optimierung skizzieren. Um einen unmittelbaren Eindruck von unserer Vorgehensweise zu vermitteln, schreiben wir diese Darstellung chronologisch und im Präsens. Wir nehmen uns dabei auch die Freiheit, einige experimentelle Fehltritte zu erwähnen. Dem Leser soll so ein wirklichkeitsnaher Eindruck von Forschung gegeben werden. Dabei wird vielleicht deutlich, daß der Fortschritt in der Wissenschaft, wie er wirklich ist, häufig nach den Regeln der Evolution erzielt wird. Dies bedeutet, daß sich auch das bewußt offen ausgelegte ArtEv-Verfahren in fortdauernder struktureller Koppelung mit dem Selektionsdruck zukünftig auftretender Probleme befinden muß, um sich von Anwendung zu Anwendung zu verbessern. Dies gilt im übrigen auch für Verlage und Autoren.

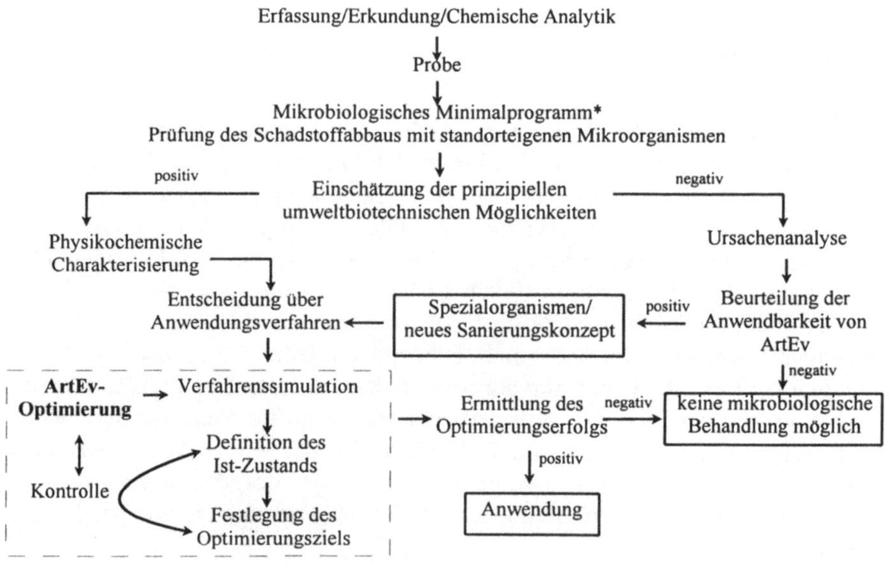

Abb. 5.13. Untersuchungsplan im Vorfeld einer ArtEv-Optimierung (* in Anlehnung an die Labormethoden zur Beurteilung der biologischen Bodensanierung, Dechema-Arbeitskreis, 1992)

Kommt eine Probe kontaminierten Abwassers oder Bodens bei uns an, muß erst einmal der Istzustand des Materials ermittelt werden. Insbesondere interessiert uns natürlich die Leistungsfähigkeit bereits vorhandener Organismen. Haben wir dies erst einmal analysiert, dann ist es ein leichtes, einen Plan aufzustellen und die Ziele der Optimierung festzulegen. Wir führen diese Eingangsuntersuchungen nach einem Programm durch, welches sich auf Testmethoden stützt, die einer unserer Mitarbeiter entwickelt hat (Fersterra, 1995) Dieser Untersuchungsplan erlaubt uns, eine Entscheidung über das weitere Vorgehen zu fällen. Wir möchten an dieser Stelle auf einzelne Punkte des Plans eingehen und weisen auf das in Abb. 5.13. vorgestellte Diagramm, das den logischen Ablauf der einzelnen Schritte deutlich macht.

Ausgangspunkt unserer Darstellung des ArtEv-Optimierungsprozesses ist die im vorherigen Abschnitt beschriebene Anlage. Einige der Komponenten hatten bereits ihre Funktionstüchtigkeit unter Beweis gestellt. Ihr koordiniertes Zusammenspiel wurde jedoch noch nie in einem komplexen Fermentationsablauf auf die Probe gestellt. Hier springt einem förmlich der Vergleich mit dem ersten Prototypen eines Autos ins Auge. Was nach den Visionen der Ingenieure gebaut wurde, muß nun den ersten praktischen Fahrtest bestehen.

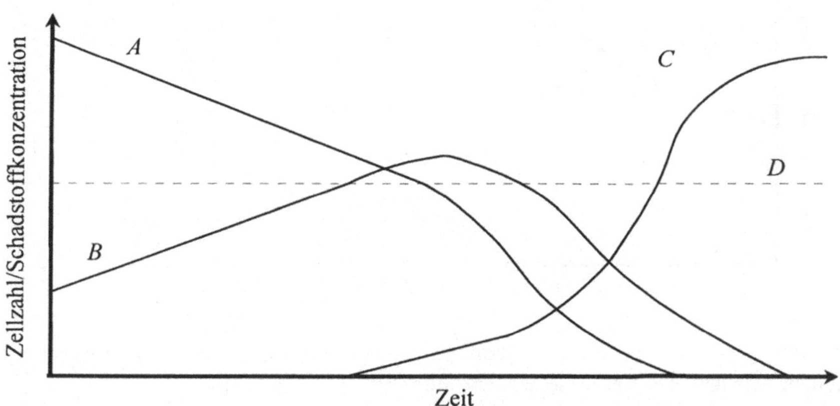

Abb. 5.14. Aussterben von Spezialorganismen während einer kontinuierlichen Fermentation mit zu geringem Schadstoffzufluß. *A* Schadstoffkonzentration, *B* Zelldichte der toxinabbauenden Mikroorganismen, *C* Konzentration anderer Mikroorganismen *D* toxische Schwellenwertkonzentration

Zunächst müssen wir folgendes Problem lösen: Wie können wir den Selektionsdruck im System permanent aufrechterhalten? Dies ist von entscheidender Bedeutung, weil sich sonst auch Mikroorganismen im System etablieren, die keinen Beitrag zum Schadstoffabbau leisten. Zugleich werden die adaptierten Spezialisten nicht weiter gefordert und entwickeln sich demnach auch nicht weiter. Die evolutionäre Stammoptimierung kommt zum Erliegen. Die Antwort auf das eingangs skizzierte Problem liegt in der richtigen Betriebsweise der Reaktoren. Für die Aufrechterhaltung eines dauerhaften Selektionsdrucks während der kontinuierlichen Fermentation ist es notwendig, während der Kultur die Milieubedingungen von außen zu bestimmen und über einen längeren Zeitraum konstant zu halten. Es würde nicht zum Ziel führen, am Anfang des Optimierungsprozesses konstante Bedingungen, wie den Toxinzufluß, einzustellen. Das würde nämlich bei zu geringem Zufluß in eine chemostatisch geführte Fermentation ohne Selektionsdruck, bei zu hohem Fluß jedoch zu einer Vergiftung führen (Abb. 5.14. und 5.15.). Hinzukommt, daß die Abbaufähigkeit und Toleranz der Mikroorganismen aufgrund der ablaufenden Adaptationsprozesse ebenfalls eine Dynamik zeigen. So führt die Anpassung der Mikroorganismen an den Schadstoff zu einer ökonomischeren Substratnutzung, das heißt, der Biomassegehalt wie auch die Abbaugeschwindigkeit werden erwartungsgemäß während der Fermentation zunehmen. Wird eine der genannten Randbedingungen vernachlässigt, führt dies unweigerlich zur strukturellen Entkoppelung im Sinne der Optimierung.

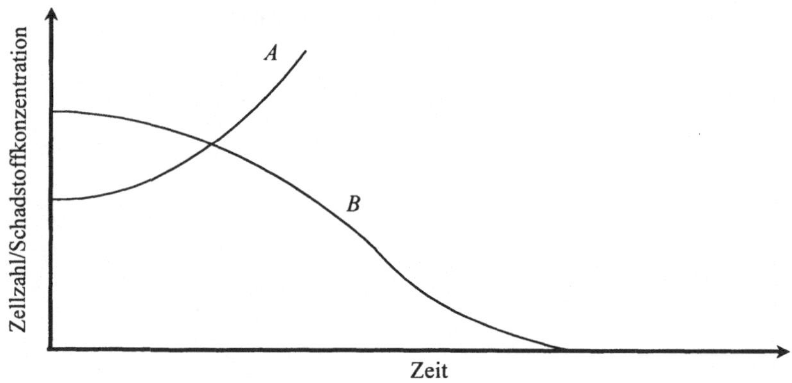

Abb. 5.15. Vergiftung des Reaktorinhalts während einer kontinuierlichen Fermentation mit zu hohem Schadstoffzufluß. *A* Schadstoffkonzentration, *B* Zelldichte

Zur Aufrechterhaltung eines Selektionsdrucks im Fermenter ist es notwendig, die tatsächliche Schadstoffkonzentration zu regeln. Wir haben, wie bereits erwähnt, für diese Art der Fermentationsführung den Begriff Toxinostat eingeführt. Während der toxinostatischen Fermentation erfolgt aus dem Fermenter eine kontinuierliche Probennahme zur *On-line*-Messung der Schadstoffkonzentration. Die Art der Messung hängt selbstverständlich von dem nachzuweisenden Schadstoff ab. Die erhobenen Meßdaten werden zur Regelung der Schadstoffkonzentration an das Prozeßleitsystem weitergegeben (Abb. 5.13.). Die Regelung läßt sich so parametrisieren, daß bei Unterschreitung eines bestimmten Schwellenwerts die abzubauenden Schadstoffe in den Reaktor gepumpt werden. Bei Überschreitung eines zweiten, oberen Konzentrationsschwellenwertes wird der Zufluß der Schadstoffe herabgesetzt. Es handelt sich also im Prinzip um eine Art repetitiver *Fed-batch*-Fermentation. Hiermit sind wir in der Lage, die Schad-

stoffkonzentration in einem relativ engen Bereich konstant zu halten (Abb. 5.17.).
Die Schadstoffkonzentration schwankt in Abhängigkeit von den eingestellten
Schwellenwerten und der Trägheit der Meßstrecke immer in einem gewissen
Bereich um den vorgegeben Sollwert. Durch Variation der Schwellenwerte kön-
nen Amplitude und Frequenz dieser Schwankungen beeinflußt werden. Es ist
somit auch möglich, die Biozönose im Reaktor im Hinblick auf Schwankungen im
Schadstoffzufluß zu adaptieren.

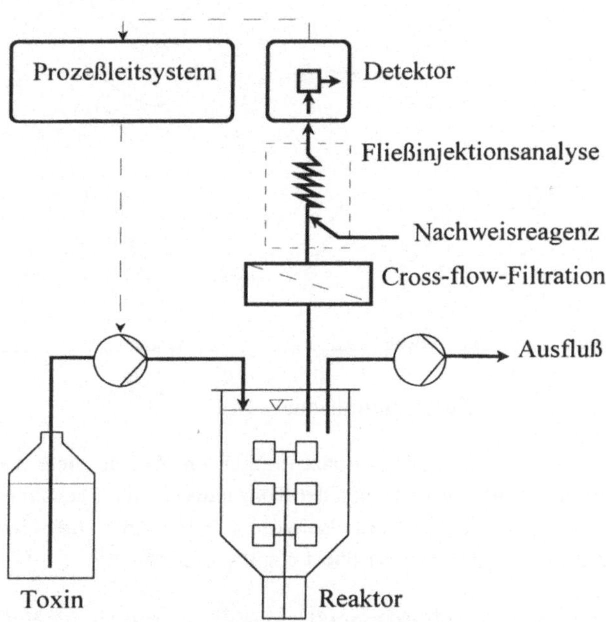

Abb. 5.16. Regelkreis für eine toxinostatische Fermentation

Die bereits diskutierte toxinostatische Fermentationsführung birgt für den
technischen Schadstoffabbau im kontinuierlichen Reaktor 2 wesentliche Vorteile.
Zum einen können durch Vorgabe eines geeigneten Sollwerts für die Toxinkonzentration im Reaktorausfluß vorgeschriebene Vorflutergrenzwerte ohne
weiteres eingehalten werden. Diese Art der Regelung erlaubt uns, auch hohe
Schadstoffkonzentrationen durch den kontinuierlichen Betrieb effizient abzupuffern. Wir wollen jedoch nachdrücklich darauf hinweisen, daß auf diesem Wege
nicht zwingend die höchste Abbaurate erreicht werden kann. Liegen nämlich der
gesetzlich vorgeschriebene Einleitwert und damit die Konzentration im Reaktor
merklich unter dem für die optimale Enzyminduktion notwendigen Maß, ist die
maximale Abbaugeschwindigkeit verständlicherweise weit unterschritten. Das
Gesagte gilt naheliegenderweise nur dann, wenn der kontinuierliche Reaktor das
Endglied in einer Klärkette bildet. Dies ist indes nicht immer der Fall. Sind
ohnehin weitere Reinigungsschritte nachgeschaltet, muß die Toxinkonzentration

im Fermenter nicht den vorgeschriebenen Einleitwerten entsprechen. Sie kann deshalb so hoch sein, wie es für eine optimale Enzyminduktion nötig ist. Ein solches System erreicht die theoretisch höchsten Abbauraten.

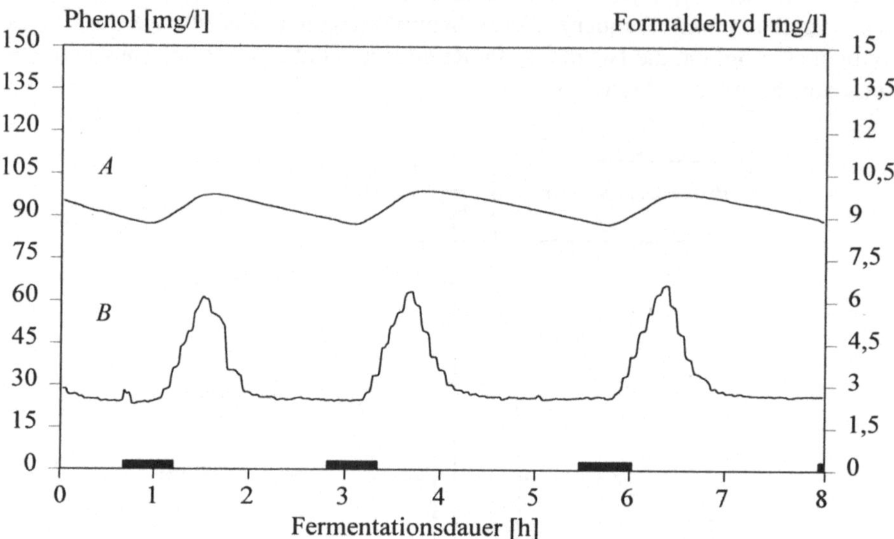

Abb. 5.17. Phenol- und Formaldehydkonzentration im Ablauf einer toxinostatischen Fermentation. Kurve *A* zeigt das Meßsignal der Konzentration von Phenol und Kurve *B* das Meßsignal der Konzentration von Formaldehyd im Bioreaktor. Die schwarzen Blöcke zeigen die Dauer der Pumpintervalle der Substratzuführung an

Zur Inbetriebnahme des ArtEv-Doppelfermenters beimpfen wir beide Reaktoren mit geeigneten Starterkulturen und betreiben sie, bis eine ausreichend hohe Zelldichte erreicht ist. Hierzu werden in beiden Fermentern zunächst moderat erscheinende Schadstoffkonzentrationen vorgelegt, um schon in der Anwachsphase eine Vorauswahl von geeigneten Mikroorganismen zu ermöglichen. Wir orientieren uns hier an den zahlreichen Literaturwerten. Ab einer bestimmten Zelldichte schalten wir die Reaktoren auf kontinuierlichen Betrieb um. Nun unterscheiden sich die Fermentationsbedingungen in beiden Reaktoren. Während der Selektionsfermenter toxinostatisch läuft, um eine optimale Adaptation zu ermöglichen, werden im Mutationsfermenter mildere Bedingungen gewählt.

Was wollen wir im Mutationsfermenter erreichen? Erstens brauchen wir eine hohe Mutationsrate durch UV-Bestrahlung. Sie ist im Fermenter dann garantiert, wenn mindestens 99 % der Zellen abgetötet worden sind. Das ist freilich ein beträchtlicher Streß für die Biozönose, der auf keinen Fall durch die Art des Mediums zusätzlich verstärkt werden sollte. Dennoch brauchen wir eine minimale Toxinkonzentration, um das Heranwachsen von unerwünschten Mikroorganismen zu verhindern. Hier kann es nur einen Kompromiß geben. Unterhalb eines

Schwellenwerts hat das Toxin für die Spezialisten den gleichen Stellenwert wie ein echtes Substrat, für die übrigen Mikroorganismen ist diese Konzentration jedoch toxisch. Darüber hinaus wollen wir natürlich nicht auf die höhere Variation durch den Vorgang der Mitose verzichten.

Das Zeitintervall für eine ideale Mutationsphase hängt von verschiedenen Fermentationsparametern ab. Hier lassen sich Faktoren, wie Konzentration, Vitalität und Bestrahlungsresistenz der Zellen oder Absorptionseffekte durch das Medium nennen. Es ist daher unbedingt notwendig, für jede Optimierung eine fermentationsspezifische Mutationszeit zu ermitteln. Wie können wir diese bestimmen? Ein Blick auf die Vitalität der Biozönose bietet sich hier geradezu an. Der ideale Meßparameter hierfür ist die Atmungsrate der Mikroorganismen. Wir messen zu diesem Zweck die Sauerstoffzehrung der Organismen parallel zu jeder ersten Bestrahlungsperiode (Abb. 5.18.).

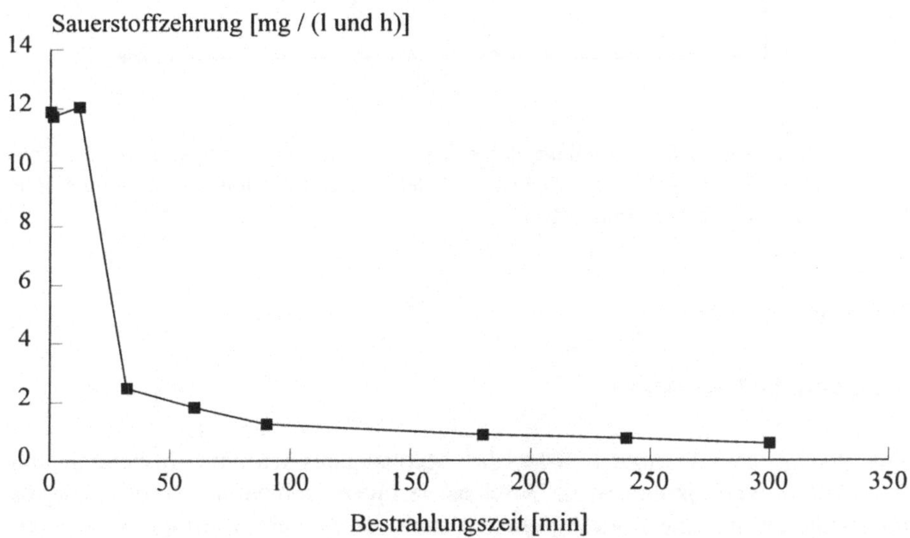

Abb. 5.18. Sauerstoffzehrung einer auf Phenol adaptierten Mischkultur in Abhängigkeit der UV-Bestrahlungsdauer

Im Anschluß an die Bestrahlung werden die Inhalte beider Reaktoren, wenn notwendig über die Dialysestrecken, zu 50 % ausgetauscht und damit wechselseitig beimpft. Der Einsatz der Dialysestrecken ist immer dann notwendig, wenn eine Kontamination des Selektionsfermenters mit Komponenten zu befürchten ist, die den Selektionsdruck abschwächen. Das können leicht verstoffwechselbare Substrate oder infolge zerstörender UV-Bestrahlung freiwerdende Zellinhaltsstoffe sein. Ebenso ist es notwendig eine zu hohe Toxinbelastung des Mutationsfermenters zu vermeiden, um der Kultur eine optimale Regeneration zu ermöglichen. An die Beimpfungsphasen schließt sich im Selektionsfermenter erneut eine

Selektionsphase und im Mutationsfermenter die Regenerationsphase an. Danach wird der gesamte Zyklus wiederholt. Wir optimieren also durch alternierende Selektions- und Mutationsphasen (Abb. 5.19.).

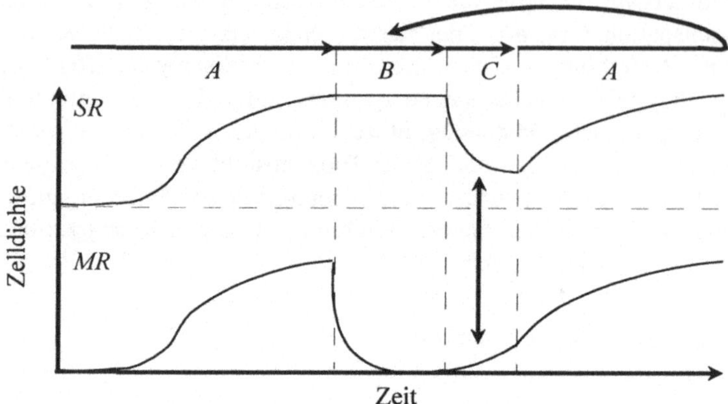

Abb. 5.19. Schematische Darstellung der zyklisch aufeinander folgenden Fermentations-phasen während der ArtEv-Optimierung. *A* Selektion, *B* Mutation, *C* Beimpfung, *MR* Mutationsreaktor, *SR* Selektionsreaktor

5.4 Anwendung

5.4.1 Antibiotikaresistenz

Zur Palette der Strategien, über die Mikroorganismen zur Eroberung und Besiedelung von ökologischen Nischen verfügen, zählen neben der Adaptationsfähigkeit an neue Nahrungsquellen auch die Abwehr von möglichen Konkurrenten beziehungsweise die Überwindung dieser Abwehr durch Konkurrenten. Es wurde im Laufe der natürlichen Evolution eine beachtliche Reihe von biochemischen „Tricks" entwickelt, um mißliebige Mitbewerber auszuschalten. Hier beeindruckt zum Beispiel die große und immer noch weiter wachsende Zahl an inzwischen bekannten Restriktionsenzymen, mit deren Hilfe Mikroorganismen fremde DNA durch gezielte, sequenzspezifische Schnitte zerlegen und damit unwirksam machen können. Eine andere Strategie wurde von niederen Pilzen entwickelt, um Bakterien abzuwehren. Hier sind es nicht Enzyme, die wichtige Strukturen im abzuwehrenden Organismus zerstören, sondern spezielle Chemikalien, die bestimmte Stoffwechselvorgänge blockieren. Wir kennen sie unter dem Namen *Antibiotika.* Sie allem auf Vorgänge, die eng mit der Notwendigkeit zu schneller Zellteilung und Vermehrung verknüpft sind. Einige besonders gut bekannte Vertreter aus dieser Stoffklasse, wie etwa Chloramphenicol, Streptomyzin und Tetrazyklin, hemmen in Bakterien wichtige Teilschritte der ribosomalen Proteinbiosynthese. Das bereits im Jahre 1928 von A. Fleming entdeckte Penizillin, welches von dem Schimmelpilz *Penicillium notatum* sezerniert wird, stört durch Hemmung von vernetzenden Enzymen nachhaltig das empfindliche Gleichgewicht zwischen Biosynthese und lytischer Mobilisierung des bakteriellen Zellwandbausteins Murein. Menschliche Enzyme werden durch dieses Antibiotikum (Abb. 5.20.) nicht gehemmt. Das ist eine wichtige Voraussetzung für seinen therapeutischen Einsatz.

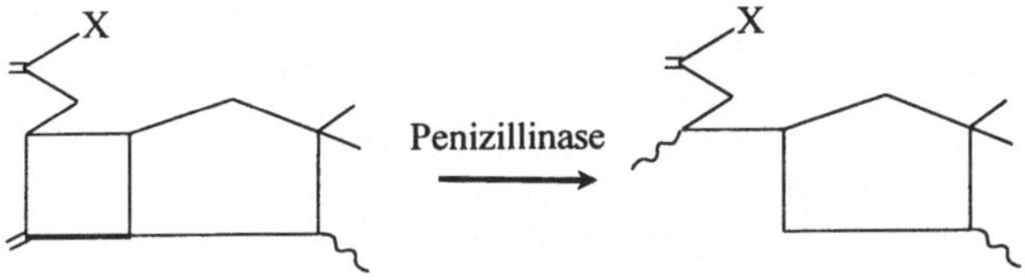

X   Penizillinase   X

Abb. 5.20. Schematische Darstellung der Spaltung des β-Lactamrings von Penizillin

Bakterien entwickeln nun ihrerseits wiederum Resistenz gegen Penizillin, indem sie ein Enzym (Penizillinase) synthetisieren und sezernieren, welches die in Abb. 5.20. fett gezeichnete Bindung im Penizillinmolekül spaltet und damit das Antibiotikum wirkungslos macht. Da es sich hier um ein im natürlichen Umfeld entstandenes Molekül handelt, tragen bereits sehr viele Bakterienstämme in ihrem Erbmaterial Genabschnitte, die für Penizillinasen kodieren. Man weiß heute, daß die Weitergabe von Erbmaterial bei Bakterien nicht ausschließlich auf dem Wege ungeschlechtlicher Zellteilung vor sich geht, sondern daß in bestimmten Fällen Erbmaterial über sogenannte Pili (das sind schlauchartige Strukturen) direkt zwischen zwei Individuen ausgetauscht werden kann. Auf diese Weise verbreiten sich Resistenzeigenschaften gegen neu synthetisierte Antbiotikaderivate manchmal mit erschreckender Geschwindigkeit.

Um die Leistungsfähigkeit des vorzustellenden ArtEv-Systems einer ersten Überprüfung zu unterziehen, setzen wir vor dem Hintergrund der Vermutung, daß die Entwicklung von Resistenzeigenschaften gegen natürlich vorkommende Hemmstoffe verhältnismäßig leicht vonstatten gehen sollte, einen bis dahin antibiotikasensiblen Laborstamm des Darmbakteriums *E. coli* steigenden Mengen eines halbsynthetischen Tetrazyklinderivats aus. Tatsächlich gelingt es, bereits nach etwa einer Woche in der kontinuierlichen Kultur entsprechende Toleranzen auszulösen. Nachfolgend zeigt sich in Abwesenheit des Antibiotikums eine vollständige Reversion der Resistenz. Da das gesamte Experiment ohne den mutagenen Einfluß von ultravioletter Strahlung gelingt, haben wir es hier im weitesten Sinne lediglich mit einem Anpassungsvorgang unter Selektionsstreß zu tun, der mit Sicherheit auf bereits vorhandene, in neuem Kontext verwendbare Bausteine innerhalb der Erbinformation zurückgreift.

5.4.2 Phenol- und Formaldehydproblem

Phenol (früher als Karbolsäure bekannt) ist ein hochgiftiger aromatischer Alkohol, der als natürlicher Bestandteil von Steinkohlenteer vorkommt (der Name kommt her vom griechischen *phenas* = der Täuscher, der Wortstamm phen wird für Stoffe mit aromatischen sechsgliedrigen Kohlenstoffringen gebraucht, von denen sich einige täuschend ähnlich sind). Die chemische Struktur von Phenol ist in Abbildung 5.21. dargestellt.

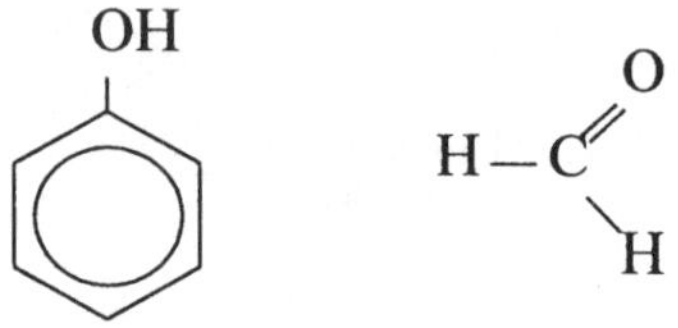

Abb. 5.21. Chemische Strukturformeln von *A* Phenol und *B* Formaldehyd

Ungefähr 1/4 Mio. Tonnen werden pro Jahr in Deutschland chemisch synthetisiert, darüber hinaus entsteht dieser Stoff beim Verkoken von Steinkohle, beim Betrieb von Verbrennungsmotoren sowie bei der atmosphärischen Photooxidation von Benzol. Phenol findet direkt Verwendung in Polymerklebstoffen und als Desinfektionsmittel. Auf dem Wege der Weiterverarbeitung wird es umgesetzt zu Phenolharzen, zu den Kunstfasergrundbausteinen Adipinsäure und Caprolactam, zu Anilin und anderen Produkten der chemischen Industrie, in deren Abwässern es demzufolge reichlich gefunden wird. Da Phenol auch als Abfallprodukt des menschlichen Stoffwechsels mit bis zu 40 mg/l Liter Urin auftritt, scheidet einer Schätzung zufolge die Einwohnerschaft der Bundesrepublik Deutschland pro Jahr immerhin ca. 2500 t auf natürlichem Wege aus.

Bei Raumtemperatur ist reines Phenol im festen, kristallinen Aggregatzustand; in Wasser löst es sich in jedem Verhältnis. Seine toxische Wirkung beruht auf der Eigenschaft, Eiweißmoleküle im Zellplasma zu denaturieren. So reichen etwa 1-5 g aus, um bei Aufnahme durch das Verdauungssystem einen Menschen zu töten. Bakterien sind auf gelöstes Phenol im Medium unterschiedlich sensibel. Das Leuchtbakterium *Photobacterium phosphoreum* wird bereits durch wenig mehr als 20 mg/l gehemmt, während das Essigbakterium *Acinetobacter calcoaceticus* über 600 mg/l toleriert. Die Schädlichkeitsgrenze für die Belebtstufe von Kläranlagen liegt bei 200-1000 mg/l pro Liter. Die bakteriostatische Wirkung von Phenol ist seit langem bekannt. Man denke nur an die Imprägnierung von hölzernen Eisenbahnschwellen mit dem altvertrauten Karbolineum. In der Chirurgie wurde lange vor der Einführung der sterilen Operationstechnik ein von Lister um die Jahrhundertwende erfundener „Karbolspray" genutzt, mit dessen Hilfe man das gesamte Operationsfeld in einen Phenolnebel einhüllen konnte. Allerdings stellten schon damals die operierenden Ärzte nach längerer Exposition nachhaltige Schädigungen von Haut und tieferliegenden Nerven bei sich selbst fest.

Da es in der Natur nur einige wenige Pilzspezies gibt, die sich auf den Abbau von Lignin, einem phenolhaltigen Bestandteil des Holzes spezialisiert haben, nimmt es nicht Wunder, daß Phenol eine vergleichsweise hohe Persistenz aufweist und über lange Zeiten in Wässern und Böden verbleibt. Hier findet man es allerdings nur zum Teil als monomeres Molekül, eine beträchtliche Menge polymerisiert unter der Einwirkung von Luftsauerstoff zu sogenannten Huminsäuren, in denen die ursprünglichen Phenolringe zu komplexen, dunkelgefärbten Vielringsystemen zusammengelagert sind. Das ist der Grund für die schwarzbraune Farbe sowohl von natürlichen Moorgewässern als auch von phenolhaltigen Industrieabwasserteichen. Grundsätzlich sind die mikrobiellen Phenolabbauwege bekannt. Phenol ist mit Sicherheit eine „alte" Altlast, trotzdem sind auch noch heute die Abbauraten erstaunlich niedrig.

Ein chemischer Stoff, der als „Chemikalie des Jahres" in die Schlagzeilen geriet, ist *Formaldehyd* (Methanal) (Abb. 5.21.). Die reine Substanz ist ein stechend riechendes brennbares Gas, dessen 30%ige wäßrige Lösung Formalin genannt wird (der Name stammt vom lateinischen *formica* = die Ameise, *acidum formicum* = Ameisensäure). Formaldehyd ist in der Natur allgegenwärtig; selbst in den Tiefen des Weltalls hat man diesen einfach aufgebauten Stoff spektroskopisch nachweisen können. Formaldehyd wird von jeder lebenden Zelle produziert und dient dort als kurzlebiges Zwischenprodukt zum Aufbau körpereigener Stoffe. Formaldehyd entsteht bei allen unvollständigen Verbrennungsprozessen und ist damit auch im Zigarettenrauch enthalten. Aus der Atmosphäre verschwindet es allerdings recht schnell, da es rasch mit Verunreinigungen und Spurenstoffen der Luft reagiert.

Formaldehyd wird von Toxikologen eindeutig als giftige Substanz eingestuft. 95-100 % des eingeatmeten Formaldehyds werden vom Körper resorbiert und verstoffwechselt. Ein Großteil des aufgenommenen Formaldehyds wird anschließend im Organismus zu Kohlendioxid und Wasser oxidiert und ausgeschieden. Vergiftet wird der Körper, wenn der Stoff nicht so schnell umgesetzt werden kann, wie er resorbiert wird. Nicht unterschätzen sollte man allerdings auch Langzeiteinwirkungen geringerer Konzentrationen. Diese chronischen Vergiftungen können die Lebensqualität eines Menschen stark beeinträchtigen. Ergänzend sei erwähnt, daß bei Formaldehyd-vorgeschädigten Personen auch durch die längere Einwirkung geringster Formaldehydmengen Organschäden ausgelöst werden können. Über synergistische Effekte mit anderen Giften ist noch wenig bekannt, sie sollten aber in Erwägung gezogen werden. Die krebsauslösende Wirkung von Formaldehyd wird zur Zeit noch diskutiert. In Tierversuchen wurde festgestellt, daß bei Ratten und Mäusen, die einer Formaldehydkonzentration von 15 ppm ausgesetzt waren, die Entstehung von Nasenkarzinomen ausgelöst wurde. An der prinzipiellen Übertragbarkeit der Experimente wird allerdings gezweifelt, besonders unter Berücksichtigung der verabreichten und nicht relevanten Konzentrationen. Die Auswertungen unterschiedlicher epidemologischer Studien beim Menschen weichen stark voneinander ab. Hier findet man neben Untersuchungen, die keinen Zusammenhang zwischen Krebsentstehung und Formaldehydbelastung sehen, gleichzeitig Studien, die einen direkten Zusammenhang eindeutig zu belegen scheinen. Daher wird Formaldehyd bisher nur als Stoff mit einem „begründeten Verdacht auf ein krebserzeugendes Potential" eingestuft.

Nützlich für das Verständnis ist hier eine molekularbiologische Betrachtung der Wirkungsweise. Formaldehyd reagiert strukturverändernd mit zahlreichen Biomolekülen, wie Proteinen und Nukleinsäuren. So erfolgt im Reagenzglas auch eine quantitative Bindung an das Erbmaterial des Menschen, die sogenannte Kern-DNA. Formaldehyd zählt daher zu einem der wirksamsten Mutagene, das heißt erbgutverändernden Stoffe, die man kennt. Dieser prinzipiellen Wirkungsweise im Reagenzglas wird allerdings entgegengehalten, daß Formaldehyd in lebenden Systemen aufgrund der hohen Umsatzrate nur bei unmittelbar exponierten Zellen mutagen wirken kann.

Die Gefährlichkeit der Substanz beruht aber nicht nur auf deren Toxizität, sondern auch auf der großen Verbreitung und Verfügbarkeit. So sind im Innenbereich Freisetzungen aus formaldehydhaltigen Produkten für Menschen besonders belastend. Emissionsquellen sind hier vor allem Verleimungen in Produkten wie Spanplatten, Belägen, Brettern und Möbeln. Darüber hinaus sind vor allem wärmedämmende Isolierschäume, Textilien, Lacke und Desinfektionsmittel Emissionsquellen dieses „Wohngifts Nr. 1". Im Außenbereich spielen Formaldehydemissionen durch Auto- und Industrieabgase eine entscheidende Rolle. Besonders in Städten kommt es hierdurch zu gesundheitlichen Beschwerden bei Menschen. Im Produktions- und Verarbeitungsbereich zählt Formaldehyd heute zu den häufigsten Berufsallergenen.

Jährlich werden in der Bundesrepublik Deutschland eine ½ Mio. Tonnen hergestellt. Formaldehyd dient als Desinfektions-, Sterilisations- und Konservierungsmittel sowohl in der Kosmetikindustrie als auch im Gesundheitswesen. Im übrigen ist Formalin noch immer die bevorzugte Chemikalie zur Haltbarmachung von Leichen in der Anatomie. In der chemischen Industrie wird er unter anderen mit Phenol, Harnstoff und Azetalen zu Kunststoffen beziehungsweise Kunstharzen umgesetzt. Dabei tritt die außerordentlich hohe Reaktionsfreudigkeit der Carbonylgruppe von Formalin besonders hervor; sie ist letztlich auch der Grund für die Umsetzung dieser Verbindung mit den Aminogruppen von Eiweißmolekülen, die dabei völlig denaturiert werden. Man kann in diesem Zusammenhang regelrecht von einem mehr oder weniger gründlichen Gerbvorgang sprechen.

5.4.3 Abwässer aus der Phenoplastherstellung

Es wird an uns das Problem herangetragen, ein stark mit Phenol und Formaldehyd kontaminiertes Industrieabwasser biologisch zu reinigen. Das Abwasser stammt aus der Produktion von Phenoplasten. Das sind polymere Strukturen aus den Grundstoffen Phenol und Formaldehyd. Baekeland entwickelte kurz nach Beginn des 20. Jahrhunderts eine der ersten Verbindungen aus dieser Gruppe. Seinem Erfinder zu Ehren erhielt sie den Namen BAKELIT. Andere Phenoplastkunststoffe kommen unter den Produktnamen DEKORIT oder PERTINAX in den Handel. Die wichtigsten Eigenschaften des bernsteinartigen BAKELIT sind unter anderem gute elektrische Isolation, beträchtliche mechanische Stabilität, Unempfindlichkeit gegenüber den meisten bekannten Lösungsmitteln und Chemikalien sowie hohe Temperaturbeständigkeit. Da BAKELIT zunächst flüssig ist und erst unter dem Einfluß erhöhter Temperatur aushärtet, kann es mit geeigneten Zuschlagstoffen für vielfältig verwendbaren Formguß genutzt werden. Hergestellt werden diese polymeren Verbindungen durch eine Polykondensation von Phenol oder *m*-Kresol mit Formaldehyd.

Das von uns zu behandelnde Abwasser enthält neben enormen Mengen an Phenol (40 g/l) und Formaldehyd (10 g/l) auch geringere Konzentrationen der Lösungsmittel Ethylbenzol, Ethanol, Azeton und *o*-Kresol. Das Abwasser hat zudem einen für biologische Prozesse sehr kritischen pH-Wert von 2,1. Der bisherige Entsorgungsweg dieses bei dem herstellenden Betrieb in mit mehreren hundert Kubikmetern pro Monat anfallenden Abwassers ist uns nicht bekannt. Da bisher noch keine direkte biologische Behandlung beschrieben ist, gehen wir jedoch davon aus, daß das Abwasser verbrannt wird. Da in dem Abwasser selbst kaum Energieträger enthalten sind, ist dies nur bei extrem hohen Temperaturen und damit hohem Energieeintrag möglich.

Es werden zunächst die möglichen alternativen Entsorgungswege betrachtet. Hierbei zeigt sich, daß eine UV-Oxidation als Entsorgungsmethode ungeeignet ist. Die quantitative Fällung von Formaldehyd mit Harnstoff und eine chemische Phenolextraktion funktionieren im Labormaßstab. Eine Maßstabvergrößerung dieser Methoden (Scaling-up) läßt sich aufgrund technischer Schwierigkeiten und wirtschaftlicher Aspekte aber nur schwer realisieren. Da zudem größere Mengen des ebenfalls umweltschädlichen Harnstoffes eingesetzt werden müßten und ein derart behandeltes Abwasser trotzdem noch mit geringen Mengen an Lösungsmitteln kontaminiert ist, kann auch eine chemische Entsorgungsmethode nicht als ideal angesehen werden.

Eine wirkliche Alternative wäre eine biologische Behandlung. Diese erscheint uns allerdings auf den ersten Blick angesichts der enorm hohen Formaldehyd- und Phenolkonzentrationen nicht möglich zu sein. Unser routinemäßig durchgeführtes Untersuchungsprogramm bestätigt dann auch: Dieses Abwasser ist vollständig keimfrei! Wir wissen damit, daß ein Batch-Betrieb nicht sinnvoll sein wird. Dürfen wir deshalb überhaupt eine biologische Behandlung in Erwägung ziehen? Einen Ausweg sehen wir in einer kontinuierlichen Fermentationsführung. Hierbei kann die zunächst erschreckend hohe Ausgangskonzentration der Schadstoffe auf ein biologisch tolerierbares Maß reduziert werden, welches wir nach dem Prinzip der toxinostatischen Fermentation dem Regelkreis als Sollwert vorgeben können.

Formalin darf im Abwasser wegen fehlender Grenzwertvorgaben nicht mehr nachweisbar sein und die Phenolkonzentration ist gemäß zulässigem Grenzwert auf 0,1 g/l zu reduzieren. Es ist hier von Vorteil, daß Phenol und auch Formaldehyd meßtechnisch relativ einfach und schnell erfaßbar sind. Da wir eine intensive aerobe Abwasserreinigung anstreben, erscheint uns ein Suspensionsverfahren ideal, da hier eine optimale Sauerstoffversorgung gewährleistet ist. Der Suspensionsreaktor ermöglicht gleichzeitig eine relativ einfache Integration der notwendigen Meß- und Regeltechnik. Stickstoffverbindungen und andere wichtige Kosubstrate müssen dem Abwasser zugegeben werden. Der extrem niedrige pH-Wert muß durch die herkömmliche Reaktorregelung in den neutralen Bereich angehoben werden. Im Vorfluter soll die Zahl der aus dem System ausgetragenen Keime möglichst klein sein. Dieses sind die für uns maßgeblichen Randbedingungen.

Folgende Vorgehensweise erscheint uns ideal: In einer ersten Phase werden wir versuchen, nur den Phenolabbau zu optimieren. Hierzu soll der Anlage ein ausschließlich Phenol enthaltendes Minimalmedium zugeführt werden. Das Minimalmedium soll alle Komponenten enthalten, die für einen effektiven Abbau notwendig sind. Es müssen geeignete Starterkulturen isoliert, im System etabliert und anschließend deren Abbauleistung und Toleranz im ArtEv-Verfahren verbessert und maximiert werden. Im zweiten Optimierungsabschnitt soll dann zusätzlich Formalin zu dem Phenolmedium gegeben werden. Die Schadstoffkomponenten sollten hier sinnvollerweise im Massenverhältnis 4:1 (Phenol:Formaldehyd) entsprechend dem Verhältnis im Orginalabwasser zugeführt werden. Gleichzeitig wird die phenolabbauende Population um formalinabbauende Starterkulturen ergänzt. Sie sollten an formalinkontaminierten Orten zu isolieren sein. In der zweiten Optimierungsphase soll so eine Mischkultur etabliert werden, die bereits auf die wesentlichen Schadstoffbelastungen in dem zu behandelnden Phenoplastabwasser adaptiert ist. In der dritten und letzten Phase ist dann die Optimierung des mikrobiellen Abbaus aller Schadstoffe im Orginalabwasser vorgesehen. Alle Versuche sind zunächst im Labormaßstab geplant. Die Maßstabvergrößerung des Verfahrens (Scaling-up) kann dann auf der Basis der erzielten Ergebnisse durchgeführt werden (Abb. 5.22.).

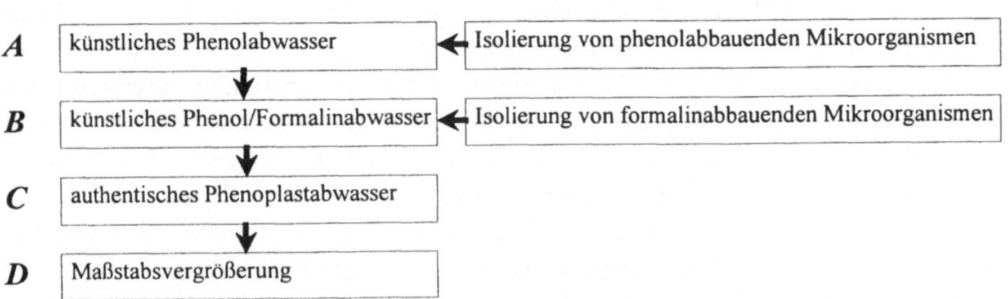

Abb. 5.22. Schema der ArtEv-Optimierung (*A-C*) der biologischen Behandlung eines Abwassers aus der Phenoplastherstellung

Wir treten jetzt in die eigentliche Realisierungsphase ein. Ausgangsmaterial suchen wir an verschiedenen Orten, an denen Phenolkontamination zu vermuten ist. Zur Gewinnung von geeigneten Starterkulturen charakterisieren wir folgende Proben näher: phenolkontaminierter Boden eines ehemals Kohlenanzünder herstellenden Betriebes in den neuen Bundesländern (*A*), hochsiedende Mineralölrückstände (Gatsch) aus der Erdölraffination (*B*), Staub vom Deckel eines Öltanks (*C*) und Boden einer Kfz-Werkstatt (*D*). Wäßrige Extrakte der Böden werden zunächst auf Agarplatten mit einem phenolhaltigen Medium ausgestrichen. In allen Proben können phenolresistente und abbaufähige Mikroorganismen nachgewiesen werden. Nach Anwachsen der Keime werden deren Resistenz und Abbaufähigkeit in Schüttelkulturen quantitativ untersucht. Mit Ausnahme der Keime vom Tankdeckel sind alle Kulturen in der Lage, Phenol mit etwa gleicher Abbaurate zu verstoffwechseln. Besondere Resistenz zeigen die Kulturen vom Werkstattboden und vom Gatsch, mit 100 beziehungsweise 200 mg/l. Es fällt uns auf, daß Kulturen dieser beiden Proben in der Lage sind, Phenol als ausschließliche Kohlenstoffquelle zu verstoffwechseln. Die Abbauraten für beide Kulturen liegen im Schüttelkolben bei etwa 200 mg/(l und Tag). Von daher erscheinen uns die Organismen aus Probe *B* und *D* als Ausgangsmaterial für eine Optimierung besonders geeignet zu sein. Eine Keimbestimmung ergibt, daß es sich jeweils um Reinkulturen handelt. Die Probe *B* enthält *Acinetobacter spec.*, die Probe *D* liefert uns *Klebsiella spec.* KH1. Während *Acinetobacter* bereits als phenolabbauender Keim beschrieben ist (Abb. 5.23.), war diese Eigenschaft für diesen *Klebsiella*-Stamm bisher nach Heesche-Wagner noch unbekannt.

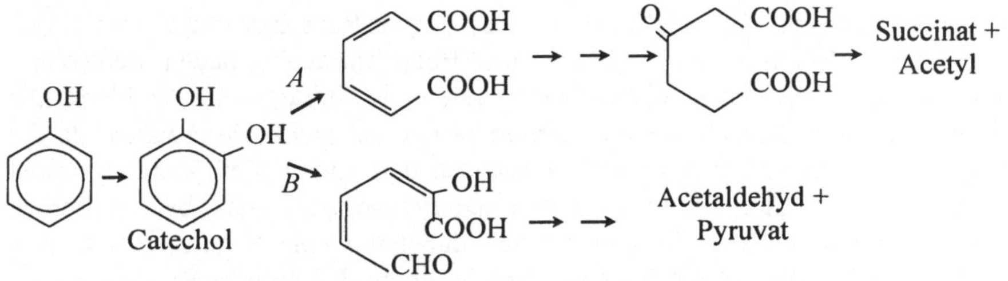

Abb. 5.23. Aerober Abbau von Phenol in *Pseudomonas putida* über eine *ortho*- (*A*) oder *meta*-Spaltung (*B*) des gemeinsamen Metaboliten Katechol

Das Einstellen optimaler Milieubedingungen für den Katabolismus ist für den Erfolg essentiell. Das heißt, man muß zuallererst die für den erwartenden Abbau maßgeblichen Enzymsysteme im Hinblick auf kritische Kofaktoren betrachten. So braucht zum Beispiel Katechol-Dioxygenase Eisen (II)-Ionen als Kofaktor.

Mit den Starterkulturen aus *B* und *D* impfen wir den Selektionsfermenter an und lassen ihn unsteril im Batch-Betrieb hochwachsen. Zunächst wird untersucht, ob sich die Starterkulturen auch im kontinuierlichen Fermentationsbetrieb durchsetzten. Nach einer Fermentationsperiode von 2 Wochen werden erneut das

Organismenspektrum und dessen Abbauleistung untersucht. Es zeigt sich, daß *Klebsiella* zwar weiterhin in der Kultur ist, hingegen anstelle *Acinetobacter* nunmehr *Enterobacter agglomerans* nachgewiesen werden kann. Im Fermenter erreichen wir jetzt eine Phenolabbaurate von 2800 mg/(l und Tag). Die Resistenzgrenze der Kultur gegenüber Phenol ist zudem auf 500 mg/l angestiegen. Oberhalb dieser Konzentration wird der Stoffwechsel der Mikroorganismen jedoch immer noch deutlich gehemmt. Einschränkend müssen wir zugestehen, daß der evolutionäre Anteil zur Optimierung nur schwer belegbar ist. Auf diesen Punkt gehen wir später noch einmal ausführlich ein (Kap. 5.4.7). Dessenungeachtet beweisen bereits diese ersten Experimente, welches beträchtliche Potential an Möglichkeiten in der kontinuierlichen ArtEv-Fermentation vorhanden ist. So konnten wir sehr schnell eine leistungsfähige Biozönose adaptieren und stabilisieren. Hätten wir ausschließlich Schüttelkulturexperimente durchgeführt, wäre ein Erfolg gänzlich ausgeblieben.

So jedoch starten wir endlich den bereits oben beschriebenen zyklischen Optimierungsprozeß. Es zeigt sich sehr bald, daß einige unserer theoretischen Überlegungen in der Praxis nicht durchführbar sind. Wir hatten zunächst geplant, im Selektionsfermenter einen maximalen Generationsdurchsatz zu erzielen. Dies erreicht man nach dem Stand der Technik durch turbidostatische Fermentationsführung, wozu eine exakte Trübungsmessung erforderlich ist. Es ist bekannt, daß sich bei variabler Begasung das jeweilige Luftblasenspektrum derart ändern kann, daß sich hier eine Störmöglichkeit abzeichnet. Deshalb entwickeln wir die oben beschriebene *On-line*-Apparatur für die Messung der optischen Dichtung und integrieren sie in die Verfahrenstechnik (Abb. 5.9.). Hierdurch gelingt eine wesentliche Verbesserung des Signal-Rausch-Verhältnisses (Abb. 5.24.). Allerdings währt die Freude nur kurz! Beim Einsatz der neuen Meßtechnik im ArtEv-Verfahren stoßen wir auf ein gravierendes biologisches Problem. Die Messung der optischen Dichte funktioniert prinzipiell nicht wie erwartet, da die verwendeten Sensoren sehr schnell zuwachsen und zudem Zellflocken gebildet werden. Dieses biozönotische Differenzierungsmuster ist bei extremen Toxinbelastungen typisch. Es handelt sich dabei um eine Schutzreaktion. Das Rauschen des OD-Signals ist infolgedessen so hoch, daß an eine Regelung nicht mehr zu denken ist. Es gelingt uns nicht, die optische Dichte der Kultur über einen ausreichend langen Zeitraum zuverlässig zu messen. Eine Regelung auf Basis dieser Meßgröße ist daher viel zu riskant. Sie führte in der Tat mehrmals zu einer Vergiftung des Reaktors, da weiter Toxin zur Kultur dosiert wurde, obwohl die Zellen bereits stark schadstoffgeschädigt waren. Das Problem der OD-Messung bei starker Aggregation und Flockenbildung von Zellen ist im Moment mit keinem auf dem Markt erhältlichen Trübungsmeßsystem zu lösen.

Es liegt zudem auf der Hand, daß der Aufbau eines Selektionsdrucks in der turbidostatischen Fermentation an und für sich schwierig ist. Phenol stellt nämlich für die adaptierten Mikroorganismen ein außerordentlich gut verwertbares Substrat dar. Handelt es sich bei dem Toxin um einen unter den gegebenen Bedingungen persistenten Stoff, so ist die Aufrechterhaltung eines Selektionsdruckes im Turbidostaten möglich. Dies ist wider Erwarten in unserem System für Phenol nicht der Fall. Um dennoch einen ausreichenden Selektionsdruck aufrechterhalten zu können, führen wir an dieser Stelle die oben beschriebene toxinostatische Fermentation ein.

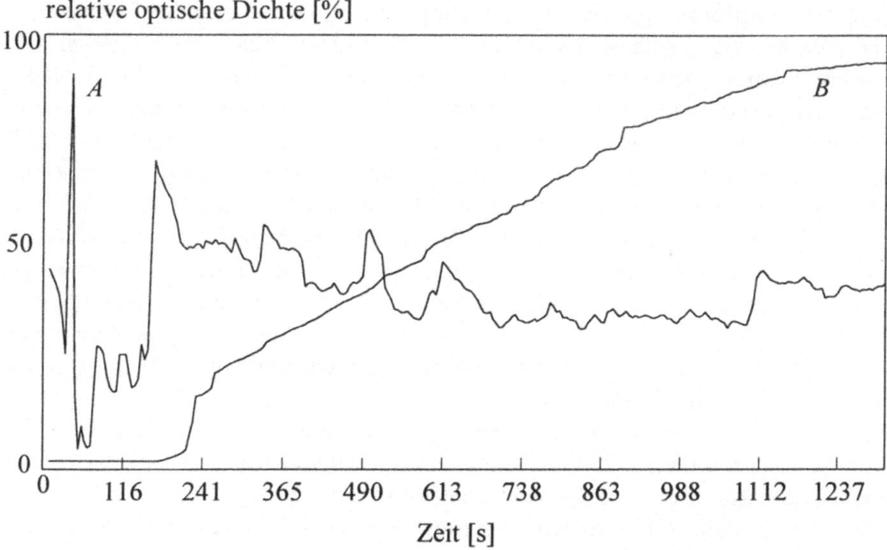

Abb. 5.24. Vergleich der *A In-line-* und *B On-line-*Trübungsmessung ohne beziehungsweise mit integrierter externer Trübungsmeßstrecke. *A* ist eine Auswaschkurve von Zellen und *B* ist eine entsprechende Einwaschkurve aus bzw. in den Reaktor. (Bersch, 1995)

Dies erfordert eine *On-line-*Messung der Schadstoffkonzentration im Fermenter. Da sich im konkreten Fall Phenol und Formaldehyd relativ einfach quantifizieren lassen, kann *on line* gemessen werden. Phenol wird dazu von uns direkt nach einer Cross-flow-Filtration absorptionsspektroskopisch bei 269 nm bestimmt. Zum Nachweis von Formaldehyd wird der unfiltrierte Fermentationsüberstand nach dem Prinzip der Fließinjektionsanalyse zunächst mit einem Nachweisreagenz vermischt. Nach einer ausreichenden Inkubationszeit in einer geheizten Reaktionsschleife kann der gebildete Farbstoff ebenfalls absorptionsspektroskopisch bei 412 nm vermessen werden. Die Anforderungen an die Totzeit der Regelung können wir nach einigen Modifizierungen an der oben skizzierten Meß- und Regeltechnik einhalten (Abb. 5.15.).

Eine indirekte Regelung zur Aufrechterhaltung des Selektionsdrucks kann erforderlich werden, wenn das Toxin nicht angemessen nachweisbar ist. Dies kann über die Messung des Sauerstoffpartialdrucks im Fermenter erfolgen.

Die ursprüngliche Absicht, Mutation, Selektion und Beimpfung gleichzeitig und permanent durchzuführen, erweist sich aus verschiedenen Gründen als nicht durchführbar. So war mit der zur Verfügung stehenden Bestrahlungseinheit ein

Zeitraum von mehreren Stunden notwendig, um im Mutationsfermenter mittels UV-Bestrahlung die optimale Mutationsrate zu erzeugen. Wir starten nun ein etwa sieben Wochen dauerndes Optimierungsexperiment unter toxinostatischen Bedingungen nach dem in Abb. 5.19. gegebenen Schema.

Alle Systemkomponenten müssen sich nun im Dauerbetrieb bewähren. Dies ist eine hohe Anforderung an ein biotechnisches System, besonders wenn es so komplex ist wie unsere ArtEv-Anlage! So kommt es auch gelegentlich zu technischen Pannen. Besonders die Pumpen erweisen sich als störanfällig. Trotzdem muß das Experiment nicht abgebrochen werden, und wir können eindeutige Optimierungserfolge nachweisen. Sowohl die Abbaugeschwindigkeit als auch die Resistenz der Mikroorganismen können deutlich gesteigert werden. Die maximale Abbaurate beträgt bei vergleichbarer Zelldichte jetzt 5800 mg/(l und Tag). Dies entspricht einer Steigerung um mehr als das siebenfache des Ausgangswerts. Mit Hilfe von Sauerstoffzehrungsmessungen bestimmen wir zusätzlich die jeweiligen Resistenzgrenzen gegenüber Phenol. Es zeigt sich, daß ausgehend von einer Grenzkonzentration von 500 mg/l, nach 5 Wochen eine Steigerung auf 800 mg/l und nach weiteren zwei Wochen auf letztendlich 1500 mg/l Phenol erreicht wird (Abb. 5.26.).

Gleichzeitig finden wir eine starke Repression des Glukosestoffwechsels. Die Kulturen aus unserem laufenden Optimierungverfahren wachsen auf Agarplatten mit Glukose als einziger Kohlenstoffquelle erst nach 10 Tagen an.

An dieser Stelle erlauben wir uns einen Exkurs, um auf ein wichtiges, allgemeines Merkmal der ArtEv-Optimierung hinzuweisen: Während der beschriebenen Optimierung nutzen die Zellen einige katabole Stoffwechselsequenzen nicht mehr, da die entsprechenden Substrate nicht vorliegen. Für den Organismus ist es daher nicht mehr von Nachteil, wenn durch eine Mutation die Expressionsfähigkeit eines nicht benötigten Enzyms verloren geht. Während der ArtEv-Optimierung ist es daher wahrscheinlich, daß sich eine Population aus hochspezialisierten Mikroorganismen entwickelt, die ausschließlich Phenol als Kohlenstoffquelle nutzen. Selbst in Gegenwart verschiedener C-Quellen in einem Vollmedium werden diese abhängig gewordenen Spezialisten die Toxine als ausschließliches Substrat erkennen. Eine derartige Veränderung kann in bezug auf die spätere Anwendung durchaus eine Optimierung bedeuten. So sollen in einem belasteten Boden ja gerade die organischen Schadstoffe abgebaut werden und nicht die ebenfalls reichlich vorhandenen und ungefährlichen organischen Bestandteile. Damit ist sichergestellt, daß solche Organismen nach Erfüllung ihrer Aufgabe auf jeden Fall absterben. Diese Degeneration schafft Nutzen.

Nun zurück zu unserer augenblicklichen Optimierung. Die Steigerung der Phenolabbaurate führt schließlich zu einem so hohen Stoffwechselumsatz, daß der eingetragene Sauerstoff als Reaktionspartner nicht mehr ausreicht. Das System ist damit an seine verfahrenstechnische Grenze gestoßen. Es ist trivial, daß sie nur durch einen vermehrten Sauerstoffeintrag aufgehoben werden kann (Abb. 5.25.). Der Versuch einer weiteren evolutionären Optimierung macht vorher keinen Sinn: Die Kultur ist optimal an das System adaptiert!

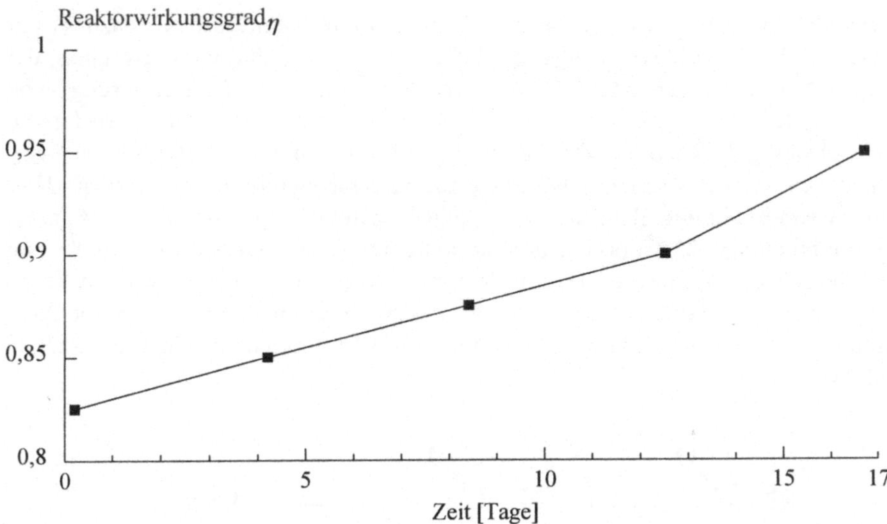

Abb. 5.25. Steigerung des Reaktorwirkungsgrads η ($[c_1\text{-}c_2]/c_1$) während der letzten 17 Tage der evolutionären biologischen ArtEv-Optimierung

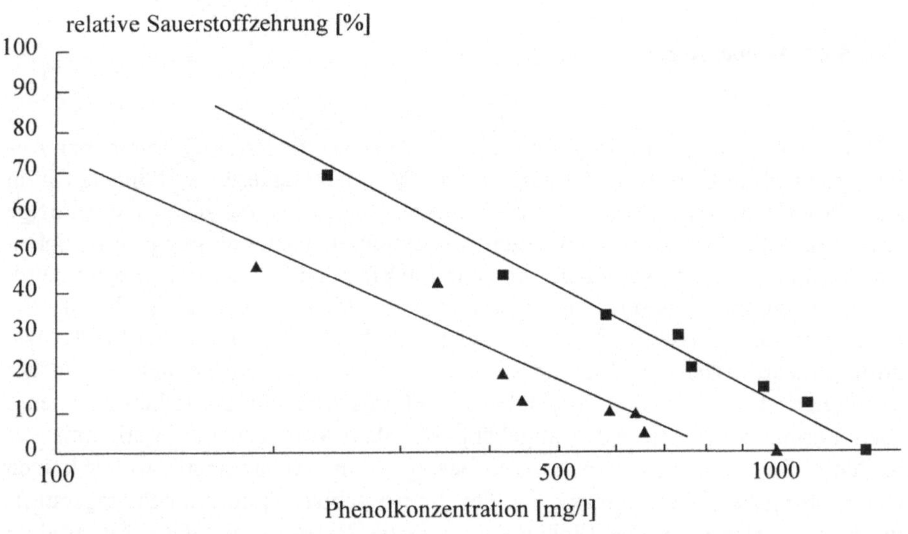

Abb. 5.26. Steigerung der Toleranzgrenze gegenüber Phenol bei vergleichbarer Zelldichte während einer ArtEv-Optimierung. Dreiecke: Messung nach 5 Wochen Fermentationszeit, Quadrate: Messung nach 7 Wochen Fermentationszeit. Gewählt ist eine halblogarithmische Darstellung

Wir sind der mikrobiologischen Behandlung des Phenoplastabwassers einen wichtigen Schritt nähergekommen. Die erste Phase der ArtEv-Optimierung ist abgeschlossen. Nun muß geklärt werden, ob wir auch im Hinblick auf

Formaldehyd ähnliche Erfolge erzielen können. Zunächst müssen wir dazu wieder geeignete Starterkulturen isolieren (Abb. 5.27.). Formalin wird als eines der effektivsten Sterilisationsmittel in der Anatomie zur Konservierung von Leichenteilen verwendet. Also wird eine Probennahme im Anatomischen Institut der nächsten gelegenen Universität durchgeführt. Es überrascht, daß sich auf verschiedenen Gewebeproben tatsächlich formalinabbauende Keime finden. Hier wird wieder einmal deutlich vor Augen geführt, wie hoch die Adaptationsfähigkeit von Mikroorganismen an extreme Situationen ist. Tatsächlich muß der Mensch einen enormen technischen Aufwand betreiben, um wirklich keimfreie Zonen zu schaffen. Man denke in diesem Zusammenhang nur an die Ausstattung von S3-Hochsicherheitslaboratorien mit Luftschleusen, Unterdruckzonen und dergleichen.

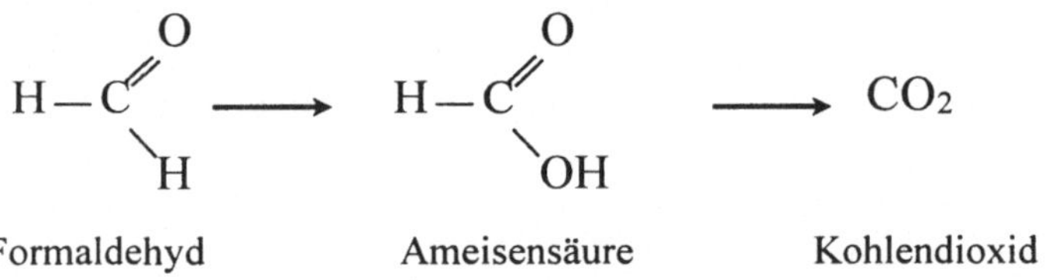

$$\text{Formaldehyd} \quad \longrightarrow \quad \text{Ameisensäure} \quad \longrightarrow \quad CO_2$$

Formaldehyd → Ameisensäure → Kohlendioxid

Abb. 5.27. Aerober Abbau von Formaldehyd

Wir selektieren die Formalinspezialisten zunächst in Batch-Kulturen bei Anfangskonzentrationen von 150 mg/l Formalin. Interessanterweise können wir in allen Proben nur eine einzige Art nachweisen: *Acinetobacter spec.* Eine derartige Artenarmut findet man nur an Orten mit extremer Toxinbelastung. Wir ziehen eine Vorkultur von *Acinetobacter* hoch und impfen den Selektionsfermenter damit an. Gleichzeitig dosieren wir zusammen mit Phenol auch Formalin in die Fermenter. Das Massenverhältnis zwischen den beiden Komponenten beträgt wie im Orginalabwasser 4:1. Die zugegebenen Mikroorganismen können sich in der kontinuierlichen Fermentation etablieren, denn es wird nun zusätzlich zu Phenol auch Formalin im Fermenter abgebaut. Bei dem vorgegebenen Verhältnis der beiden Gifte zueinander scheint es in bezug auf die Abbaukinetik weiter keinen Optimierungsbedarf zu geben, da der Substratabbau immer noch sauerstofflimitiert vor sich geht. Der Einbau einer zweiten Begasungseinheit führt zu einer deutlichen Steigerung der Abbaugeschwindigkeit, jedoch nicht zur Aufhebung der Sauerstofflimitierung. Die Kultur ist auch unter diesen Bedingungen optimal adaptiert.

Als weiteres Optimierungsziel kommt daher nur noch die Erhöhung der Resistenzgrenze in Frage. Dazu muß der Sollwert der toxinostatischen Fermentation bis zur Aufhebung der Sauerstofflimitierung angehoben werden. Eine Verbesserung äußert sich jeweils dadurch, daß Sauerstoff erneut limitierend wird. Diese Erwartungen werden in der Tat erfüllt. Die Formalinresistenz der Kultur kann von anfänglich 500 mg/l um das zehnfache auf 5000 mg/l gesteigert werden. Mittlerweile sind wir in der Lage, Lösungsmittelabfälle einer Konzentration von 5 g/l Formaldehyd in einem Zeitraum von etwa 25 Tagen biologisch in Lagerbehältern zu reinigen.

Während der stufenweisen Erhöhung der beiden Toxinkonzentrationen können wir eine weitere interessante Entwicklung beobachten: In der Biozönose findet offensichtlich eine Aufgabenteilung der Mikroorganismenarten statt. Eine Spezies ist durch eine hohe Resistenz gekennzeichnet, baut Formalin jedoch nur langsam ab. Nach Unterschreiten eines bestimmten Konzentrationsschwellenwertes setzt dann ein wesentlich schnellerer Abbau durch eine zweite Spezies ein. Diese Spezies stellt bei hohen Formalinkonzentrationen ihre Stoffwechselaktivität ein, scheint jedoch durch endogene Prozesse eine gewisse Zeit lang überleben zu können. Sie findet hierzu zahlreiche Überlebensräume, da der Suspensionsreaktor kein homogenes System darstellt und sich an vielen Stellen ein Biofilm aufbaut.

Nachdem die beiden hauptsächlichen Schadstoffkomponenten des Phenoplastabwassers nun biologisch eliminiert werden können, muß letztendlich die Übertragung auf das Orginalabwasser erfolgen. Auch dieser Schritt gelingt relativ schnell. Der Abbau von Phenol und Formaldehyd im Orginalabwasser ist nur geringfügig schlechter als im Modellabwasser. Wir vermuten, daß dies an der Belastung durch weitere Lösungsmittelverunreinigungen liegt.

Abschließend läßt sich für die biologische Reinigung des Phenoplastabwassers folgende Bilanz aufstellen: Etwa 100 ml eines mit 10 g/l Formaldehyd und 40 g/l Phenol belasteten Abwassers können pro Tag in einem 1,3 l fassenden Suspensionsreaktor im toxinostatischen Betrieb aufgearbeitet werden Die Restkonzentrationen von Formaldehyd und Phenol liegen bei 0,005 beziehungsweise 0,1 g/l. Extrapoliert man unter Berücksichtigung dieser Abbauraten eine Maßstabvergrößerung, so könnten in einem 100 m^3-Suspensionsreaktor 7500 l Phenoplastabwasser pro Tag biologisch behandelt werden. Derzeit werden Experimente in einer Anlage mit einem Reaktorvolumen von 0,2 m^3 ausgeführt, um die Effektivitätsveränderung durch das Scaling-up bestimmen zu können. Eine Betrachtung der Wirtschaftlichkeit des Verfahrens ist interessant. Für die konventionelle Entsorgung eines lösungsmittelhaltigen Abwassers werden augenblicklich etwa 1,00 DM/l bezahlt. Bei dem gleichen Abnahmepreis für eine biologische Behandlung entspräche der Bruttoumsatz, der mit einer 100 m^3-Anlage pro Jahr zu erzielen wäre, etwa einer Summe von 2,25 Mio DM. Die Aufwertung der Entsorgungsmaßnahme aufgrund der ökologischen Vorteile einer direkten biologischen Behandlung bleibt hier noch unberücksichtigt.

5.4.4 Formalinhaltiges Krankenhausabwasser

Nachdem wir die Ergebnisse der oben geschilderten Versuche publiziert haben, werden wir von Interessenten angesprochen, ob wir in der Lage seien, deren formalinhaltige Krankenhausabwässer im technischen Maßstab biologisch zu behandeln. Diese Abwässer enthalten Formalin in einem variierenden

Konzentrationsbereich zwischen 50 und 200 g/l. Darüber hinaus sind, in Abhängigkeit von der Handhabung des Abwassers im Krankenhaus, in geringeren Mengen verschiedene andere Lösungsmittel vorhanden. Von einem Entsorgungsunternehmen wird uns eine entsprechende Abwasserprobe zur Verfügung gestellt. Wir legen dieses Abwasser in unserer Anlage vor und unterbinden gleichzeitig die Einleitung von Phenol. Es zeigt sich nach mehreren ArtEv-Zyklen sehr schnell die Etablierung einer leistungsfähigen Biozönose, welche Formalin in dem Abwasser effektiv abbaut. Die so optimierte Biozönose kann ausschließlich Formalin umsetzen. In einem Vollmedium gelingt die Kultur nicht mehr.

5.4.5 Phenolabbau im Boden

Wie wir bereits mehrmals betont haben, ist die Adaptation der Mikroorganismen an die Verfahrenstechnik als einen essentiellen Teil ihrer Umwelt ebenso entscheidend. Da die Optimierung der phenolabbauenden Mikroorganismen in einem Suspensionsreaktor durchgeführt wurde, ist ein erfolgreicher Einsatz der Keime in einer festen, phenolkontaminierten Bodenmatrix nicht zwingend gewährleistet. Wir untersuchen daher zunächst die Leistungsfähigkeit der Kultur in einem Bodenbehandlungsverfahren, dessen Verfahrensbedingungen annähernd denen eines Suspensionsreaktors entsprechen. Dazu wird ein phenolkontaminierter Boden im Verhältnis 1:5 mit Wasser vermischt und in einem Schlammreaktor biologisch saniert. Dabei werden 3 Ansätze untersucht: Der Phenolabbau durch standorteigene Keime wird mit dem Abbau durch die optimierten Kulturen verglichen. Als Kontrolle wird ein dritter Ansatz mit einem starken Zellgift devitalisiert, so daß hier ausschließlich abiotische Prozesse ablaufen können. Es zeigt sich, daß die optimierten Kulturen wesentlich schneller als die standorteigenen Phenol abbauen und daß sie sich in der Biozönose etablieren können. Die Substratspezifität und die Umsatzrate der Spezialisten ist wesentlich höher als die der standorteigenen Keime. Wir vermuten, daß die autochthonen Mikroorganismen - obwohl sie bereits über einen längeren Zeitraum mit dem Schadstoff in Berührung standen - eine höhere Affinität zu anderen organischen Kohlenstoffquellen haben. Phenol ist für die standorteigenen Organismen im Gemisch mit den anderen Substraten ein nur wenig attraktives Substrat. Die Spezialisten sind hingegen so stark adaptiert, daß sie nicht mehr in der Lage sind, organische Verbindungen neben Phenol zu metabolisieren. Dieses Experiment bringt noch einmal deutlich zum Ausdruck, welche anwendungstechnischen Vorteile die Verwendung kompetent gezüchteter, spezialisierter Mikroorganismen in sich birgt (Abb. 5.28.).

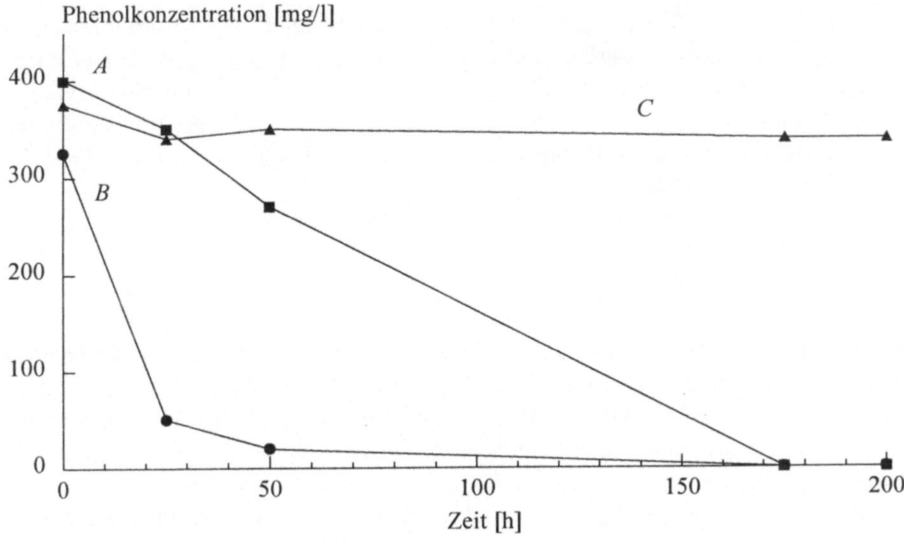

Abb. 5.28. Steigerung des Phenolabbaus in einem Bodenschlammreaktor durch ArtEv-optimierte Spezialkulturen. *A* standorteigene Kulturen, *B* ArtEv-Kultur, *C* Kontrolle

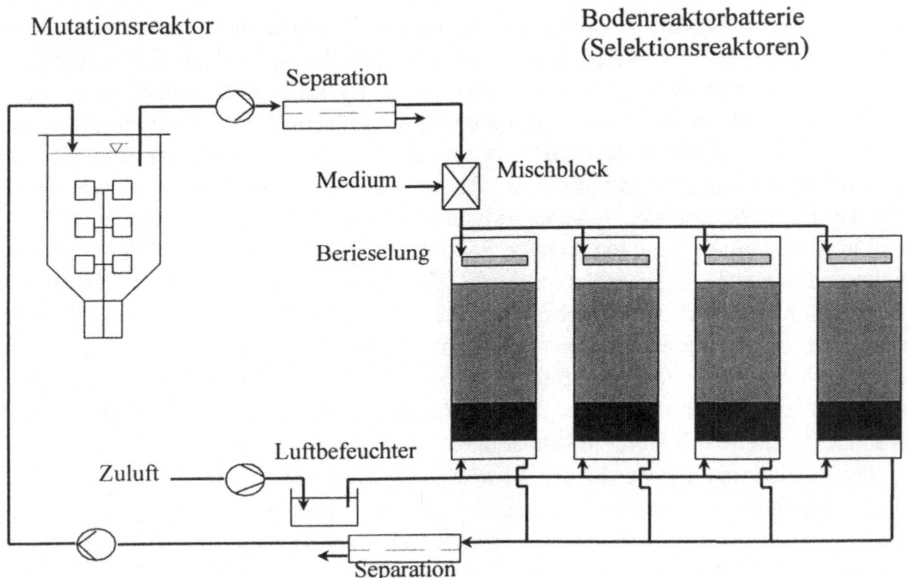

Abb. 5.29. Multifunktionaler Bioreaktor für verschiedene mikrobiologische Bodensanierungsverfahren im ArtEv-System. (Nach Fersterra, 1995)

Die Modularität der ArtEv-Anlage erlaubt schließlich die Ankoppelung verschiedener Typen von Selektionsreaktoren. Damit können nahezu jede gängige

Verfahrenstechnik im Labormaßstab nachgebildet und die Mikroorganismen entsprechend adaptiert werden. Dazu kann durchaus auch ein Mietenverfahren zählen. Zu diesem Zweck wird von uns unter anderem ein multifunktionaler Reaktor eingesetzt, mit dem sich gängige Verfahren der mikrobiologischen Bodensanierung im Labormaßstab nachvollziehen lassen (Fersterra, 1995). In Abb. 5.29. ist ein Schema der Anlage zu sehen.

5.4.6 Bioverfügbarkeit

Ein wesentliches Problem bei der biologischen Schadstoffeliminierung sind häufig nicht die molekulare Persistenz oder die Toxizität von Verbindungen, sondern deren Bioverfügbarkeit. Dies trifft im besonderen auf stark hydrophobe Verbindungen, wie polyzyklische aromatische Kohlenwasserstoffe und polychlorierte Biphenyle, besser bekannt als PAK und PCB, oder langkettige aliphatische Kohlenwasserstoffe (LKW) zu. Wir haben daher eine ArtEv-Optimierung durchgeführt, um Mikroorganismen mit einer erhöhten Emulgierfähigkeit für LKW zu erhalten.

Der Abbau von Kohlenwasserstoffen mittlerer Kettenlänge durch Mikroorganismen ist oft beschrieben. Meist verläuft der Abbau dieser Verbindungen relativ schnell über terminale Oxidationen. Kohlenwasserstoffe mit Seitenketten sind schwerer abbaubar als Moleküle ohne Seitenketten. Es sind Pilzarten beschrieben, die durch die Produktion von Exoenzymen in der Lage sind, Substrate in ihrer Umgebung abzubauen und lediglich die entstehenden Redoxäquivalente aufzunehmen. Voraussetzung für den mikrobiologischen Abbau ist folglich das Lösen der jeweiligen Verbindung in Wasser. Mit zunehmender Kettenlänge steigt die Hydrophobizität der Alkane. Alkane mit Kettenlängen von mehr als 17 Kohlenstoffatomen besitzen bereits Schmelzpunkte von über 22,5 °C. Mit zunehmender Kettenlänge erhöht sich die Hydrophobizität der Alkane und deren Bioverfügbarkeit sinkt. Mikroorganismen, die trotzdem in der Lage sind, feste Paraffine zu veratmen, müssen extrazellulär wirkende Biotenside, wie Lipopolysaccharide und Phospholipide, bilden. Diese Biotenside wirken als Emulgatoren für die Alkane. Darüber hinaus verfügen solche Organismen über Zellwandbestandteile mit Bindungskapazitäten für hydrophobe Substanzen.

Wir werden uns nun der bisher schwierigsten Aufgabe zuwenden, mit Hilfe des ArtEv-Verfahrens geeignete Organismen zur Produktion eines Stoffes zu evolvieren. In diesem Fall handelt es sich um Emulgatorsubstanzen für Kohlenwasserstoffe. Diesmal ist nicht eine homogene und flüssige Suspension, sondern eine feste Paraffinmatrix das entsprechende Milieu. Überraschenderweise führen auch hier die Experimente schnell zur Erzeugung einer Mischkultur, die in der Lage ist, ihren Kohlenstoffbedarf ausschließlich durch Metabolisierung des wasserunlöslichen Paraffins zu decken. Es werden nun Versuche durchgeführt, die belegen sollen, daß sich die optimierten Kulturen auch in einer konkreten Anwendung einsetzen lassen (Fersterra, 1995). In einer dynamischen Mietensanierung müssen problematische LKW-Kontaminationen im Boden beseitigt werden. Hierzu stellen wir Testmieten folgendermaßen nach: Probenmaterial wird in 1500 mm hohe Kunststoffrohre mit einem Durchmesser von 150 mm gefüllt. Das Rohrsystem stellt praktisch einen repräsentativen Bodenzylinder aus der realen Miete dar. Die Rohre besitzen Siebböden und Druckluftanschlüsse. Pro Rohr werden etwa 35 kg Boden eingebracht. Der Boden wird in regelmäßigen Zeitabständen außerhalb der Rohre in einer Betonmischmaschine durchmischt. Während diese Vorgangs werden die notwendigen Additive beigemischt. Die Ergebnisse der Experimente sind sehr vielversprechend: Die optimierten ArtEv-Kulturen bauen nach einmaliger Animpfung in einem Zeitraum von 4 Wochen ca. 50 % der vorhandenen LKW-Kontamination ab. Die bereits vorher im Boden vorhandenen Mikroorganismen bauen hingegen keine LKW ab.

Auf der Basis der bisher gewonnenen Erkenntnisse sind wir derzeit dabei, eine vergleichbare Optimierung zum PAK-Abbau im Boden durchzuführen. Erste Ergebnisse sind auch hier erfolgversprechend.

5.4.7 Evolutionäre Erzeugung von Produktionsstämmen

Im letzten Abschnitt haben wir in Form der beschriebenen Emulgatoren erstmals mit der optimierten Produktion einer Substanz zu tun gehabt. In diesem Kontext deutet sich die Notwendigkeit an, die theoretischen Vorgaben für unsere Diskussion der Erhaltung struktureller Koppelung bei drastischen Änderungen im Milieu zu erweitern. Die entscheidende Grundrichtung unserer Überlegungen muß weiterhin die Frage bleiben, wie Unterschiede in der strukturellen Anpassungsfähigkeit prononciert werden können. Sofern die auftretende Änderung intrazellulär lokalisiert ist, steht diese naheliegenderweise auch nur ihrem Träger zur Verfügung und wird damit erst zum Vorteil. Erschwert wird die Diskussion erst dadurch, daß eine auftretende Änderung extrazellulär verfügbar wird und damit gegebenenfalls Vorteilsunterschiede zwischen unterschiedlichen Organismen aufheben kann. Wie das oben beschriebene Experiment gleichwohl zeigt, läßt sich das Gesagte in der Tat auf Änderungen außerhalb der Zelle erweitern. Dies kann nur bedeuten, daß mit der Absonderung einer Substanz noch immer die volle funktionelle Koppelung zwischen ihr und ihrem Erzeuger erhalten bleibt. Durch welche physikalischen Gegebenheiten kann diese funktionelle Koppelung vermittelt werden? Dies kann nur ein strukturierter Raumbereich außerhalb des Organismus sein. Hier wären von einem chemischen Gradienten über ein lockeres Netzwerk bis hin zu einer regelrechten Extrazellulärmatrix verschiedene Möglichkeiten zu denken. Ein ideal durchmischter Fermenter scheint auf den ersten Blick keine der genannten Raumstrukturen zuzulassen. Diese Situation ist jedoch nicht wirklich realisierbar. Technische Realisierungsansätze für die evolutionäre Optimierung von Substanzproduktion zielen auf die Entwicklung geeigneter Matrizes ab. Ein gutes Beispiel hierfür ist der in der Entwicklung befindliche Siliziumwafer.

5.4.8 Wissenschaftliche Analyse

Obwohl wir auch ohne exakte Kenntnis der Ursachen mit dem ArtEv-Verfahren in der Lage sind, Mikroorganismen in ihren Abbaufähigkeiten zu verbessern und deren neue Eigenschaften in praktischen Anwendungen auszunutzen, ist eine wissenschaftliche Analyse des Geschehens für ein besseres Verständnis der Abläufe und damit auch für weitere experimentelle Planungen wünschenswert. Das theoretische Konzept der in diesem Buch beschriebenen Optimierungsstrategien basiert auf Prinzipien der biologischen Evolution. Bei dem Entwurf eines experimentellen Ansatzes zur Klärung der Frage nach den tatsächlich wirksamen Ursachen für die Optimierung stoßen wir jedoch auf Schwierigkeiten. Die Frage, ob und in welchem Maße evolutionäre Prozesse entsprechend unserer theoretischen Überlegungen auch tatsächliche Ursache der zu beobachtenden Verbesserungen sind, läßt sich nur durch Experimente mit Monokulturen unter sterilen Bedingungen sicher beantworten. Eine deutlich nachweisbare Verbesserung der Abbauleistungen einer definierten Monokultur im Verlauf einer sterilen Optimierungsfermentation wäre ein Beweis für tatsächlich stattfindende Evolution als kausale Ursache. Unter solchen Bedingungen ist eine Verbesserung gemäß moderner Evolutionstheorien nicht ohne Einwirkung von Variation und Selektion denkbar. Wie wir jedoch ausdrücklich erwähnt haben, ist gerade eine kontinuierliche Fermentation unter unsterilen Bedingungen Teil der Optimierungsstrategie selbst. Dieser Sachverhalt führt selbstredend zu heterogenen Kulturen und soll in einem gut aufeinander abgestimmten Zusammenspiel verschiedener Organismen in einer Biozönose münden. Stellen wir also unter den von uns ausdrücklich gewünschten unsterilen Fermentationsbedingungen die Optimierung der Stoffwechselleistung einer Biozönose fest, ist die Frage nach der genauen Ursache dafür zunächst unbeantwortbar. Es besteht immer die Möglichkeit, daß eine mikrobielle Kontamination, die sich durchsetzt, zu einer Verbesserung führt, was einer Optimierung ohne Einwirkung wirklich evolutionärer Prozesse gleichkäme. Eine Art Indizienbeweis für die Einwirkung von Evolution als kausaler Ursache der beobachteten Verbesserungen unter unsterilen Bedingungen ist jedoch möglich. Der Beweis erfordert die Beantwortung folgender Frage: Gibt es einen Stamm in der Biozönose, der vor der Optimierung bereits nachweisbar war und während der Fermentation eine seiner Eigenschaften verbessert hat? Die experimentell möglichen Ansätze zur Beantwortung dieser Frage sollen nun kurz skizziert werden.

Die prinzipielle Strategie läßt sich in 3 Abschnitte gliedern. Zuerst müssen Mischkulturen in Monokulturen überführt werden (Klonierung). Da für die Fragestellung ein Vergleich eines bestimmten Mikroorganismus vor und nach der Optimierung notwendig ist, müssen vor und nach der Optimierung mikrobiologische Proben entnommen und folgende zwei Fragen geklärt werden: Erstens, handelt es sich um den gleichen Organismus? Zweitens, hat er sich verbessert?

Um aus einer gegebenen Mischkultur oder Biozönose mehrere Monokulturen zu gewinnen, werden diese Proben stark verdünnt auf Agarplatten ausgestrichen. Das führt in der Regel dazu, daß an bestimmten Stellen der Platte aus einem einzigen Mikroorganismus eine kleine Kolonie heranwächst, die dann unter sterilen Bedingungen zu einer größeren Monokultur vermehrt und anschließend als solche weiter untersucht werden kann.

Um den Beweis für eine Verbesserung eines bestimmten Organismus während der Optimierung zu führen, liegt es nahe, nach einer biochemischen Ursache dafür zu suchen. Alle Stoffwechselvorgänge werden fast ausnahmslos durch Enzyme katalysiert. Damit sollten auch Verbesserungen katabolischer Reaktionen auf Änderungen in den Eigenschaften der dafür verantwortlichen Enzyme zurückzuführen sein. Es gibt demnach 2 Zugriffe für den Beweis einer Verbesserung. Auf der einen Seite läßt sich die Eigenschaft des Mikroorganismus in Monokultur selbst bestimmen. Dies kann durch die Bestimmung der Stoffwechselleistung in Schüttelkolben oder analytischen Fermentationsansätzen bis hin zu enzymatischen Küvettentests mit ganzen Zellen bewerkstelligt werden. Auf der anderen Seite besteht die Möglichkeit, die mutmaßlichen Enzyme, die die Verbesserung bewirken könnten, zu isolieren und biochemisch zu charakterisieren. Die meisten Stoffwechselwege sind bereits so bekannt, daß man vorher weiß, welches der beteiligten Enzyme für die Verbesserung eines gegebenen Abbauweges verantwortlich sein könnte. Es handelt sich bei diesen Experimenten um biochemische Standardverfahren. Sie lassen sich daher in der Regel innerhalb relativ überschaubarer Zeiträume erfolgreich durchführen.

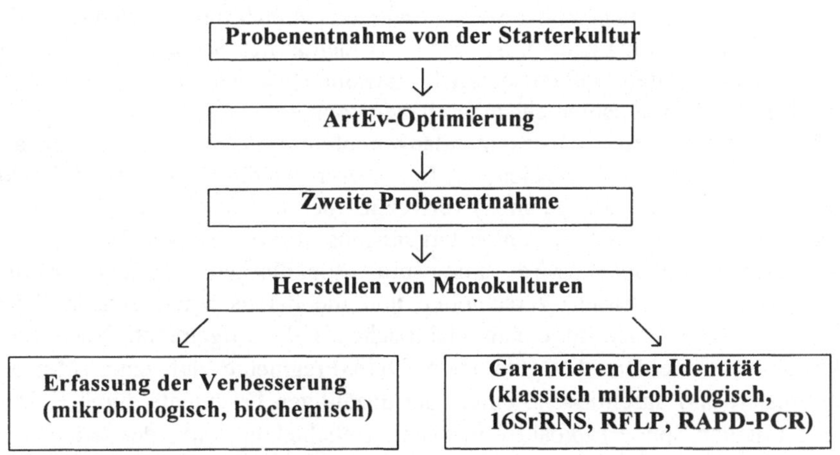

Abb. 5.30. Experimentelle Strategie zum Nachweis evolutionärer Prozesse als Ursache der beobachteten Verbesserungen

Der zweite Teil der hier beschriebenen Beweisführung ist experimentell erheblich aufwendiger. Hier muß gezeigt werden, daß es sich bei den beiden Monokulturen, an denen eine katabolische Stoffwechselverbesserung festgestellt wurde, um den gleichen Mikroorganismus handelt (abgesehen von seiner biochemischen

Verbesserung). Es gibt dazu einige mikrobiologische Methoden, wie Färbungen, mikroskopische Bestimmung der Morphologie und Organisation, Geruch oder Farbe der Kulturen. Des weiteren werden enzymatische Schnelltests auf dem Diagnostikmarkt angeboten, die ein grobes Stoffwechselspektrum des Untersuchungsguts liefern. Dennoch sind diese Tests zu grob für das in unserem Zusammenhang geforderte Maß an Präzision. Wir verfolgen daher 3 weitere experimentelle Möglichkeiten, die alle auf gentechnischen Methoden beruhen und eine Art „Fingerabdruck" des untersuchten Mikroorganismus liefern können. Es sind dies die 16S-rRNA-Analyse, die RFLP und die RAPD-PCR, die nun kurz beschrieben werden sollen.

Bei der 16S rRNA handelt es sich um einen essentiellen Bestandteil des bakteriellen Ribosoms aus Ribonukleinsäure. Da am Ribosom die Proteinbiosynthese erfolgt, kann davon ausgegangen werden, daß die Struktur des Ribosoms und damit auch die Nukleotidsequenz der darin enthaltenen 16S rRNA hochkonserviert ist. Jede Veränderung mit damit funktionellen Nachteilen hätte sich während der Evolution nicht durchsetzen können. Diese Tatsache impliziert, daß durch Variation entstandene Änderungen in der Aminosäuresequenz ohne funktionale Auswirkungen sehr selten und proportional zur Zeit, die der Evolution dazu zur Verfügung stand, sein sollten. Die Evolutionsgeschwindigkeit der 16S-rRNA-Sequenz ist also konstant. Diese Tatsache hat dazu geführt, daß man Variationen dieser Sequenz als „Evolutionsuhr" heranziehen kann. Man bestimmt so den Zeitpunkt, an dem 2 unterschiedliche Organismen einen gemeinsamen Vorfahren haben mußten. Für unsere Zwecke eignet sich die 16S-rRNA-Analyse ebenfalls. Es ist nämlich beim Vorliegen einer identischen Sequenz der 16S rRNA aus 2 Monokulturen außerordentlich unwahrscheinlich, daß es sich um unterschiedliche Organismen gehandelt haben könnte.

RFLP steht für Restriktionsfragmentlängenpolymorphismus und wird oft auch als DNA-Fingerabdruck bezeichnet. Bei dieser Methode werden radioaktiv markierte Oligonukleotide (Sonden) verwendet, deren Sequenz komplementär zu häufig im Genom eines bestimmten Organismus vorkommenden Sequenzen ist. Das gesamte Genom wird nun mit spezifischen Spaltungsenzymen (Restriktionsendonukleasen) zerschnitten und die daraus resultierenden Bruchstücke der Größe nach in einem elektrischen Feld aufgetrennt. Nach dieser Elektrophorese werden die getrennten DNA-Fragmente auf einer Membran immobilisiert und anschließend einige der unzähligen Fragmente durch Hybridisierung mit der Sonde radioaktiv markiert. Belichtet man mit der radioaktiven Strahlung dieser Membran einen fotografischen Film, so erkennt man nach dessen Entwicklung alle Fragmente, die durch die Sonde markiert wurden, als schwarze Banden. Je nach Größenverteilung der erkannten Fragmente entstehen so unterschiedliche Bandenmuster, die ähnlich einem Fingerabdruck für jeden Organismus unterschiedlich ausfallen. Da diese Methode bei geeigneter Wahl der Sonden so empfindlich ist, daß man mit ihr innerhalb einer Spezies sogar einzelne Individuen unterscheiden kann, wird sie bereits erfolgreich zur Diagnose von Erbkrankheiten beim Menschen angewendet. Sie eignet sich auch zur

Identifikation von Gewebeproben verdächtiger Personen in der Kriminalistik oder für Vaterschaftsbestimmungen. Für unsere Beweisführung würde man zwei identische Bandenmuster als starken Hinweis für den gleichen Organismus vor und nach der Optimierung erwarten.

Die RAPD-PCR ist der RFLP sehr ähnlich. Die Abkürzung steht hier für die englische Bezeichnung random amplified polymorphic DNA polymerase chain reaction, was übersetzt soviel wie zufallsverstärkte polymorphe DNA-Poly-merasekettenreaktion heißt. Hier wird, wie der Name schon andeutet, die in diesem Buch bereits näher beschriebene Polymerasekettenreaktion für den geneti-schen Fingerabdruck herangezogen. Die Spezifität der Polymerasekettenreaktion läßt sich unter anderem durch die Reaktionstemperatur bei der Primerbindung sowie durch die Sequenz der Primer selbst, also deren Paßgenauigkeit zur jeweiligen DNA, die vermehrt werden soll, beeinflussen. Bei der Verwendung von geeigneten Primersequenzen sowie niedrigen Bindungstemperaturen, die die Reaktion bereits bei relativ unspezifischen Primerbindungen in Gang bringt, lassen sich aus genomischer Gesamt-DNA Bruchstücke unterschiedlicher Größe durch PCR vermehren. Trennt man diese Bruchstücke elektrophoretisch nach ihrer Größe auf, so entsteht nach Färbung ebenfalls ein charakteristisches Bandenmuster. Dieses Bandenmuster variiert zwischen 2 unterschiedlichen Organismen, ist jedoch bei identischen Monokulturen gleich und eignet sich daher für unsere Beweisführung.

Dem aufmerksamen Leser wird sicherlich nicht entgangen sein, wie groß der experimentelle Aufwand ist, um auch nur in einem einzigen Fall den hier be-schriebenen Indizienbeweis zu führen, daß die kausale Ursache einer Optimierung durch das ArtEv-Verfahren die theoretisch erwartete biologische Evolution eines Mikroorganismus während der kontinuierlichen Fermentation ist. Wir analysieren zur Zeit auf die beschriebene Art und Weise die bislang durchgeführten Optimierungen, haben jedoch bis Drucklegung dieses Buchs noch nicht genug Befunde erheben können.

5.5 Ausblick

Wir haben in den vorangegangenen Kapiteln einen weiten Bogen geschlagen zwischen der Betrachtung grundlegender Voraussetzungen für das Phänomen Leben auf der einen Seite und einer technischen Nutzung bestimmter evolutio-närer Aspekte zur Herauszüchtung von Eigenschaften bei Mikroorganismen auf der anderen Seite. Derzeit sind wir an einem Punkt angelangt, wo es erfolgreich gelingt, Toxintoleranzen und Abbauleistungen in beträchtlichem Maße zu erhö-hen. Es liegt auf der Hand, daß die entwickelte Methode aus prinzipiellen Gründen nicht auf den Selektionsdruck als solchen verzichten kann, um welchen Schadstoffabbau im einzelnen es sich auch immer handeln mag. Als Erweiterung dieser Überlegung bietet es sich an, nicht nur die abbauende Stoffwechselleistung zu betrachten, sondern auch die Toleranzerhöhung gegenüber biologisch nicht dieser Überlegung bietet es sich an, nicht nur die abbauende Stoffwechselleistung zu betrachten, sondern auch die Toleranzerhöhung gegenüber biologisch nicht abbaubaren, anorganischen Schadstoffen. So wäre es von Vorteil, wenn es gelänge, ein organisches Abwasser in Gegenwart hoher Schwermetallkonzentrationen zu klären.

Die Ausbildung von Eigenschaften zur Erzeugung von Substanzen ist auf direktem Wege mit diesem Ansatz nicht möglich. Dennoch kann in Zukunft daran gedacht werden, über die Koppelung anderer mikrobieller Leistungen in einem Mehrstufenprozeß auch hier zum Erfolg zu kommen. Dazu muß freilich eine bestimmte Art von räumlicher Kompartmentierung realisiert werden, die die gezielte Ausnutzung von durch Substanzerzeugung gegebenen Vorteilen gestattet. Dies könnte möglicherweise über die Optimierung von Anheftungseigenschaften geschehen. Ohnehin beobachtet man in der realen Fermentation sehr häufig eine Rasenbildung, welche die „ideale Rührkesselsituation" tatsächlich *ad absurdum* führt. Da bei der globalen Optimierung von Leistungen jedesmal die katalytische Effizienz konkreter Enzymsysteme angesprochen wird, erstreckt sich der Nutzen von ArtEv auch auf Grenzgebiete, wie etwa die Biosensorik. Hier wäre es denkbar, durch Optimierung von Katalyseleistung und zugleich Toleranzerzeugung Mehrenzymbiosensoren herzustellen, die auch in Gegenwart von kritischen Inhibitoren noch zufriedenstellend arbeiten. Da Selektionsdruck nicht nur durch chemische Substanzen, sondern ebenso durch physikalische Parameter ausgeübt werden kann, liegt es nahe, Extremophilie in Form von Hoch- oder Niedertemperaturmutanten zu erzeugen, um beispielsweise Toxine, die bei Umgebungstemperatur im festen Aggregatzustand vorliegen, in flüssigem Zustand abzubauen oder den Schadstoffabbau in einer Bodenmiete auch in der kalten Jahreszeit zu garantieren.

Richtet man das Augenmerk darüber hinaus einmal auf ArtEv als „intelligentes Werkzeug", dann ist sein Einsatz zur Erzeugung jeweils angepaßter Organismen in großtechnischen Fermentationsanlagen geradezu zwingend.

Ganz abgesehen vom wirtschaftlichen Nutzen des vorgestellten Verfahrens liegt in der grundlagenwissenschaftlichen Aufarbeitung der durch beschleunigte Evolution natürlich erzeugten mikrobiellen Leistungssteigerung noch vieles offen. Wir sind überzeugt, mit unseren Arbeiten bewiesen zu haben, daß es sich lohnt, es der Natur zu überlassen, den besten Weg für eine Fortentwicklung im Lebendigen zu finden.

Literatur

Alef K (1994) Biologische Bodensanierung. VCH, Weinheim

Atwood K C, Schneider L K, Ryan F J (1951) Periodic selection in *E. coli*. PNAS **37**: 146

Bersch S (1995) Inbetriebnahme einer Doppelfermenteranlage zur Optimierung der Phenolabbauleistung von Mikroorganismen durch gesteuerte Evolution. Diplomarbeit, Fachhochschule Lippe

Beier E (1994) Umweltlexikon für Ingenieure und Techniker. VCH, Weinheim

Bliefert C (1994) Umweltchemie. VCH, Weinheim

Bock L C, Griffin L C, Latham J A, Vermaas E H, Toole J J (1992) Selection of single-stranded DNA molecules that bind and inhibit human thrombin. Nature **355**: 564-566

Buchholz R (1992) Biotechnik - eine alte und neue Technik. In: Präve W (Hrsg.) Jahrhundertwissenschaft Biologie ?! VCH, Weinheim

Calvin H C (1994) Der Strom der bergauf fließt. Hanser, München

Chmiel H (1991) Bioprozeßtechnik. Fischer, Stuttgart

Demerec M, Latarjet R (1946) Cold Spring Harbor Symp Quant Biol **11**: 38

Dunn I J, Heinzle E, Ingham J, Prenosil J E (1992) Biological Reaction Engineering. VCH, Weinheim

Ehrenforth K H (1993) Musik als Leben. Musik und Bildung **25**: 14-19

Ellington A D, Szostak J W (1990) *In-vitro* selection of RNA molecules that bind specific ligands. Nature **346**: 818-822

Fersterra H (1995) Etablierung von Methoden zur Beurteilung der mikrobiologischen Sanierbarkeit belasteter Böden und deren Anwendung bei der Charakterisierung von Abbauleistungen optimierter Spezialkulturen. Diplomarbeit, Universität Magdeburg

Fischer B, Köchling P (1994) Praxisratgeber Altlastensanierung. WEKA, Augsburg

Franzius V (1993) Stand der Bodenreinigungsverfahren bei der Altlastensanierung. UTA **6**: 463-472.

Fujita M (1994). Persönliches Gespräch

Heesche-Wagner K (1995) Persönliche Mitteilung

Horowitz N H (1945) The evolution of biochemical systems. PNAS **31**: 153-157

Hubert H (1994) Umweltanalytik mit Spektrometrie und Chromatographie. VCH, Weinheim.

Kelly R B, Atkinson, M R, Huberman J, A, Kornberg A (1969) Nature **232**: 577

Kiefer J (1977) Ultraviolette Strahlen. deGruyter, Berlin New York

Knackmuß H J (1995) Vortrag, Biochemical Engineering (Stuttgart)

Knoch W (1991) Wasserversorgung, Abwasserreinigung und Abfallentsorgung. Chemische und analytische Grundlagen. VCH, Weinheim

Kunz P (1992) Umwelt-Bioverfahrenstechnik. Vieweg, Wiesbaden

Lederberg J, Lederberg E M (1952) Replica plating and indirect selection of bacterial mutants. J. Bacteriol **63**: 399

Mackenbrock U, Kopp-Holtwiesche B, Blank W (1994) Zur biologischen Abbaubarkeit von Industriechemikalien. TerraTech **4**, 56-62

Marr I L, Cresser M S, Ottendorfer L J (1988) Umweltanalytik: Eine allgemeine Einführung. Thieme , Stuttgart

Maturana H R, Varela F J (1990) Das Banner der Erkenntnis. Scherz, Bern München Wien

Matthes R (1995) Vortrag, Biochemical Engineering (Stuttgart)

Nicolis G, Prigogine I (1987) Die Erforschung des Komplexen. Piper, München Zürich

Prigogine I, Stengers I (1981) Dialog mit der Natur. Piper, München Zürich

Rehm H J (1971) Einführung in die industrielle Mikrobiologie. Springer, Berlin Heidelberg New York

Riedl R, Krall P (1994) In: Wieser W (Hrsg.) Die Evolution der Evolutionstheorie Spektrum, Heidelberg Berlin Oxford

Rippen A (1992) Handbuch Umweltchemikalien

Rosenthal W, Schwarz T und Wolff E K (1994) *On-line* HPLC-Aminosäureanalytik während kontinuierlicher Fermentationen. GIT Chromatographie **1**: 13-16

Schlegel H G (1985) Allgemeine Mikrobiologie. Thieme, Stuttgart

Schluttig A (1990) Umwelt-Biotechnologie. Aulis,

Schubert R (1991) Lehrbuch der Ökologie. Fischer, Jena

Storhas W (1994) Bioreaktoren und periphere Einrichtungen. Viehweg, Braunschweig

Watson J D, Gilman M, Witkowski J, Zoller M (1992) Recombinant DNA. Freeman, New York

Index

—**L**—

—**M**—

—N—

—O—

—P—

—U—

—V—